高等职业学校电类专业教材

电工基本技能

(第三版)

曾小杰　主编

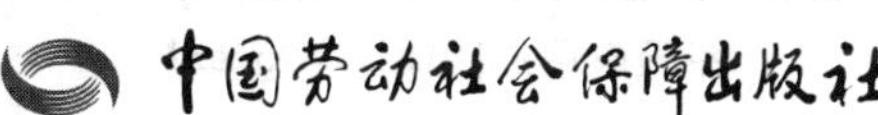

简　介

本书主要内容包括安全用电、导线的选用与加工、基本电参量的测量、常用电子元器件的识别与检测、室内照明线路的安装与维修、外线基本作业等。

本书由曾小杰任主编，刘涛任副主编，彭凤丽、蒋琪参与编写，谢统辉任主审。

图书在版编目（CIP）数据

电工基本技能 / 曾小杰主编. -- 3 版. -- 北京：中国劳动社会保障出版社，2024. -- （高等职业学校电类专业教材）. -- ISBN 978-7-5167-6615-6

Ⅰ. TM

中国国家版本馆 CIP 数据核字第 2024HZ0384 号

中国劳动社会保障出版社出版发行

（北京市惠新东街 1 号　邮政编码：100029）

*

北京鑫海金澳胶印有限公司印刷装订　新华书店经销

787 毫米×1092 毫米　16 开本　15.25 印张　332 千字

2024 年 12 月第 3 版　2025 年 5 月第 2 次印刷

定价：30.00 元

营销中心电话：400-606-6496

出版社网址：https://www.class.com.cn

https://jg.class.com.cn

前言

为了更好地适应高等职业学校电类专业教学要求，全面提升教学质量，我们组织有关学校的一线教师和行业、企业专家，充分调研企业生产和学校教学情况，广泛听取各职业院校对教材使用情况的反馈意见，对高等职业学校电类专业基础课教材和电气自动化技术专业教材进行了修订，并做了适当的补充开发。

本次教材修订（新编）工作的重点主要体现在以下几个方面。

更新教材内容

以《电工》（2018 年版）等国家职业技能标准为依据，根据电类专业毕业生所从事职业的实际需要和教学实际情况的变化，合理确定学生应具备的能力与知识结构，适当调整部分教材的内容及其深度、难度；根据相关工种及专业领域的最新发展，在教材中充实“四新”内容，更新设备型号和软件版本；根据最新的国家标准、行业标准编写教材，保证教材的科学性和规范性。

创新教材形式

在专业课教材中融入工学一体化课改理念，以代表性工作任务为载体，按照工作过程设计和安排教学活动，实现理论与实践的统一，使学生在贴近生产实际的具体情境中学习，从而提高在工作过程中分析问题和解决问题的综合职业能力。

在部分专业课中，配套开发学生用书，按照“资讯、计划、决策、实施、检查、评价”六个步骤进行教学设计，通过引导问题和课堂活动设计体现，贯彻以学生为中心、以能力为本位的教学理念，引导学生自主学习。

增强表现效果

尽可能使用图片、实物照片和表格等形式将知识点生动地展示出来，达到提高学生学习兴趣、提升教学效果的目的，并在《数字电子技术》（第三版）等教材中采用双色印刷方式，在《机械基础（非机械类）》（第二版）等教材中采用彩色印刷方式，使内容更加清晰明了，进一步增强表现效果。

提升教学服务

为方便教师教学和学生学习，在传统纸质资源基础上，充分利用信息技术，构建

“1+3”的教学资源体系，即1本学生用书或习题册，加上视频动画资源、电子课件、习题册参考答案3种互联网资源。其中，视频动画资源主要为针对重点、难点内容制作的微视频或演示动画；电子课件依据教材内容制作，为教师教学提供帮助；习题册参考答案则针对教材配套习题册编写，为教师指导学生练习提供方便。

视频动画资源、电子课件和习题册参考答案均可通过技工教育网（https://jg.class.com.cn）在线观看或下载使用。

编者

2024年10月

目录

课题一　安全用电

任务1　电气安全作业

学习目标

1. 了解电力系统的基本概念。
2. 掌握电气作业前的安全措施。
3. 掌握低压带电工作的安全防护措施。
4. 掌握电气作业安全操作规程及安全用电常识。
5. 能正确进行电气安全作业基本操作。

任务引入

某厂金工车间的桥式起重机，经角钢滑接线供电。一次运行中，发现起重机的滑接器有一相不正常，电工检修时先拉开滑接线的电源铁壳开关，随后搬来竹梯架在滑接线上，当此人上到起重机挡架和滑接线上时，突然触电，从6 m高空坠下死亡。既然电源开关已断，为何仍然会触电？

事故发生后，有关部门对现场进行了检查和分析，用验电笔测量发现滑接线一相有电。再打开铁壳开关检查，发现其中一相刀开关未断开。原来，电工在断开开关时，仅根据操作状态主观认为已经断电，而没有按照规定进行验电，确定是否真正断电。而事实上，铁壳开关机构失灵，手柄虽然扳到关的位置，但是三相刀开关实际并未全部断开，造成滑接线一相有电。

事故发生的关键在于该电工检修的断电操作过程中没有按照电气安全操作规程进行验电，造成了隐患，导致事故的发生。

这个案例说明，电气从业人员必须认真全面地学习、掌握电气安全知识，掌握电气设备检修时从停电到恢复供电过程中的电气安全措施。在电气维修工作中，必须严格按照电气安全操作规程进行操作，同时还应掌握停电、验电、装设接地线、悬挂安全标示牌、装设遮栏等基本技能。

本任务的内容是学习安全用电的基本常识，并完成相关操作技能的训练。

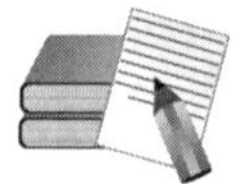

相关知识

一、电力系统的认识

日常生活和生产都离不开电，要安全、正确地使用电能，一方面应严格遵守相关的规章制度，另一方面也应了解电的基本知识。图 1-1-1 所示为电力系统示意图，电力系统由发电、输电、变电、配电和用电五个环节组成。

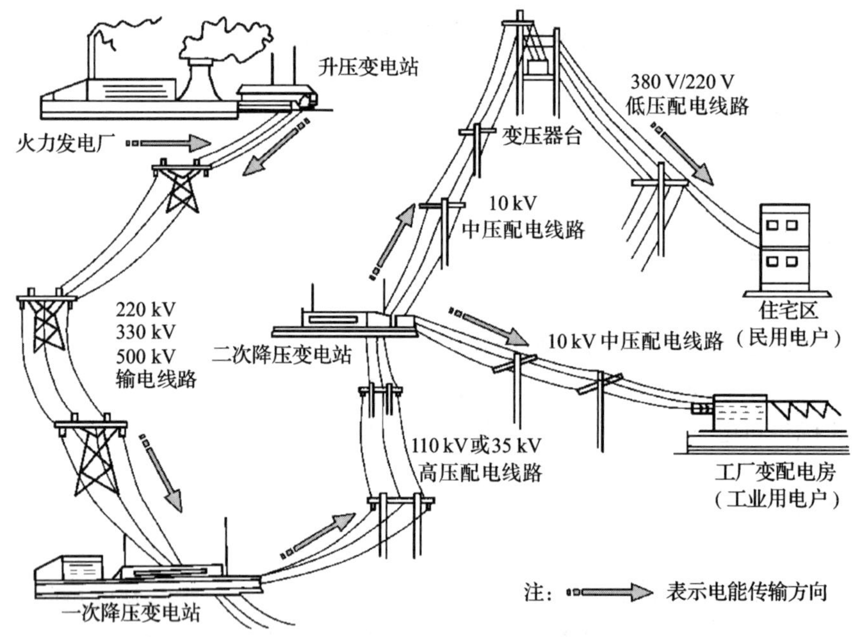

图 1-1-1　电力系统示意图

发电是把其他形式的能量转换成电能的过程，发电方式主要有火力发电、水力发电、核动力发电、风力发电、潮汐发电、地热发电等。为把电能送到远方变电站，通常采用钢芯铝绞线通过架空线路进行输电。为减少远距离输电时电能的损耗，通常利用升压变电站将电压升高到 220~500 kV 后再进行输送。

一次降压变电站将高压输电网的电能降压后向该地区用户供电，从 220 kV 及以上的输电网受电，将电压降到 110 kV 或 35 kV，供给一个大的区域用电。二次降压变电站大多从 110 kV 或 35 kV 输电网受电，将电压降到 6~10 kV，向电力用户供电。终端降压变电站输出的电能分配给高压（1 kV 以上）系统和低压（1 kV 及以下）系统，常用高压系统的额定电压有 3 kV、6 kV、10 kV，低压系统的额定电压为 380 V/220 V。

二、电气作业前的安全措施

在电气检修工作中，为防止突然来电、误入带电间隔、带负荷合闸等突发事件的发生，在全部停电或部分停电的电气设备或线路上工作前，必须完成停电、验电、装设接地线、悬挂安全标示牌、装设遮栏等保证安全的技术措施。

1. 停电

停电的基本要求是将需要检修的设备或线路可靠脱离电源。另外，当工作人员工作时的正常活动范围与邻近带电设备的距离小于安全距离（10 kV 及以下，无遮栏为 0.7 m，有遮栏为 0.35 m）时，该邻近的带电设备也必须同时停电。

2. 验电

验电的目的是验证停电设备是否确无电压，防止发生触电或带电装设接地线等重大事故。验电工作是检验停电措施的执行是否正确的重要手段。

常用的验电工具有验电笔和高压棒，验电笔的检测范围为 60～500 V，包括钢笔式、螺钉旋具式、数字式等多种。螺钉旋具式验电笔由笔尖、电阻、氖管、弹簧、笔身、笔尾金属体等部分组成，如图 1-1-2 所示。使用方法如图 1-1-3 所示，使用时手应触及后端金属部分，不得接触前端金属部分，防止触电。

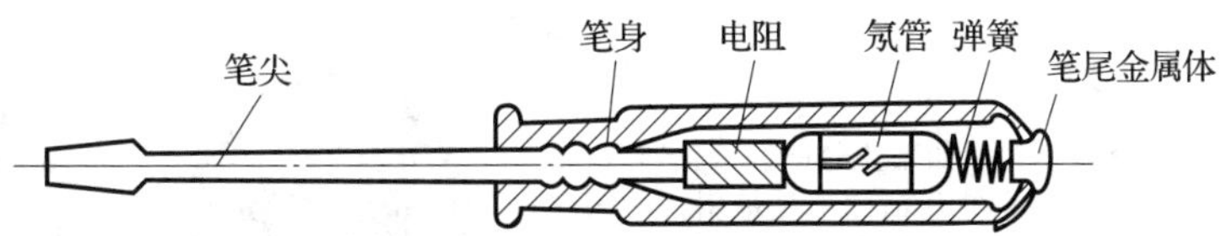

图 1-1-2　螺钉旋具式验电笔的结构

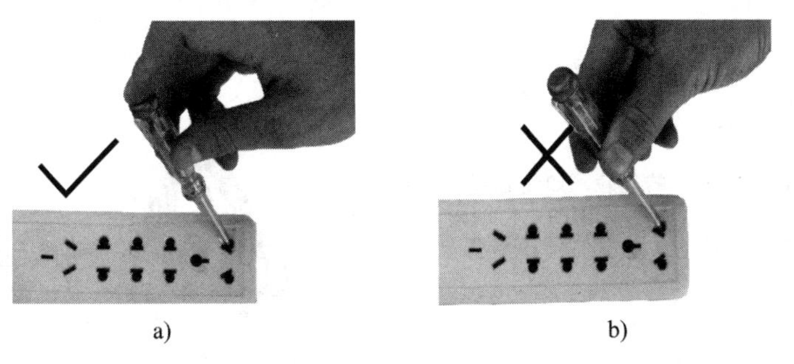

a)　　b)

图 1-1-3　螺钉旋具式验电笔的使用方法

a）正确的使用方法　b）错误的使用方法

（1）使用前，一定要在有电的电源上进行试验，以检验验电笔是否完好，验电笔完好方可使用。

（2）验电笔前端应加护套，保证验电时人体不触及前端金属部分，防止造成触电事故。

（3）验电笔不能作为螺钉旋具使用。

3. 装设接地线

工作人员进行电气设备维修时，为防止突然来电造成的伤害事故，采取的主要措施就是装设接地线。装设接地线后，一方面可以将停电设备上的剩余电荷泄放入大地；另一方面，若突然来电，可以促使电源开关处的保护装置动作，从而确保工作人员的安全。

4. 悬挂安全标示牌

为了防止意外事故的发生，需要在电气设备上悬挂各类不同颜色、不同图形的安全标示牌，提醒人们对不安全因素引起重视及注意。安全标示牌由图形符号、安全色、几何图形（边框）和文字（部分安全标示牌无文字）组成，国家规定的安全色有红、蓝、黄、绿四种颜色。红色表示禁止、停止；蓝色表示指令、必须遵守的规定；黄色表示警告、注意；绿色表示提示安全状态、通行。

常见的安全标示牌见表 1-1-1。

表 1-1-1　常见的安全标示牌

标志	含义	示例
禁止标志	禁止人们的某些行为，如禁止合闸、禁止通行、禁止攀登等。禁止标志的几何图形是带斜杠的圆环，圆环与斜杠为红色，背景为白色，图形符号为黑色	
警告标志	警告人们可能发生的危险，如注意安全、当心触电、当心爆炸等。警告标志的几何图形是等边三角形，背景为黄色，边与图形符号为黑色	
指令标志	必须遵守的要求，如必须戴安全帽、必须穿绝缘鞋等。指令标志的几何图形是圆形，背景为蓝色，图形符号及文字为白色	

续表

标志	含义	示例
提示标志	提供目标所在位置与方向的信息。提示标志的几何图形是矩形，安全通道背景为绿色，图形及文字为白色。消防设备提示标志的背景为红色，图形及文字为白色	灭火器
文字辅助标志	文字辅助标志是对以上四种标志的补充说明。文字辅助标志分为横写和竖写，横写时文字辅助标志在标志的下方，禁止标志的文字辅助标志为红底白字，指令标志的文字辅助标志为蓝底白字，警告标志的文字辅助标志为白底黑字；竖写时文字辅助标志在标志杆的上部，标志杆下部色带颜色与标志颜色一致，禁止标志、警告标志、指令标志、提示标志的文字辅助标志均为白底黑字	禁止吸烟 当心触电 禁止通行 当心坑洞 必须戴安全帽 可动火区

5. 装设遮栏

当工作人员活动范围与带电设备的间距小于安全距离时，应装设临时遮栏。临时遮栏与带电部分的距离不得小于相关规定，应装设牢固，并悬挂安全标示牌。

三、低压带电工作的安全防护措施

工厂、企业中的电工经常处在低压带电工作状态，操作过程中应严格遵守安全操作规程。

1. 工作过程中应设专人监护，使用的工具必须带绝缘柄，严禁使用锉刀、金属尺和带有金属物的毛刷等工具。

2. 工作时应站在干燥的绝缘物上，必须穿长袖衣服、戴绝缘手套和安全帽、穿绝缘鞋，常用的绝缘保护用品如图 1-1-4 所示。

3. 工作中要保证人体与大地之间、人体与周围接地金属之间、人体与其他相邻的导体（包括零线）之间有良好的绝缘或安全的距离。

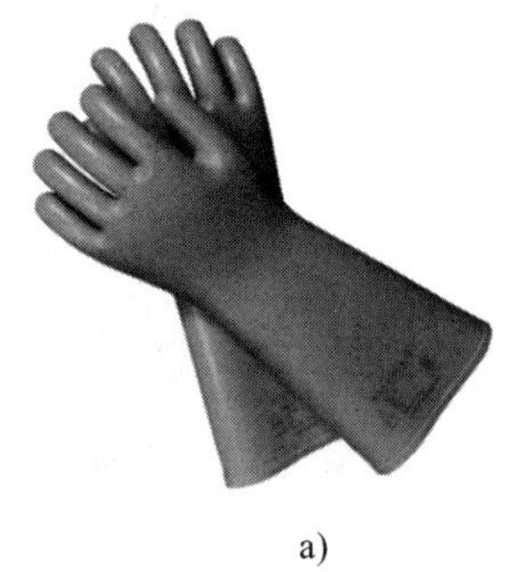

a)

b)

c)

图 1-1-4　常用的绝缘保护用品
a）绝缘手套　b）绝缘鞋　c）绝缘垫

4. 对于高、低压同杆架设的线路，当在低压带电线路上工作时，应确保与高压带电部分保持安全的距离。

5. 当低压带电导线未采取绝缘措施时，工作人员不得穿越导线。工作前应选好工作位置，分清相线、零线。断开导线时，每次只能剪断一根导线，应先断相线，后断零线；搭接导线时，应先接零线，后接相线。严禁带负荷断开相线或连接相线。

6. 在带电的低压配电装置上工作时，应有防止相间短路和单相接地短路的措施。

7. 在带电的电流互感器二次回路上工作时，严禁将电流互感器二次侧开路，以防止二次侧开路时产生高压伤人。因此，进行带电更换仪表工作前必须用短路片或短路线通过短路端子短接电流互感器，短路应妥善可靠，严禁用导线缠绕。

四、电气作业安全操作规程及安全用电常识

1. 电气作业安全操作规程

为了保证生命和财产安全，对于电气作业，国家规定了有关的安全操作规程，电气作业人员必须严格遵守。

（1）工作前应详细检查所用工具是否安全可靠，并穿戴好必需的防护用品，如绝缘鞋、绝缘衣等。

（2）电气线路在未经验电确认前，一律视为有电。

（3）不准在设备运转时拆卸、修理电气设备。必须做到以下几点，方可进行工作：停机；切断设备电源；取下熔断器；验明无电，并在开关把手上或线路上悬挂“禁止合闸，有人工作！”的安全标示牌。

（4）使用验电笔时禁止超范围使用，电工选用的低压验电笔只允许在 500 V 以下电压下使用。

（5）熔断器、开关及插座等低压电气设备的额定值（如额定电压、额定电流等）必须符合设计标准及使用规定。

（6）登高作业完毕后，必须及时拆除临时接地线，并检查是否有工具等物品遗留在电杆上。

（7）电气线路及设备的安装或检修工作结束后，需拆除安全标示牌，所有材料、工具、仪表等随之撤离，原有防护装置随之安装好，全部工作人员必须及时撤离工作地段。

2. 安全用电常识

电工不仅要充分了解安全用电常识，还有责任阻止不安全的用电行为，宣传安全用电常识。

（1）不掌握电气知识和技术的人员，不可安装和拆卸电气设备及线路。

（2）严禁用“一线”（指相线）“一地”（指大地）安装用电器具。

（3）在同一个插座上不可接过多或功率过大的用电器。

（4）不可用湿手接触带电的电气装置（如开关、灯座等），更不可用湿布擦拭。

（5）电动机和电气设备上不可放置衣物，不可在电动机上坐立，雨具不可挂在电动机、开关等电气装置的上方。

（6）堆放和搬运各种物资、安装其他设备时要与带电设备和带电导体保持一定的安全距离。

（7）搬运电钻、电焊机、电炉等可移动电器时，要先切断电源，不允许在拖拉电源线的情况下搬移电器。

（8）若要在潮湿环境中使用可移动电器，必须使用额定电压为 36 V 及以下的低压电器，若使用额定电压为 220 V 的电器，其电源必须采用隔离变压器。在金属容器（如锅炉、管道）内使用移动电器时，一定要用额定电压为 12 V 的低压电器，并要加接临时开关，还要有专人在容器外监护。低电压移动电器应装特殊型号的插头，以防误插入电压较高的插座。

（9）雷雨时，不要走近高电压电杆、铁塔和避雷针的接地导线的周围，以防雷电入地时周围存在的跨步电压导致触电，切勿走近断落在地面上的高压电线。万一高压电线断落在身边或已进入跨步电压区域，要立即单脚或双脚并拢迅速跳到 10 m 以外的区域，千万不可奔跑，以防跨步电压触电。

任务实施

一、任务准备

实施本任务所需要的实训设备及工具材料见表 1-1-2。

表 1-1-2 实训设备及工具材料

序号	名称	型号规格	数量	单位	备注
1	工作服	根据学生身高、体型等信息配置	1	套	
2	绝缘鞋		1	双	
3	绝缘手套		1	双	
4	验电笔	螺钉旋具式验电笔	1	支	

续表

序号	名称	型号规格	数量	单位	备注
5	接地线	0.4 kV 接地线，16 mm^2，线长 3×1 m+2 m，接地棒为 0.5 m 手握母排，带接地卡	1	套	
6	安全标示牌	200 mm×160 mm	1	块	“禁止合闸，有人工作!”（白底红字）

二、安全作业基本操作

1. 停电操作

要求所有操作人员穿好工作服和绝缘鞋，先断开漏电断路器，再断开刀开关，如图 1-1-5 所示。

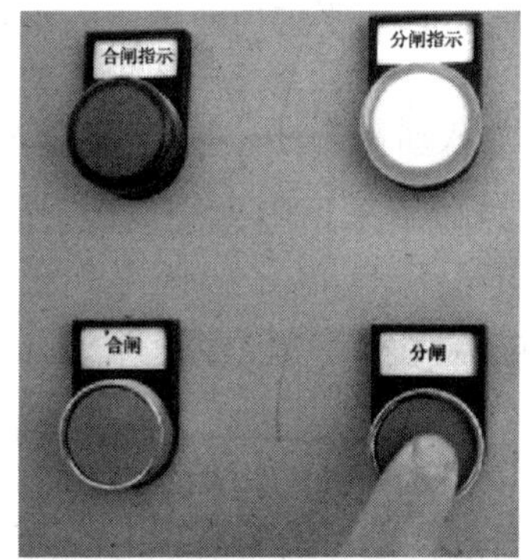

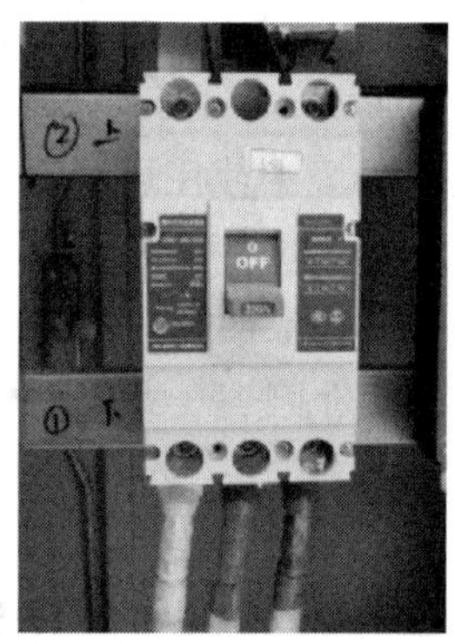

图 1-1-5　停电操作

（1）停电的各方面至少有一个明显的断开点（由隔离刀闸断开），禁止在只经断路器断开电源的设备或线路上进行工作。与停电设备有关的变压器、电压互感器等必须将一次侧和二次侧都断开，防止向停电检修设备反送电。

（2）停电操作应先停负荷侧，后停电源侧；先拉开断路器，再拉开负荷侧的隔离刀闸，最后拉开电源侧隔离刀闸，严禁带负荷拉隔离刀闸。

2. 验电操作

将低压验电器在带电设备上进行试验，确认验电器完好。用低压验电器对已经停电的漏电断路器的进、出线桩进行逐相验电，检验漏电断路器是否带电，如图 1-1-6 所示。

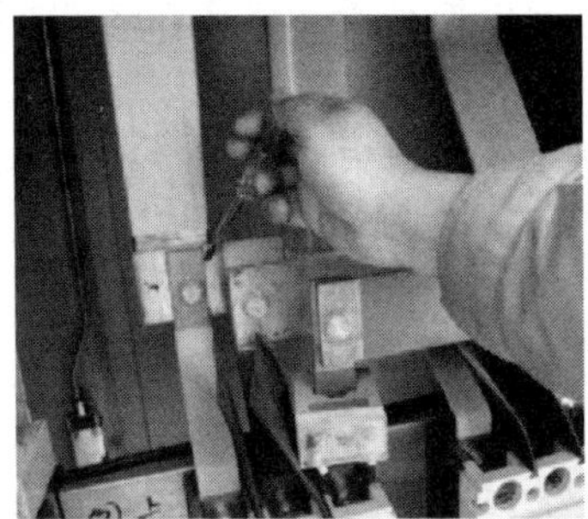

图 1-1-6　验电操作

(1) 应选用与测量线路电压等级适应的验电器。

(2) 未经验电的设备，均应视为带电设备。

(3) 对处于断开状态的开关进行验电时，应对开关两侧各相进行验电。

3. 装设接地线

验明设备确无电压后，进行工作前，应装设接地线。将短路接地线连接在漏电断路器出线桩线路的一侧，如图 1-1-7 所示。

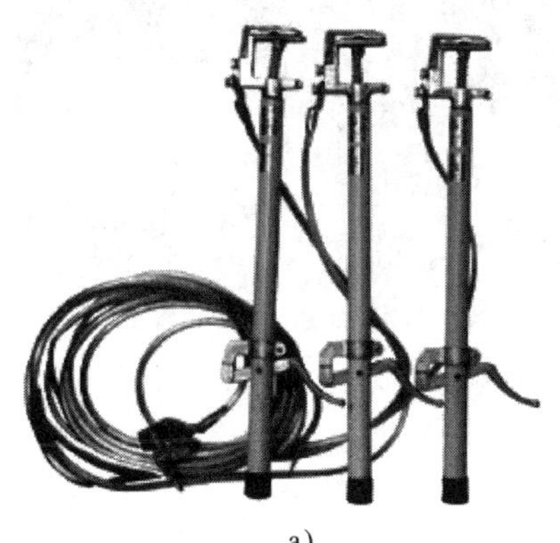

a)

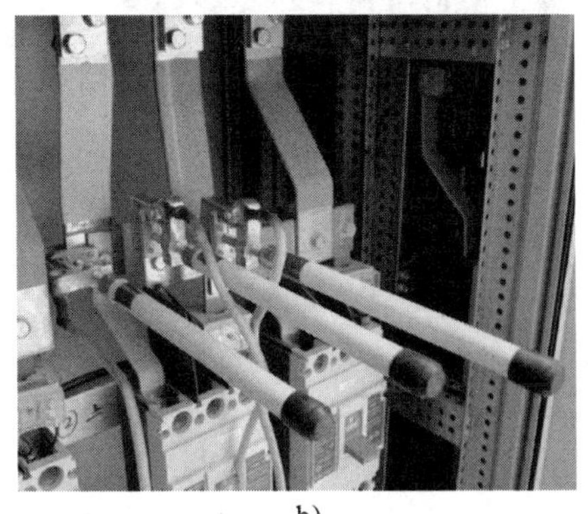

b)

图 1-1-7　装设接地线

a) 接地线　b) 接地线的装设

(1) 装设接地线时，应先将接地端可靠接地，用验电器验明设备或线路确无电压后，立即将接地线的另一端（导体端）挂接在设备或线路的导体上。

（2）对于可能送电至停电设备或线路的各个电源侧，都要装设接地线，接地线与检修部分之间不得连有断路器或熔断装置。

（3）装设接地线必须由两人进行，一人监护，一人操作。装设时先接接地端，后接导体端，而且必须接触良好、可靠，拆接地线的顺序与此相反。装拆接地线时均应使用绝缘棒或戴绝缘手套，人体不准碰触接地线。

（4）检修母线时，应根据母线的长短、有无感应电压等实际情况确定接地线的数量。一般检修 10 m 及以下长度的母线可以只装设一组接地线。

（5）进行架空线路检修作业时，如电杆无接地线，可采用临时接地棒，接地棒在地中插入的深度不得小于 0.6 m。

（6）接地线应采用有透明护套的多股裸软铜线，其最小截面面积不小于 25 mm^2。接地线必须使用专用的线夹固定在导体上，严禁采用缠结的方法，也禁止使用其他导线代替接地线。

4. 悬挂安全标示牌

根据合闸后设备的状态（送电或断电）选择对应的安全标示牌，并悬挂在施工设备的开关和刀闸的操作手柄上，如图 1-1-8 所示。

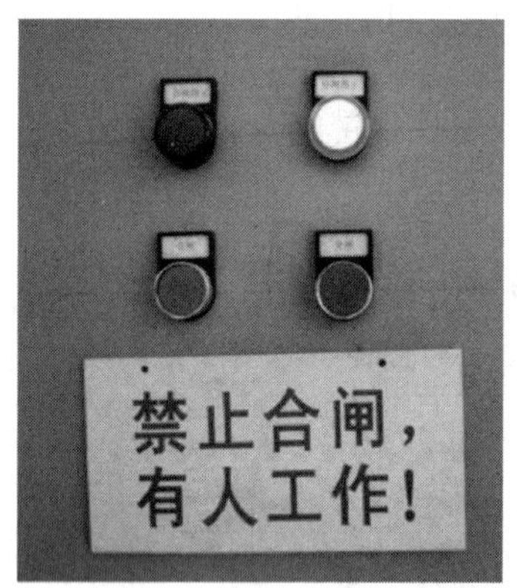

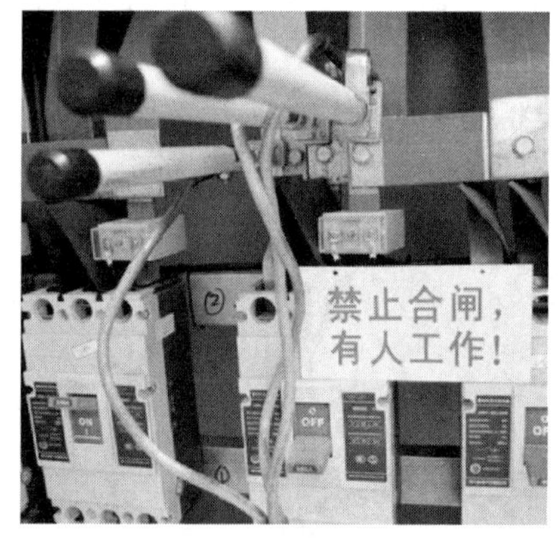

图 1-1-8　悬挂安全标示牌

（1）对于运行操作的开关和刀闸，安全标示牌应悬挂在控制盘的操作把手上，对于能同时进行运行和就地操作的刀闸，则还应在刀闸操作把手上悬挂安全标示牌。

（2）在部分停电的工作中，对于作业范围内距离小于规定值的未停电设备，应装设临时遮栏，并在临时遮栏上悬挂“止步，高压危险！”安全标示牌。

（3）在室内高压设备上工作时，应在工作地点两旁、对面运行设备间隔的遮栏上及禁止通行的过道上悬挂“止步，高压危险！”安全标示牌。在室外地面高压设备上工作时，应在工作地点四周用绳子做好围栏，围栏上悬挂适当数量的“止步，高压危险！”安全标示牌，标示牌应朝向围栏外悬挂。“在此工作!”安全标示牌应朝向围栏内悬挂。

(4) 在工作地点，工作人员上下攀登的铁架或梯子上应悬挂“从此上下!”安全标示牌。在邻近的其他可能误登的架构上应悬挂“禁止攀登，高压危险!”安全标示牌。

(5) 在停电检修装设接地线的设备门框上及相应的电源刀闸操作手柄上，应悬挂“已接地!”安全标示牌。

(6) 严禁工作人员在检修工作未结束前移动或拆除遮栏、接地线和安全标示牌。

5. 对线路进行检修后供电

线路检修完毕后，清理现场，通知相关部门并确认检查无误后，方可恢复对设备送电。

任务测评

对任务实施的完成情况进行检查，并将检查结果填入表 1-1-3。

表 1-1-3　评分标准

序号	主要内容	考核要求	评分标准	配分	扣分	得分
1	停电操作	穿好工作服和绝缘鞋，先断开漏电断路器，再断开刀开关	(1) 操作中违反安全文明生产考核要求的任何一项扣 2 分，扣完为止 (2) 停电操作步骤错误，每处扣 10 分，扣完为止	20		
2	验电操作	1. 确认验电器完好 2. 对漏电断路器的进、出线桩进行逐相验电，确定漏电断路器未带电	(1) 验电器检查方法错误，扣 10 分 (2) 漏电断路器检查方法错误，扣 10 分	20		
3	装设接地线	按顺序装设接地线，将短路接地线连接在漏电断路器出线桩线路的一侧	(1) 接地线装设顺序错误，扣 15 分 (2) 接地线未连接在漏电断路器出线桩线路的一侧，扣 15 分	30		
4	悬挂安全标示牌	根据设备送电或断电的状态，选择对应的安全标示牌，并悬挂在适当位置	未正确悬挂安全标示牌，每处扣 10 分	20		
5	安全文明生产	劳动保护用品穿戴整齐；遵守操作规程；讲文明礼貌；按要求清理现场	(1) 操作中违反安全文明生产考核要求的任何一项扣 2 分，扣完为止 (2) 当考评员发现考生操作过程中有重大事故隐患时，要立即予以制止，并每次扣安全文明生产总分 5 分，扣完为止	10		
合计				100		
开始时间：			结束时间：			

任务2　触电与急救

学习目标

1. 掌握触电的基本概念及触电对人体的危害。
2. 掌握触电的几种形式。
3. 掌握预防触电的安全技术措施。
4. 能正确进行触电事故分析和触电急救。

任务引入

随着家用和工业用电气设备的种类和数量的增多，近年来触电事故多发。触电事故的发生往往很突然，且常在极短的时间内就能造成严重后果。但触电事故的发生仍有一定规律可循，掌握这些规律并找出触电原因，就可以及时采取有效的安全技术措施，预防触电事故的发生，对于确保各项生产正常、有序进行等具有重大意义。另外，当触电事故发生时，采取积极有效的急救措施能及时挽救触电人员的生命。

本任务的内容是学习触电及其防护的基本知识，并完成触电急救技能的训练。

相关知识

一、触电及触电对人体的危害

1. 触电

人体作为导体，在不同情况下呈现出的阻值有所不同，一般按 1～2 kΩ 考虑。当人体触及带电体并形成电流通路时，人体成为电路的一部分，有电流流过人体。这种人体触及带电体并形成电流通路造成人体伤害的现象称为触电。

2. 触电对人体的危害

触电对人体的危害主要有电击和电伤两种，对人体伤害的形式及特征见表 1-2-1。

表 1-2-1　触电对人体的危害

危害的种类	伤害的形式	伤害的特征
电击	电流通过人体而引起的生理效应，绝大多数的触电死亡事故都是由电击造成的	（1）伤害人体内部 （2）电击后留下电标、电纹、电流斑等明显特征 （3）致命电流较小

续表

危害的种类	伤害的形式	伤害的特征
电伤	电流的热效应、化学效应、机械效应等引起的人体外表的局部损伤	（1）电灼伤 （2）皮肤金属化 （3）电烙伤

电流对人体伤害程度的影响因素包括通过人体的电流的大小、触电时间的长短、电流通过人体的途径、电流的频率和触电者的健康状况，具体如下：

（1）通过人体的电流的大小

根据对电击事故的分析得出：当工频电流为0.5~1 mA时，人就有手指、手腕麻或痛的感觉；当电流增至8~10 mA时，针刺感、疼痛感增强，发生痉挛而抓紧带电体，但终能摆脱带电体；当接触电流达到20~30 mA时，会使人迅速麻痹而无法摆脱带电体，而且血压升高、呼吸困难；电流为50 mA时，会使人呼吸麻痹，心脏开始颤动，数秒时间即可致命。通过人体的电流越大，人体生理反应越强烈，病理状态越严重，致命时间越短。

（2）触电时间的长短

人体触电时间越长，电流对人体的伤害越大，故漏电保护器的保护动作时间一般不超过0.1 s。

（3）电流通过人体的途径

若电流通过人体内部的重要器官，后果会很严重。例如，电流通过头部会破坏脑神经，使人死亡；电流通过脊髓会破坏中枢神经，使人瘫痪；电流通过肺部会使人呼吸困难；电流通过心脏会导致心脏颤动或停止跳动，使人死亡。根据事故统计得知：电流通过人体最危险的途径是从左手到右脚或者经过大脑，其次是从手到手，危险最小的是从脚到脚，但可能导致二次事故的发生，特别是高空作业时。

（4）电流的频率

电流的频率不同，触电的伤害程度也不一样。相同电压等级的交流电和直流电相比，直流电伤害较轻，25~300 Hz的电流对人体的伤害比较严重，其中50~60 Hz的电流对人体危害最大。

（5）触电者的健康状况

电击的后果与触电者的健康状况有关。根据资料统计，肌肉发达者、成年人比儿童摆脱电流的能力强，男性比女性摆脱电流的能力强。电击对于患有心脏病、肺病、内分泌失调及精神病等的患者最为危险，他们的触电死亡率更高。

二、触电的形式

根据人体触及带电体的方式和电流流过人体的途径的不同，触电可分为单相触电、两相触电和跨步电压触电。常见的触电形式见表1-2-2。

表 1-2-2　常见的触电形式

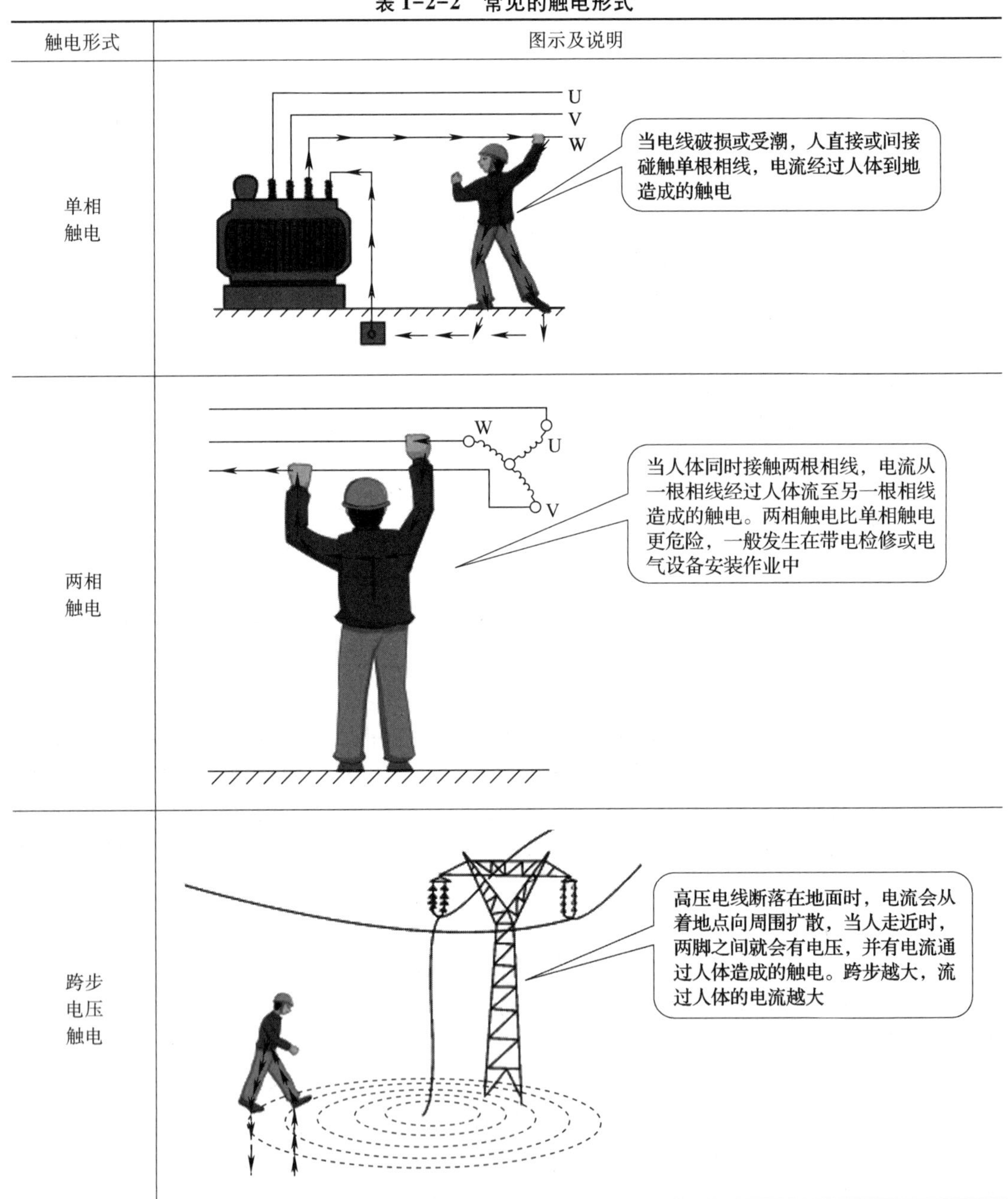

触电形式	图示及说明
单相触电	当电线破损或受潮，人直接或间接碰触单根相线，电流经过人体到地造成的触电
两相触电	当人体同时接触两根相线，电流从一根相线经过人体流至另一根相线造成的触电。两相触电比单相触电更危险，一般发生在带电检修或电气设备安装作业中
跨步电压触电	高压电线断落在地面时，电流会从着地点向周围扩散，当人走近时，两脚之间就会有电压，并有电流通过人体造成的触电。跨步越大，流过人体的电流越大

三、预防触电的安全技术措施

为了贯彻“安全第一，预防为主”的安全用电基本方针，从根本上杜绝触电事故的发生，必须在制度和技术上采取一系列预防和保护措施，如绝缘防护、安全距离、屏护、接地、漏电保护、采用安全电压、过电压防护。

1. 绝缘防护

绝缘防护就是使用绝缘材料将带电导体封护或隔离起来。瓷、玻璃、云母、橡胶、木材、胶木、塑料、布、纸、矿物油等都是常用的绝缘材料。日常生活中许多电气设备都有一定的绝缘防护，如熔断器底座、导线的外包绝缘、瓷或塑料灯座、敷设线路的绝缘子（见图 1-2-1）。专业人员在电气作业过程中也需要一定的绝缘防护，如使用带绝缘手柄的电工工具、穿绝缘鞋或戴绝缘手套（见图 1-2-2）、使用绝缘垫等。

图 1-2-1　绝缘子

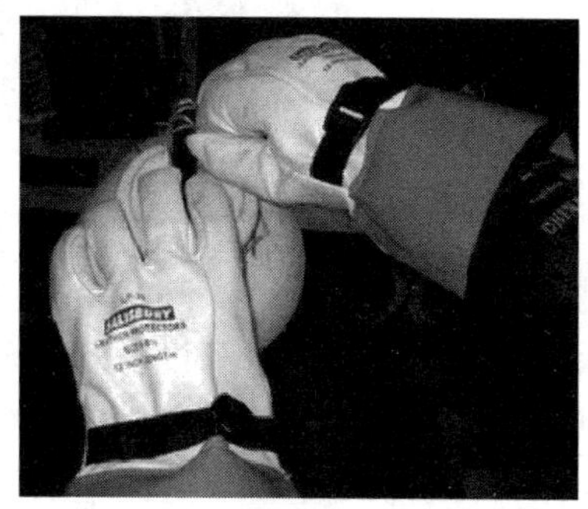

图 1-2-2　戴绝缘手套操作

应当注意的是，很多绝缘材料受潮或在强电场作用下遭到破坏后会丧失绝缘性能。

2. 安全距离

安全距离是为了防止发生触电事故或短路故障而规定的带电体之间、带电体与地面及其他设施之间、工作人员与带电体之间必须保持的最小距离或最小空气间隙。安全距离的大小主要根据电压的高低、设备状况和安装方式来确定。例如，当电压等级为 10 kV 及以下时，人体与带电设备或导体的最小安全距离为 0.7 m（无遮栏）；10 kV 架空线路导线经过居民区及工矿企业地区时，与地面的安全距离为 6.5 m；城市架空电力线路（3~10 kV）接近或跨越建筑物的安全距离为 1.5 m。

3. 屏护

屏护就是用防护装置将带电部分、场所或范围隔离开来，即采用遮栏、栅栏、围墙、保护网及各种罩、箱、盒等将带电体同外界隔绝开来，如图 1-2-3 所示。安装在室外的配电变压器以及安装在车间或公共场所的变配电装置，都要装设遮栏作为屏护。靠近带电体作业时，要在工作人员与带电体之间设置临时遮栏，以保证检修工作的安全。电气开关的可动部分一般不能使用绝缘，而需要屏护。高压设备无论是否有绝缘，均应采取屏护措施。

4. 接地

接地就是将正常情况下不带电，而在绝缘材料损坏后或其他情况下可能带电的电器金属部分（与带电部分相绝缘的金属结构部分）与大地做良好的电气连接。

当电气设备因绝缘损坏而发生漏电或击穿时，平时不带电的金属外壳及与之相连的其他金属部分会带电，人体触及这些意外带电部分，就可能发生触电事故。接地技术可减轻这类触电事故对人体的伤害程度。

图 1-2-3　屏护

5. 漏电保护

为了保证故障情况下人身和设备的安全，应尽量装设漏电动作保护器。它可以在设备及线路漏电时通过保护装置的检测机构转换取得异常信号，经中间机构转换和传递，促使执行机构动作，自动切断电源，起到保护作用，常用的漏电保护装置如图 1-2-4 所示。

6. 采用安全电压

采用安全电压是用于小型电气设备或小容量电气线路的安全措施。根据欧姆定律，当电阻一定时，电压越大，电流也就越大。因此，可以把可能加在人体上的电压限制在某一范围内，使得在这种电压下，通过人体的电流不超过允许范围，这一电压称为安全电压。国家标准《特低电压（ELV）限值》（GB/T 3805—2008）中规定，在干燥环境下，正常工作时工频电压有效值的限值为 33 V，直流（无纹波）电压的限值为 70 V；在潮湿环境下，正常工作时工频电压有效值的限值为 16 V，直流（无纹波）电压的限值为 35 V。

凡手提照明灯、高度不足 2.5 m 的一般照明灯，如果没有特殊安全结构或安全措施，应采用 42 V 或 36 V 安全电压。

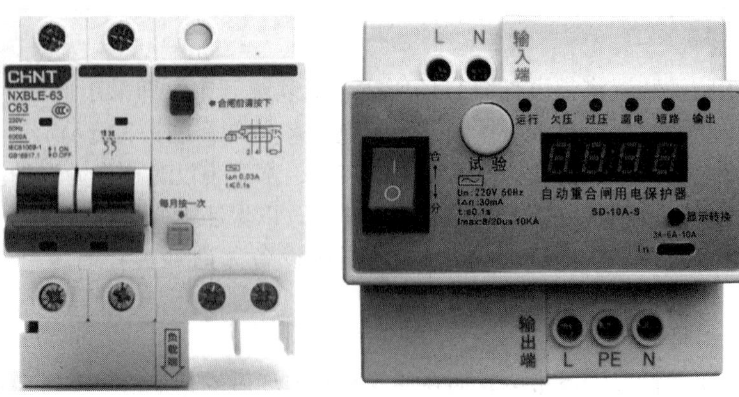

图 1-2-4　常用的漏电保护装置

凡金属容器内、隧道内、矿井内等工作地点狭窄、行动不便、周围有大面积接地导体的环境中使用手提照明灯时应采用 12 V 安全电压。

7. 过电压防护

过电压是指对电气设备绝缘有危险的突然升高的电压。过电压将危及电气设备或线路的绝缘，造成设备、建筑物的损坏，从而导致供电中断，引发火灾、爆炸、伤害人畜等事故。

常见的过电压防护措施有装设避雷针（或避雷线、避雷网、避雷带）、避雷器及电子元件的过电压保护等。

任务实施

一、任务准备

实施本任务所需要的实训设备及工具材料见表 1-2-3。

表 1-2-3　实训设备及工具材料

序号	名称	型号规格	数量	单位	备注
1	工作服	根据学生身高、体型等信息配置	1	套	
2	绝缘鞋		1	双	
3	心肺复苏模拟人	触电急救专用	1	具	
4	秒表		1	个	

二、触电事故案例分析

1. 案例 1

某年 9 月 17 日，某喷漆厂电工鲁某（男，36 岁）身穿背心、长裤（裤腿卷起），赤脚穿塑料拖鞋，在临时通电的低压配电室内拧屏内中性线螺钉时，右臂不慎碰到开关出线带电母排，造成触电事故。

（1）事故原因

1）电工没有按规定穿戴防护用品，不遵守劳动纪律。

2）现场安全管理不严。电工不穿绝缘鞋、长袖、长裤工作，未受到及时处理与教育。

3）思想麻痹，认为中性线上工作无危险，未对带电导线采取绝缘隔离措施。

（2）事故教训及防范措施

防止触电的技术措施之一是绝缘。电气工作人员穿戴、使用的绝缘鞋、手套及工作服等防护用品，是保障电气工作人员人身安全、防止工作过程中偶然触及带电体而受伤的重要绝缘防护措施。案例中的电工如果穿绝缘鞋和长袖工作服，就可能避免触电事故的发生。

因此，电气工作人员在带电作业时必须严格按规定穿戴好个人防护用品。尤其是在6—9 月，天热多雨，空气潮湿，电气设备的绝缘性能降低，且电气工作人员衣着单薄，汗水和身体外露部分较多，因此触电危险性大大增加。在这几个月中，更要注意防止发生触电事故。工厂、企业的电气、安全管理人员，对违反规定的现象应及时制止、教育和处理，以确保电工作业的安全。

2. 案例 2

某变电站电气作业人员在挂接地线时发生电气事故。电工首先断开电源开关，随后电工直接用验电器验电并初步判断线路没电，接着电工开始挂接地线，但电工挂接地线的瞬间被强烈的短路电弧击倒在地并严重烧伤，如图 1-2-5 所示。

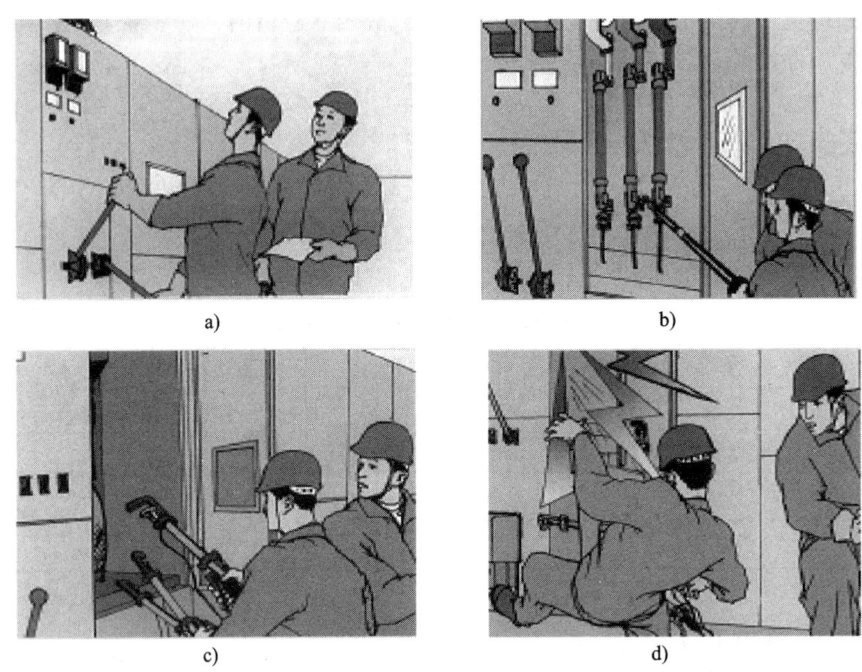

图 1-2-5　验电器损坏造成触电

a）断开电源开关　b）使用验电器验电　c）挂接地线　d）电工受伤

（1）事故原因

事后检查发现，电工在验电前没有按规定在带电设备或线路上检验验电器性能，验电器的缺陷未被及时发现，验电时错误地判断线路没电，导致电工挂接地线时发生了严重的触电事故。

（2）事故教训及防范措施

电工必须严格遵守安全操作规程。使用验电器前，应检查验电器的工作电压与检测设备的额定电压是否相符，并使用验电器的自检装置检查指示器的转轮是否旋转，声光信号是否正常，同时将验电器在带电设备上进行检验。

三、触电急救

触电事故的发生可能会使触电者被电伤，严重时会导致窒息、心跳停止而死亡。因此，除了拨打“120”外，还要学会触电急救方法及时施救，同时也要保证自身的安全。

人触电后，往往会失去知觉或者形成假死，救治的关键就在于使触电者迅速脱离电源、及时采取正确急救措施，切不可惊慌失措。触电现场处理以及急救具体操作可分为迅速脱离电源、简单诊断、对症救护三大部分。

1. 迅速脱离电源

发生触电事故后的第一步就是让触电者迅速脱离电源，这样可以防止触电者长时间触电导致死亡，也可以保证施救者的人身安全。常见的脱离电源的方法见表 1-2-4。

表 1-2-4　常见的脱离电源的方法

处理方法		实施方法	图示
低压电源触电	拉	附近有电源开关或插座时，应立即拉下电源开关或拔掉电源插头	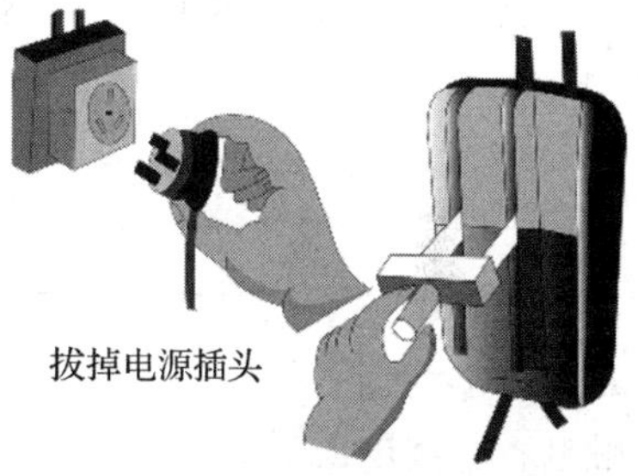 拔掉电源插头 拉下电源开关
	切	若一时找不到断开电源的开关，应迅速用绝缘完好的钢丝钳或断线钳剪断电线，以断开电源	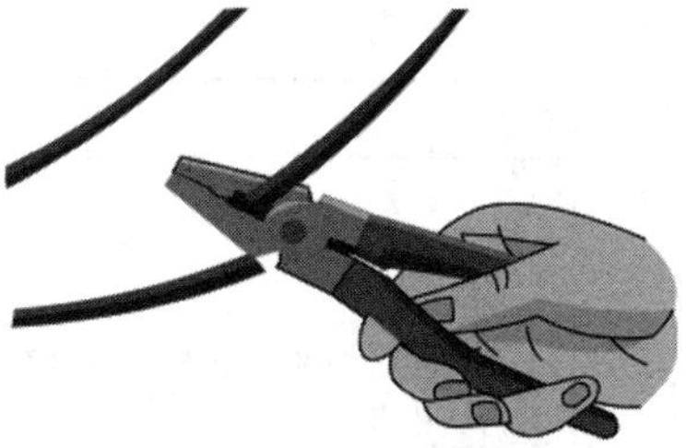 剪断连接的电线
	挑	对于由导线绝缘损坏造成的触电，急救人员可用绝缘工具、干燥的木棍等将电线挑开（急救人员注意防止自己跨步电压触电）	 用干燥的木棍挑开电线
	拽	急救人员可戴上手套或在手上包缠干燥的衣服等绝缘物品拖拽触电者；也可站在干燥的木板、橡胶垫等绝缘物品上，用一只手将触电者拖拽开	 在采取绝缘保护的情况下单手拽开触电者

续表

处理方法		实施方法	图示
高压电源触电	拉闸	当发现有人在高压设备上触电时，急救人员应戴上绝缘手套、穿上绝缘鞋后拉开电闸	 戴上绝缘手套、穿上绝缘鞋后拉开电闸

2. 简单诊断

触电者脱离电源后，应马上将触电者移至通风、干燥处并立刻进行简单诊断，根据诊断情况采取相应的抢救措施。常见的诊断步骤见表 1-2-5。

表 1-2-5 常见的诊断步骤

步骤	实施方法	图示
1	将脱离电源的触电者迅速移至通风、干燥处，使其仰卧，松开上衣和裤带	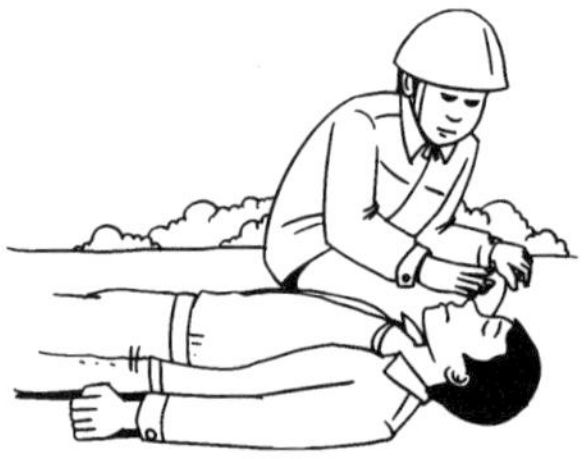
2	观察触电者的瞳孔是否放大。当人体处于假死状态时，大脑细胞严重缺氧，人处于死亡边缘，瞳孔自行放大	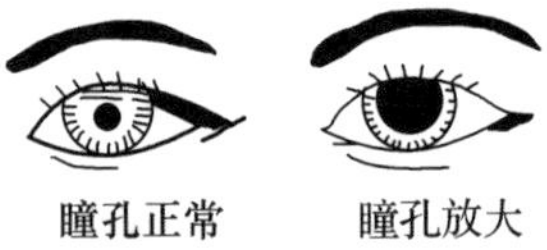 瞳孔正常　瞳孔放大
3	观察触电者有无呼吸存在，摸一摸颈部的动脉有无搏动	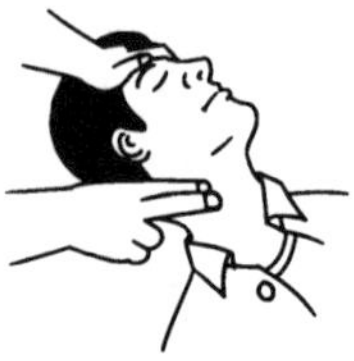
4	用耳朵贴近触电者的口鼻与心房处，听其有无微弱的呼吸和心跳	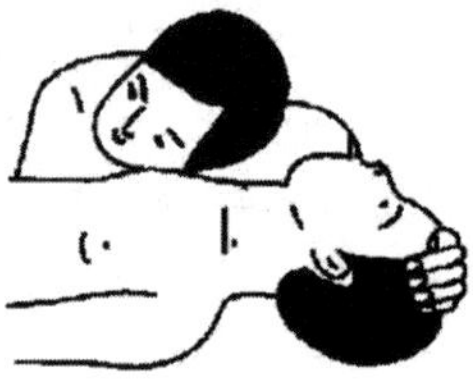

3. 对症救护

(1) 口对口人工呼吸法急救

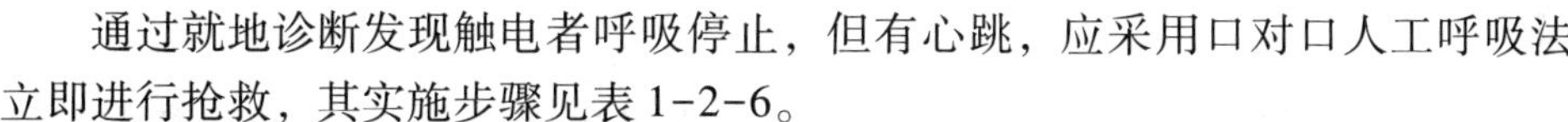

通过就地诊断发现触电者呼吸停止，但有心跳，应采用口对口人工呼吸法立即进行抢救，其实施步骤见表 1-2-6。

表 1-2-6　口对口人工呼吸法实施步骤

步骤	实施方法	图示
1	使触电者身体仰卧，松开衣领和裤带，头偏向一侧，清除触电者口腔中的异物	清理口腔异物
2	抢救者在触电者一侧，一只手放在触电者前额使其头部后仰，另一只手食指与中指放在触电者下颌骨处并抬起下颌，使其气道畅通	鼻孔朝天头后仰
3	用一只手捏紧触电者的鼻子，另一只手托在触电者颈后，将颈部上抬，深吸一口气，用嘴贴紧触电者的嘴，大口吹气	捏鼻贴嘴吹气胸扩张
4	吹气 2 s 后，离开触电者的嘴，松开捏着鼻子的手，让气体从触电者肺部排出，如此反复，每 5 s 吹气一次，坚持连续进行，直到触电者苏醒为止	放开口鼻好换气

1）进行口对口人工呼吸时，吹气 1~2 s，触电者自由呼气约 3 s，每分钟做 12~16 次。

2）若触电者上、下牙咬紧，嘴不能张开，无法进行口对口人工呼吸，急救者可用口对触电者的鼻孔吹气以进行抢救。

3）口对口人工呼吸抢救过程中，若被救者胸部有起伏，说明人工呼吸有效，抢救方法正确；若胸部无起伏，说明气道不够畅通，或有梗阻，或吹气不足（但吹气量也不宜过大，以胸廓上抬为准），或抢救方法不正确等。

（2）胸外心脏按压法急救

通过就地诊断发现触电者心跳停止，但呼吸尚存，应采取胸外心脏按压法立即进行抢救，其实施步骤见表 1-2-7。

表 1-2-7　胸外心脏按压法实施步骤

步骤	实施方法	图示
1	使触电者仰卧在硬板或地上，颈部枕垫软物使头部稍后仰，松开衣服和裤带，急救者跪在触电者一侧	
2	急救者将手掌根部按于触电者最下面一根肋骨和胸骨结合位置向上二指处。双手掌根同向重叠，十指交叉，掌心翘起，手指离开胸膛	压区 中指对凹陷，当胸一手掌　　掌根用力向下压
3	掌根用力下压，然后放松。每次按压与放松的时间相等，每分钟 100~120 次为宜，必须坚持连续进行，不可中断	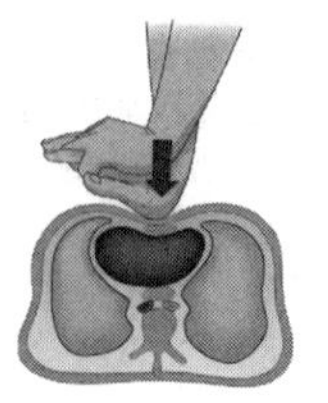 慢慢向下　　突然放松

提示

1）按压位置一定要准确，按压时双臂伸直，上半身前倾，以髋关节为支点向下按压。

2）不能进行冲击式的按压，放松时手掌根部不要离开按压部位，以免造成下次按压位置错误。

3）按压深度为成人 5~6 cm，儿童 4~5 cm。

4）要防止按压速度不由自主加快而影响抢救效果。

（3）人工心肺复苏法急救

通过就地诊断发现触电者丧失意识，心跳和呼吸停止，应采取人工心肺复苏法立即进行抢救，其实施步骤见表 1-2-8。

表 1-2-8　人工心肺复苏法实施步骤

急救方法	实施方法	图示
人工心肺复苏法（一人急救）	一人急救：口对口人工呼吸法和胸外心脏按压法交替进行，先按压心脏 30 次，再口对口人工呼吸 2 次，且速度都应快些	
人工心肺复苏法（两人急救）	两人急救：一人进行口对口人工呼吸，另一人进行胸外心脏按压，首先心脏按压 30 次，然后口对口人工呼吸 2 次，再心脏按压 30 次，口对口人工呼吸 2 次，依次交替进行	

提示

1）抢救过程中应适时对触电者进行再判定，每做完 5 个循环（30 次胸外心脏按压、2 次人工呼吸为 1 个循环）后进行，可通过触摸颈动脉，看、听、试呼吸等方法，判定自主心跳及呼吸是否恢复，评估在 10 s 内完成。

2）抢救过程中不要随意移动触电者。如确有移动需要时，抢救中断时间不应超过 30 s，应使用担架并在其背部垫以木板，不可让触电者身体蜷曲。

3）抢救过程中不要随意中断抢救，要持续进行。只有医生可以确定触电者已死亡，宣布抢救无效。

任务测评

对任务实施的完成情况进行检查，并将检查结果填入表 1-2-9。

表 1-2-9　评分标准

序号	主要内容	考核要求	评分标准	配分	扣分	得分
1	口对口人工呼吸法	采取口对口人工呼吸法进行抢救	口对口人工呼吸法实施步骤错误，每处扣 10 分	30		
2	胸外心脏按压法	采取胸外心脏按压法进行抢救	胸外心脏按压法实施步骤错误，每处扣 10 分	30		
3	人工心肺复苏法	采取人工心肺复苏法进行抢救	人工心肺复苏法实施步骤错误，每处扣 10 分	30		
4	安全文明生产	劳动保护用品穿戴整齐；遵守操作规程；讲文明礼貌；按要求清理现场	（1）操作中违反安全文明生产考核要求的任何一项扣 2 分，扣完为止 （2）当考评员发现考生操作过程中有重大事故隐患时，要立即予以制止，并每次扣安全文明生产总分 5 分，扣完为止	10		
合计				100		
开始时间：			结束时间：			

任务 3　电气火灾防护

学习目标

1. 了解电气火灾形成的原因。
2. 掌握电气“三防”知识。
3. 掌握电气火灾消防的原理、常用的灭火器材以及电气火灾的处理方法。
4. 能正确进行电气火灾案例分析并正确使用灭火器材。

任务引入

近年来，电气火灾在我国时有发生。作为电气从业人员，必须能够科学、客观地分析电气火灾的形成原因，并能有针对性地采取防护措施，防患于未然，才能有效避免电气火灾事故的发生。同时，还应熟练掌握常用灭火器材的功能及使用方法，从而在发生电气火灾时采取有效的灭火措施及时控制火势，避免造成重大人员伤亡和巨大财产损失。

本任务的内容是学习电气消防的基本知识，并完成灭火器材的使用训练。

相关知识

一、电气火灾的成因

根据形成条件的不同，电气火灾可分为工业用电火灾、家庭生活用电火灾、雷击火灾、静电火灾等。电气火灾发生的原因是多种多样的，如过载、短路、接触不良、电弧、火花、漏电、雷电、静电等。操作者主观上思想麻痹、疏忽大意、不遵守有关消防法规、违反操作规程等也是导致电气火灾的重要因素。常见电气火灾的原因、分析及预防措施见表 1-3-1。

表 1-3-1　常见电气火灾的原因、分析及预防措施

原因	分析	预防措施
线路过载	线路超负荷时发热量超过允许限度，导致绝缘层燃烧，引起火灾	（1）使用的负载不超过线路容量 （2）装设过载自动保护装置
短路、电弧、火花	使用时间较长或环境因素导致电气设备或线路绝缘层破坏，会产生电弧或火花，点燃本身可燃的绝缘材料或附近易燃材料等	（1）及时更换老化的设备和线路 （2）加装自动保护装置 （3）线路安装设计应符合环境要求
接触不良	导线与导线、导线与电气设备的连接处处理不当，造成局部电阻大，在电流的作用下产生热量，引燃绝缘层或附近其他可燃材料	（1）按标准接线 （2）定期检查，及时维修
电气设备使用不当	电热器具使用不当点燃附近可燃材料	正确使用电气设备，使用过程中有人看护
静电	易燃易爆场所的静电火花引起火灾	严格遵守安全制度，执行安全防护措施

二、电气“三防”知识

这里的电气“三防”指防火、防爆和防雷。

1. 防火

电气火灾是因电气设备或线路过热或产生电火花而引发的火灾。电火花包括作业火花（如电焊火花）和故障火花（如拉闸火花、接头松脱火花、熔丝熔断火花）。

电气火灾的防护措施主要致力于消除隐患、提高用电安全意识，具体措施包括以下几方面：

（1）了解环境中的易燃易爆物品及因素

石油液化气、煤气、天然气、汽油、柴油、酒精、棉、麻、化纤织物、木材、塑料等易燃易爆物质；设备的绝缘油在电弧作用下分解和汽化，喷出大量的油雾和可燃气体；酸性电池排出氢气并形成爆炸性混合物等，这些都是火灾隐患。

（2）正确设置相关装置、材料

1）对正常运行条件下可能产生电热效应的设备要采取隔热措施，并注重耐热、防火材料的使用。对于在正常工作中能产生电弧或火花的电气设备，应使用灭弧材料将其全部围隔起来，或将其与可能被引燃的物料用耐弧材料隔开，或使其与可能引起火灾的物料保持足够的距离。

2）按规程要求设置完备的电气保护装置（包括短路、过负荷、漏电等），并校验其动作的灵敏性和可靠性。正确设置电气设备和线路的接地或接零保护，为防雷电应安装避雷器及接地装置。

（3）正确安装电气设备

容易引发电气火灾的设备的安装应符合以下规定：

1）当固定式设备的表面温度能够引燃邻近物料时，应将其安装在能承受该温度且具有低热导率的物料之上或之中，或用热导率低的物料将其与邻近的易燃物料隔开，或使安装位置与邻近易燃物料保持足够的距离，以便热量顺利扩散。

2）安装和使用有局部热聚焦或热集中的电气设备时，在局部热聚焦或热集中方向，电气设备与易燃物料必须保持足够的距离，以防引燃。

3）电气设备周围的防护屏障材料必须能承受电气设备产生的高温（包括故障情况下）。应根据情况选择不可燃、阻燃材料或在可燃性材料表面喷涂防火涂料。

（4）正确使用电气设备

为了避免电气设备使用不当造成的电气火灾，应按设备使用说明书的规定进行操作。一些典型电气设备的操作应符合以下要求：

1）具备冷却或加热辅助系统的电气设备，开机时先开辅助系统，再开主机。

2）电热设备使用完毕后要随手断电。

3）意外停电时，应及时关断设备的电源开关，恢复供电后再重新开启。对无人照管的设备必须装配停电时自动分闸、来电时人工合闸的停电保护装置，以防恢复供电时用电设备持续运转，发生意外事故。

4）严格执行停送电操作规程，杜绝隔离开关带负荷拉闸等错误操作。

5）在一般情况下，电气设备不得带故障或超载运行。

6）电加热设备或其他大功率设备须设温度保护。

2. 防爆

爆炸需要同时具备以下三个条件才可能发生：必须存在爆炸性物质或可燃性物质；有助燃性物质，主要是空气中的氧气；存在引燃源（如火花、电弧和危险温度），它提供点燃混合物必需的能量。

因此，必须采取适当的措施抑制三个条件同时具备。这些措施包括：合理选用防爆电气设备；合理敷设电气线路，保持场所的良好通风；保持电气设备的正常运行，防止短路、过载；安装自动断电保护装置，使用便携式电气设备时应特别注意安全；将危险性大的设备安装在危险区域外；防爆场所一定要选用防爆电动机等。

3. 防雷

雷电是一种自然现象，它产生的强电流、高电压、高温具有很强的破坏力，甚至能引起大规模停电，造成火灾、爆炸等。它通常分为直击雷、感应雷和球形雷，都能够造成极大的财产损失及人员伤亡。雷电的预防措施主要包括以下几点：

（1）采用技术和质量均符合国家标准的防雷设备、器件、器材。新增加建设和安装设备时，应同时对防雷系统进行重新设计和建设。例如，重新铺设计算机网络线、室外天线的移位和加高等都应该重新设计和建设防雷设施。

（2）定期由专业防雷公司检测防雷设施，评估防雷设施是否符合国家规范要求。例如，学校、公司、区级以上医院、四星级以上宾馆、城区内高度在 45 m 以上的高层建筑需两年检测一次。

（3）应设立防范雷电灾害责任人，负责防雷安全工作，包括各项防雷设施的定期检测、雷雨后的检查、日常的维护等。例如，雷雨过后，应检查安装在电话程控交换机、计算机等电气设备电源上和信号线上的过压保护器有无损坏，若发现损坏应及时更换。

（4）雷灾发生时应及时处理，采取措施，避免再次遭受雷击。

三、电气火灾的消防

1. 灭火的基本原理

由燃烧必须具备的几个基本条件可以得知，灭火就是破坏燃烧条件使燃烧反应终止的过程。其基本原理归纳为四个方面：冷却、窒息、隔离和化学抑制。

（1）冷却灭火

对于一般可燃物火灾，将可燃物冷却到其燃点或闪点以下，燃烧反应就会终止。水的灭火机理主要是冷却。

（2）窒息灭火

降低燃烧物周围的氧气浓度可以起到灭火的作用。通常使用的二氧化碳、氮气、水蒸气等的灭火机理主要是窒息。

（3）隔离灭火

火灾中，关闭有关阀门，切断流向着火区的可燃气体和液体的通道；打开有关阀门，使已经发生燃烧的容器或受到火势威胁的容器中的液体可燃物通过管道转移到安全区域，都是隔离灭火的措施。

（4）化学抑制灭火

灭火剂与链式反应的中间体自由基发生反应，可以使燃烧的链式反应中断，燃烧不能持续进行。常用的干粉灭火剂、七氟丙烷灭火剂的主要灭火机理就是化学抑制。

2. 常用的灭火器材

根据灭火需要，各种场合必须配置相应种类、数量的消防器材、设备、设施，如消防桶、消防梯、铁锹、安全钩、沙箱（池）、消防水池（缸）、消防栓和灭火器。灭火器是一种可由人力移动的轻便灭火器具，它能在其内部压力作用下将所充装的灭火剂喷出，用来扑灭火灾，属于常规灭火器材。常用的灭火器如图 1-3-1 所示。

a) b) c) d)

图 1-3-1 常用的灭火器

a）喷雾水枪 b）水基灭火器 c）二氧化碳灭火器 d）干粉灭火器

3. 电气火灾的处理方法

（1）电气设备发生火灾，首先要立刻切断电源，然后进行灭火，并立即拨打“119”火警电话报警。扑救电气火灾时应注意触电危险，要及时切断电源，通知电力部门派人到现场进行指导和监护。

（2）正确选择、使用灭火器，扑救尚未确定是否断电的电气火灾或者无法切断电源时，应立即采取带电灭火的方法，可选用二氧化碳、1211、干粉灭火剂等不导电的灭火剂进行灭火。若用水枪带电灭火宜采用喷雾水枪，同时要穿绝缘鞋、戴绝缘手套，水枪喷嘴应可靠接地。

（3）带电灭火时必须有人监护。

（4）带电灭火时，灭火器和人体与带电体之间应保持安全距离。对于电压不超过 1 kV 的带电体，灭火距离应大于 1 m。

（5）使用二氧化碳灭火时，要注意防止窒息。灭火人员应站在上风位置进行灭火，当发现有毒烟雾时，应马上戴上防毒面罩。旋转电气设备不准使用泡沫灭火器和砂土灭火。

（6）对架空线路等空中设备进行灭火时，人体位置与带电体之间的仰角不应超过 45°，防止导线断落危及灭火人员的安全。

（7）若火灾发生在夜间，应准备足够的照明和消防用电。

（8）室内着火时，千万不要急于打开门窗，防止空气流通而加大火势。只有做好充分的灭火准备后，才可有选择地打开门窗。

（9）当灭火人员身上着火时，灭火人员可就地打滚或撕脱衣服；不能用灭火器直接向身上喷射，而应使用湿麻袋、石棉布或湿棉被将灭火人员覆盖。

任务实施

一、任务准备

实施本任务所需要的实训设备及工具材料见表 1-3-2。

表 1-3-2　实训设备及工具材料

序号	名称	型号规格	数量	单位	备注
1	工作服	根据学生身高、体型等信息配置	1	套	
2	绝缘鞋		1	双	
3	干粉灭火器	手提储压式（3 kg）	1	个	
4	二氧化碳灭火器	手提式（2 kg）	1	个	
5	水基灭火器	手提式（3 L）	1	个	

二、电气火灾案例分析

1. 案例 1

某针织厂定型车间发生了一起火灾事故，火势凶猛，连续燃烧了一个多小时，致使 14 间厂房、122 匹布料及几十台定型机全部烧成灰烬，直接经济损失近 60 万元。

（1）事故原因

经消防部门仔细勘查后发现，起火的直接原因是安装在某定型机上的一颗小小的螺钉在运转时飞了出来，与油机上油管碰撞产生火花，引燃了油垢。另外，起火后现场人员未采取断电措施、厂房内动力及照明线路零乱、消防器材不足、易燃品堆积也是火灾蔓延的祸因。

（2）事故教训及防范措施

1）机器上的每颗螺钉都应紧固。

2）动力及照明线路的安装应符合规范。

3）起火时应在前级拉闸，立即断电。

4）消防器材应充足，油棉纱等易燃品应及时处理，勿堆积。

5）对职工进行安全防火教育，做到防患于未然。

2. 案例 2

某厂使用两台电力变压器，容量分别为 160 kV · A、180 kV · A。某日忽然乌云密布，风雨交加，一个惊雷在厂区上空炸响，出现一道刺眼的闪电。霎时电工房配电柜上“啪”的一声击出两团火球，烟雾立刻充满整个电工房。由于灭火及时，没有酿成大的火灾，但停电导致了全厂停产。

事后检查发现，这次雷击事故造成配电房二次接线的所有计费电度表、指示仪表、供电部门安装的限电器、配电柜上的断路器等全部损坏，造成直接经济损失近万元，停电影响生产而造成的间接经济损失更大。

重新安装配电柜的电气设施时，将所有损坏的仪表仪器、开关、接线板等全部更新，对没有明显损伤的仪器、开关用兆欧表仔细测量了绝缘电阻，符合要求的继续留用。设备安装完成后，重新送电。当合上高压断路器时，配电柜呈现正常状态，电压表有正常指示。然后推合低压负荷开关时，立刻“嘭”的一声，炸碎了连接电压换相开关的插入式熔断器。

（1）事故原因

经分析，此次雷灾主要是雷电通过厂区内的 15 m 高的裸低压（380 V）架空线传至配电柜二次接线侧的仪表仪器而引起的。由于地处市区，按供电部门规定属非雷区，故高压侧安装避雷器而低压配电柜没有安装避雷器，以致无法防止雷电波从低压侧引入。

重新安装配电柜的电气设施后，送电时炸碎熔断器的主要原因是旋转式电压换相开关因雷击闪络，绝缘性能不稳，故在推合低压负荷开关时电压换相开关击穿，造成相间短路而炸碎插入式熔断器。更换新的电压换相开关后，恢复正常供电。

（2）事故教训及防范措施

1）架空引入线绝缘子铁脚应接地。

2）凡是低压侧安装了裸架空线路的单位（无论地处雷区或非雷区），都应在低压配电柜上安装低压避雷器，防止雷电波从低压架空线引入。

3）凡是受过雷击闪络的绝缘子、开关等电气元件都要慎用，一般不应继续留用而应更换。

三、灭火器材的使用

1. 使用干粉灭火器灭火

干粉灭火器内充装磷酸铵盐干粉灭火剂，以二氧化碳或氮气作为动力，将灭火器内干粉灭火剂喷出进行灭火。可扑灭固体易燃物（A 类）、易燃液体及可融化固体（B 类）、易燃气体（C 类）和带电器具的初起火灾。

手提储压式干粉灭火器的使用方法如图 1-3-2 所示。

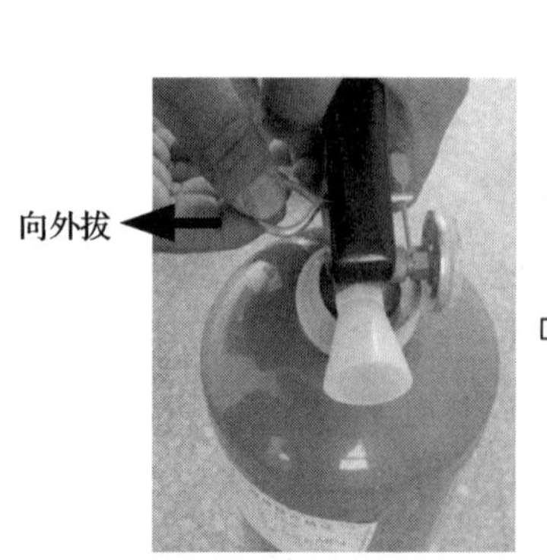

拔出拉环状保险销

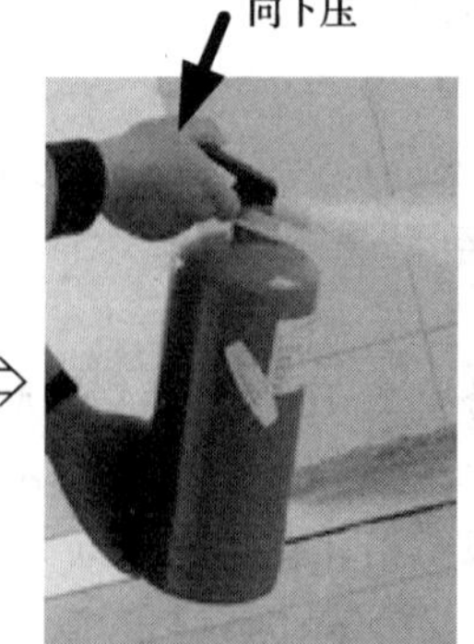

将灭火器喷口对准火焰根部，按下压把，灭火器喷嘴就会喷出粉雾状灭火剂。使用时喷嘴与火的距离要近些，否则不能有效灭火

图 1-3-2　手提储压式干粉灭火器的使用方法

推车式干粉灭火器的使用方法如图 1-3-3 所示。

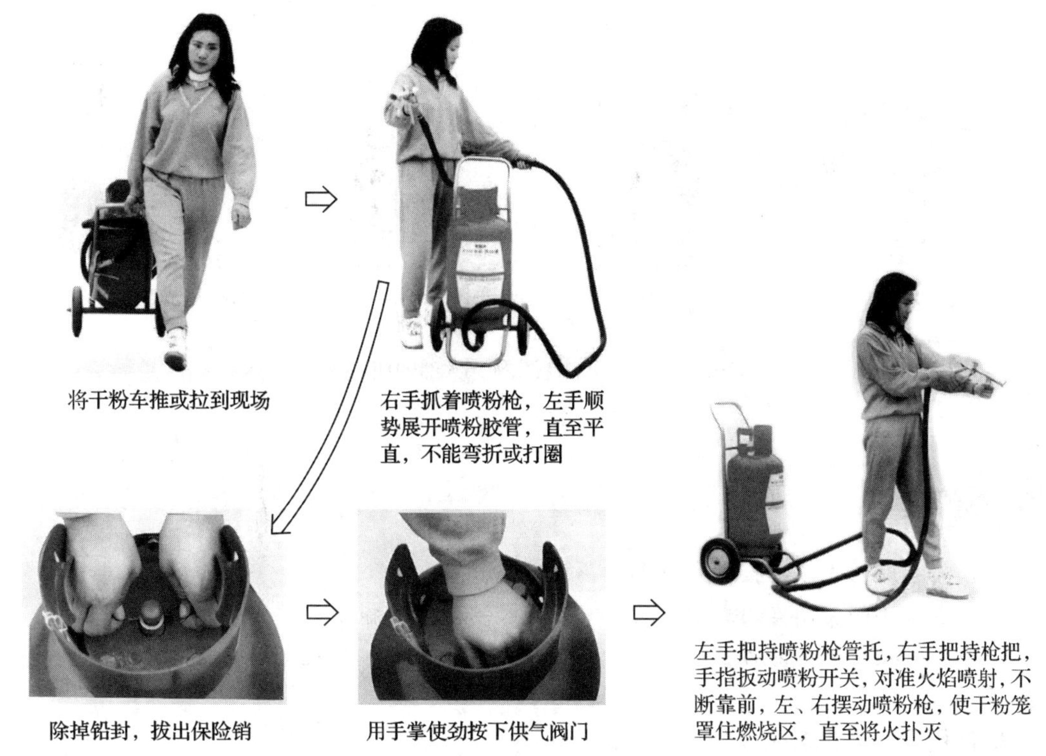

图 1-3-3　推车式干粉灭火器的使用方法

（1）喷射前最好将灭火器上、下颠倒几次，使筒内干粉松动，但喷射时不能倒置。

（2）灭火时要站在上风处，开始灭火时离火 1~2 m。

（3）扑灭 B 类火时不能直接向液面喷射灭火剂，要由近向远，在液面上方约 10 cm 处左、右快速摆动，覆盖燃烧面，切割火焰。扑灭 A 类火时可先由上向下压制火焰，然后将燃烧物上、下、左、右、前、后喷匀灭火剂，防止复燃。

（4）干粉灭火器存放时不能靠近热源或被日晒，应注意防潮，定期检查驱动气体是否合格。

2. 使用二氧化碳灭火器灭火

二氧化碳呈液态灌入钢瓶内。由于二氧化碳灭火剂具有灭火不留痕迹、有一定的电绝缘性能等特点，可扑救 600 V 以下的带电电器、贵重设备、图书资料、仪器仪表等的初起火灾，以及一般可燃液体的火灾；不能扑救钾、钠、镁、铝等物质的火灾。

使用鸭嘴式二氧化碳灭火器时，取出灭火器后，拔掉保险销，一手捏住压把，一手握住喷嘴，对准火苗根部喷射，如图 1-3-4 所示。使用手轮式二氧化碳灭火器时，一手握住喷筒把手，一手撕掉铅封，将手轮按逆时针方向旋转，打开开关，二氧化碳气体即会喷出。

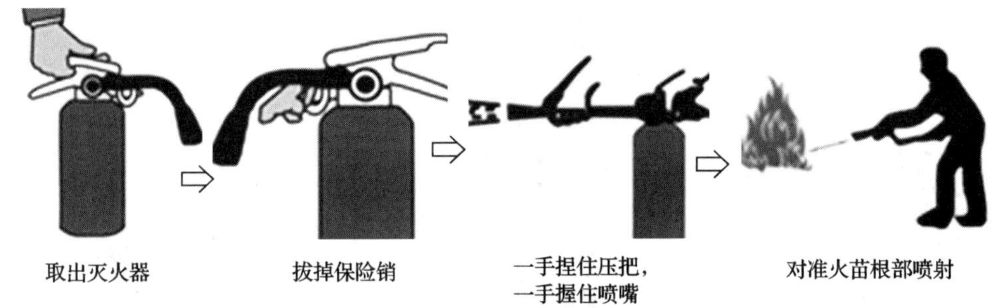

图 1-3-4　鸭嘴式二氧化碳灭火器的使用方法

（1）喷射时，手不要接触金属部分，以防冻伤。

（2）在较小的密闭空间或地下坑道喷射后，人要立即撤出，防止窒息。

（3）二氧化碳灭火器存放时，严禁靠近热源或被日晒，应定期检查二氧化碳气体是否泄漏。

3. 使用水基灭火器灭火

水基灭火器利用喷射的灭火剂形成水雾，吸收大量的热量，迅速降低火场温度；同时表面活性剂在可燃物表面迅速扩展为一层不间断的水膜，隔离氧气，达到窒息灭火的目的。它还具有很强的渗透作用，可以渗透到可燃物内部，起到阻燃、抗复燃作用。水基灭火器不受室内、室外环境的影响，灭火剂可以最大限度地作用于燃烧物表面，适用于扑救易燃固体或液体的初起火灾。水基灭火器的使用方法如图 1-3-5 所示。

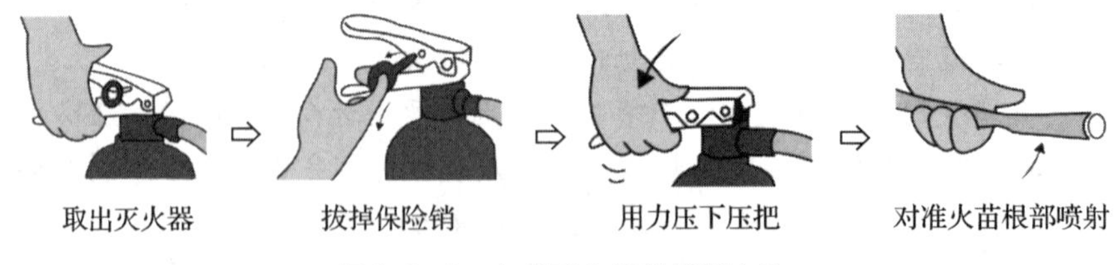

图 1-3-5　水基灭火器的使用方法

（1）使用水基灭火器的过程中，应注意始终将其保持直立状态，不得横卧或颠倒使用，否则不能正常喷射。

（2）水基灭火器为贮压式容器，运输、存放时应避免碰撞，放置处应干燥通风，防止冰冻、受潮，避免雨淋和暴晒。

(3) 水基灭火器的灭火剂对灭火器筒体有一定的腐蚀作用，其水压试验周期、维修期限较短，出厂期满3年应当进行首次维修，以后每隔1年进行1次维修，但总共不应超过3次。

4. 使用1211灭火器灭火

1211灭火器利用装在筒内的氮气压力将1211灭火剂喷射出灭火，适用于扑救油类、精密机械设备、仪表、电子仪器、文物、图书、档案等贵重物品的初起火灾。使用时拔掉保险销，握紧压把开关，由压杆开启密封阀，灭火剂在氮气压力作用下喷出，松开压把开关，喷射停止。它的射程较近，喷射时要站在上风处，接近着火点，对着火源根部扫射，向前推进。

任务测评

对任务实施的完成情况进行检查，并将检查结果填入表1-3-3。

表1-3-3　评分标准

序号	主要内容	考核要求	评分标准	配分	扣分	得分
1	使用干粉灭火器灭火	正确使用干粉灭火器扑灭火焰	干粉灭火器使用方法不正确，每处扣10分	30		
2	使用二氧化碳灭火器灭火	正确使用二氧化碳灭火器扑灭火焰	二氧化碳灭火器使用方法不正确，每处扣10分	20		
3	使用水基灭火器灭火	正确使用水基灭火器扑灭火焰	水基灭火器使用方法不正确，每处扣10分	20		
4	使用1211灭火器灭火	正确使用1211灭火器扑灭火焰	1211灭火器使用方法不正确，每处扣10分	20		
5	安全文明生产	劳动保护用品穿戴整齐；遵守操作规程；讲文明礼貌；按要求清理现场	(1) 操作中违反安全文明生产考核要求的任何一项扣2分，扣完为止 (2) 当考评员发现考生操作过程中有重大事故隐患时，要立即予以制止，并每次扣安全文明生产总分5分，扣完为止	10		
合计				100		
开始时间：			结束时间：			

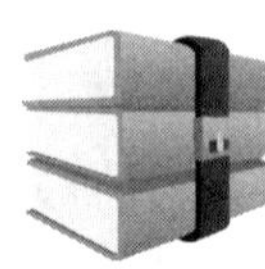

课题二　导线的选用与加工

任务1　导线的选用

学习目标

1. 了解常见的电线电缆及其使用场合。
2. 掌握照明线路导线的选择方法。
3. 能正确进行供电线路导线的选择。
4. 能正确使用游标卡尺进行导线线径测量并完成截面积计算。

任务引入

在架设、安装供电线路前，需要正确、合理地选择导线，才能保证在电能的供应、分配和使用过程中，不发生人身和设备事故，同时保证供电的质量和可靠性、经济性、合理性。要正确选择导线，首先应该了解常用导线种类、用途等基本知识，然后按导线选择的步骤和要求，正确计算负载的电流，合理选择导线。

本任务的内容是为某居民楼一层的供电线路选配适当的绝缘导线。该层线路在常温下工作，敷设方式为沿墙明敷，用电器主要有白炽灯、荧光灯、电风扇、电加热器等，设计容量为10 kW，功率因数取0.75。现采用单相交流220 V供电，供电线路长100 m。

相关知识

一、常见的电线电缆

电线电缆在系统中起输送电（磁）能、传输信息和实现电磁转换的作用。电线电缆主要包括裸线、电磁线、绝缘电线、电力电缆、通信电缆等。

1. 裸线

裸线是指没有绝缘及护套层的导电线材，主要包括裸单线、裸绞线和型线。裸单线主要作为各种电线电缆的导电线芯使用；裸绞线是由多股单线绞合而成的导线，可以改善其导电性能和力学性能，主要用于电力线中，具有结构简单、制造方便、容易架设和维修、线路造价低等优点；型线通常是指非圆形截面的裸线，常见的型线有母线、铜带、扁线及空心导线、电车线等。

在供配电线路中普遍选用裸铝绞线和钢芯铝绞线，钢芯铝绞线中的钢芯用来增强导线的机械强度，裸绞线的包装形式是用木筒缠绕，如图 2-1-1 所示。

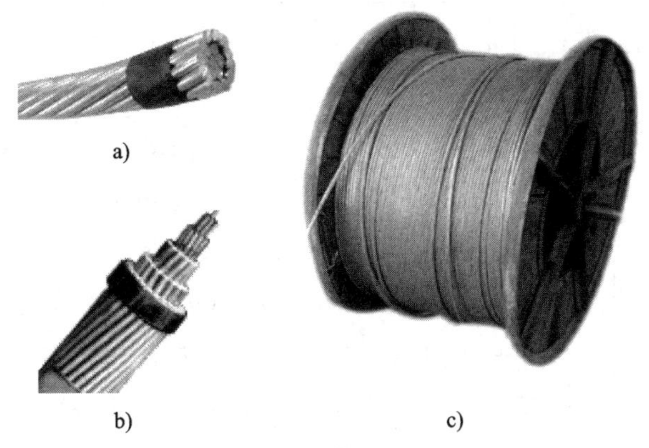

图 2-1-1　裸绞线

a）铝绞线　b）钢芯铝绞线　c）裸绞线的包装形式

2. 电磁线

电磁线是指用来制造电工产品中的线圈或绕组的绝缘电线，又称绕组线。根据电绝缘层所用绝缘材料和制造方式的不同，电磁线通常分为漆包线、绕包线和无机绝缘线，如图 2-1-2 所示。

a)　b)　c)

图 2-1-2　电磁线

a）漆包线　b）绕包线　c）无机绝缘线

3. 绝缘电线

绝缘电线由线芯、绝缘层或再加保护层构成。线芯分为硬线芯和软线芯，硬线芯分为单股和多股，软线芯由多股细铜丝绞合而成。线芯材料有铜和铝两种。绝缘层由橡胶或塑料构成，橡胶绝缘电线一般在绝缘层外再包上棉织物或玻璃纤维织物的保护层。在绝缘层外再加塑料或橡胶绝缘保护层或加金属保护层的导线称为护套线。

绝缘电线的规格通常以其线芯截面积进行说明，通常有 1 mm^2、1.5 mm^2、2.5 mm^2、4 mm^2、6 mm^2、10 mm^2、16 mm^2、25 mm^2、35 mm^2 等规格。绝缘电线的型号说明如图 2-1-3 所示。

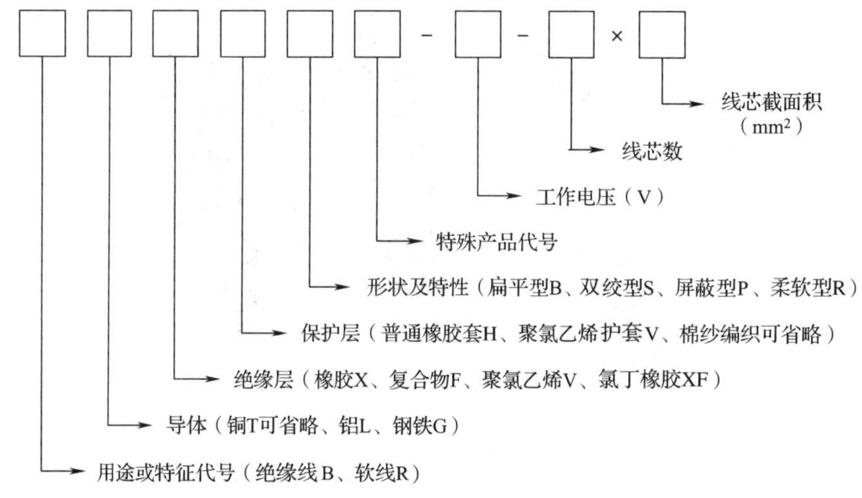

图 2-1-3 绝缘电线的型号说明

例如，型号 BVVB-300/500-2×1 mm^2 的含义为：铜芯聚氯乙烯绝缘护套扁平型绝缘电线，导线额定工作电压为 300/500 V，两芯，线芯截面积为 1 mm^2。

常见的绝缘电线及其说明、图示见表 2-1-1。

表 2-1-1 常见的绝缘电线及其说明、图示

绝缘电线	说明	图示
聚氯乙烯绝缘电线（铜芯 BV、铝芯 BLV）	交流电压 500 V 以下，直流电压 1 000 V 以下，室内固定敷设	

续表

绝缘电线	说明	图示
橡胶绝缘电线（铜芯 BX、铝芯 BLX）	供干燥和潮湿场所固定敷设用，用于交流额定电压 250 V 和 500 V 的电路中	
聚氯乙烯绝缘软线（BVR）	交流电压 500 V 以下，用于要求电线比较柔软的场所	
聚氯乙烯绝缘聚氯乙烯护套线（铜芯 BVV、铝芯 BLVV）	交流电压 500 V 以下，直流电压 1 000 V 以下，室内固定敷设	
聚氯乙烯绝缘双绞型软线（RVS）	适用于各种交直流电器、电工仪表、小型电动工具、动力及照明装置的连接	
橡胶绝缘软线（BXR）	供安装在干燥和潮湿场所连接交流额定电压 500 V 电气设备的移动部分用	

4. 电力电缆

电力电缆由线芯（导体）、绝缘层、屏蔽层和保护层四部分组成。线芯是电力电缆的导电部分，也是主要部分，用来输送电能；绝缘层使线芯与大地以及不同相的线芯间在电气上彼此隔离，保证电能输送，是电力电缆不可缺少的组成部分；工作电压为 15 kV 及以上的电力电缆一般都有导体屏蔽层和绝缘屏蔽层；保护层的作用是保护电力电缆免受外界杂质和水分的侵入，防止外力直接损坏电力电缆。

常见的电力电缆及其说明、图示见表 2-1-2。

表 2-1-2　常见的电力电缆及其说明、图示

绝缘电线	说明	图示
聚氯乙烯绝缘聚氯乙烯护套电力电缆（铜芯 VV、铝芯 VLV）	适用于 3.6/6 kV 及以下输配电系统，敷设在室内、隧道及沟管中，不能承受机械外力的作用	
铜芯聚氯乙烯绝缘、聚氯乙烯护套控制电缆（KVV）	敷设在室内、电缆沟、管道等固定场合，适用于交流 500 V 及以下或直流 1 000 V 及以下配电装置	
重型橡胶绝缘、护套电缆（YHC）	用于交流电压 450/750 V 及以下的各种移动电气设备，能承受较大的机械外力作用，长期工作温度应不超过 65 ℃	
交联聚乙烯绝缘、聚氯乙烯护套电力电缆（铜芯 YJV 、铝芯 YJLV）	敷设于室内、隧道、电缆沟及管道中，也可埋在松散的土壤中，电缆能承受一定的敷设牵引	

5. 通信电缆

通信电缆是用于电话、传真、电视等信号传输的电缆，常见的通信电缆如图 2-1-4 所示。

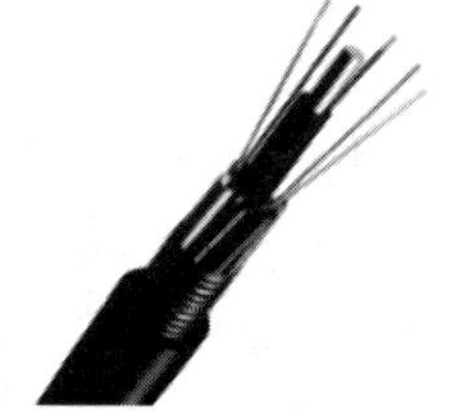

图 2-1-4　常见的通信电缆

二、照明线路导线的选择

选择照明线路导线时，应从导线种类、导线截面积、线路的电压损失、导线承受的机械强度等方面考虑。

1. 导线种类的选择

导线的种类应根据使用场合、使用环境和使用条件来选择，常用导线的主要用途见表 2-1-3。

表 2-1-3　常用导线的主要用途

导线型号	名称	主要用途
BX	铜芯橡胶绝缘电线	固定明、暗敷
BXF	铜芯氯丁橡胶绝缘电线	固定明、暗敷，尤其适用于户外
BV	铜芯聚氯乙烯绝缘电线	固定明、暗敷
BV-105	耐热 105 ℃铜芯聚氯乙烯绝缘电线	固定明、暗敷，用于温度较高的场所
BVV	铜芯聚氯乙烯绝缘聚氯乙烯护套线	用于直贴墙壁敷设
BXR	铜芯橡胶绝缘软线	用于交直流额定电压 250 V 以下的移动电器
RV	铜芯聚氯乙烯绝缘软线	
RVB	铜芯聚氯乙烯绝缘扁平型软线	
RVS	铜芯聚氯乙烯绝缘双绞型软线	
RVV	铜芯聚氯乙烯绝缘聚氯乙烯护套软线	
RV-105	铜芯耐热聚氯乙烯绝缘软线	用于交直流额定电压 250 V 以下的移动电器，耐热 105 ℃

对住宅和办公场所等干燥环境进行固定敷设时，暗敷可采用铜芯聚氯乙烯绝缘电线，明敷可采用铜芯聚氯乙烯绝缘聚氯乙烯护套线；而在较潮湿的环境中进行敷设时，则要选用铜芯橡胶绝缘电线或铜芯聚氯乙烯绝缘聚氯乙烯护套线；经常移动的导线，如移动电器的引线、吊灯线等应采用多股软线。

2. 导线截面积的选择

若导线的截面积选择过大，则会增加线路的造价；若截面积选择过小，则在线路运行期间不仅产生过大的电压损失，还会因导线过热而引起故障，也会限制未来负荷的增加。导线截面积选择的要求是导线的安全载流量（导线的工作温度不超过 65 ℃时可长期通过的最大电流值）应不小于线路的负荷电流。线路负荷电流可根据负荷性质，通过给定的公式计算得出，具体见表 2-1-4。

表 2-1-4　不同负荷性质线路负荷电流的计算公式

负荷性质	举例	计算公式	公式说明
单相纯电阻负载	如白炽灯、电饭煲、电加热取暖器	$I=\frac{P}{U}$	I——负荷电流，A P——负荷功率，W U——负载端电压，V U_L——三相电源的线电压，V $\cos\varphi$——功率因数
单相含电感负载	如荧光灯（电感式镇流器）、电风扇、空调	$I=\frac{P}{U\cos\varphi}$	
三相纯电阻负载	如三相电加热器	$I=\frac{P}{\sqrt{3}U_L}$	
三相含电感负载	如三相电动机、三相变压器	$I=\frac{P}{\sqrt{3}U_L\cos\varphi}$	

常用照明线路中绝缘导线在不同敷设方式下（线芯最高允许温度为 65 ℃，周围空气最高允许温度为 35 ℃）的安全载流量见表 2-1-5、表 2-1-6、表 2-1-7。

表 2-1-5　聚氯乙烯绝缘电线安全载流量

截面积（mm^2）	明装（A）		穿钢管（A）						穿塑料管（A）					
			两根线		三根线		四根线		两根线		三根线		四根线	
	铜芯	铝芯	铜芯	铝芯	铜芯	铝芯	铜芯	铝芯	铜芯	铝芯	铜芯	铝芯	铜芯	铝芯
1	17	—	12	—	11	—	10	—	10	—	10	—	9	—
1.5	21	16	17	13	15	11	14	10	14	11	13	10	11	9
2.5	28	22	23	17	21	16	19	13	21	16	18	14	17	12
4	35	28	30	23	27	21	24	19	27	21	24	19	22	17
6	48	37	41	30	36	28	32	24	36	27	31	23	28	22
10	65	51	56	42	49	38	43	33	49	36	42	33	38	29
16	91	69	71	55	64	49	56	43	62	48	56	42	49	38
25	120	91	93	70	82	61	74	57	82	63	74	56	65	50
35	147	113	115	87	100	78	91	70	104	78	91	69	81	61
50	187	143	143	108	137	96	123	87	130	99	114	88	102	78

表 2-1-6 橡胶绝缘电线安全载流量

截面积（mm²）	明装（A）		穿钢管（A）						穿塑料管（A）					
			两根线		三根线		四根线		两根线		三根线		四根线	
	铜芯	铝芯	铜芯	铝芯	铜芯	铝芯	铜芯	铝芯	铜芯	铝芯	铜芯	铝芯	铜芯	铝芯
1	18	—	13	—	12	—	10	—	11	—	10	—	10	—
1.5	23	16	17	13	16	12	15	10	15	12	14	11	12	10
2.5	30	24	24	18	22	17	20	14	22	17	19	15	17	13
4	39	30	32	24	29	22	26	20	29	22	26	20	23	17
6	50	39	43	32	37	30	34	26	37	29	33	25	30	23
10	74	57	59	45	52	40	46	34.5	51	38	45	35	40	30
16	95	74	75	57	67	51	60	45	66	50	59	45	52	40
25	126	96	98	75	87	66	78	59	87	67	78	59	69	52
35	156	120	121	92	106	82	95	72	109	83	96	73	85	64
50	200	152	151	115	134	102	119	91	139	104	121	94	107	82

表 2-1-7 护套线、软线安全载流量

截面积（mm²）	护套线（A）								软线（A）		
	两根线				三根线、四根线				单根线	两根线	
	塑料绝缘		橡胶绝缘		塑料绝缘		橡胶绝缘		塑料绝缘	塑料绝缘	橡胶绝缘
	铜芯	铝芯	铜芯	铝芯	铜芯	铝芯	铜芯	铝芯	铜芯	铜芯	铜芯
0.5	7	—	7	—	4	—	4	—	8	7	7
0.75	—	—	—	—	—	—	—	—	13	10.5	9.5
0.8	11	—	10	—	9	—	9	—	14	11	10
1	13	—	11	—	9.6	—	10	—	17	13	11
1.5	17	13	14	12	10	8	10	8	21	17	14
2	19	—	17	—	13	—	12	12	25	18	17
2.5	23	17	18	14	17	14	16	16	29	21	18
4	30	23	28	21.8	23	19	21	—	—	—	—
6	37	29	—	—	28	22	—	—	—	—	—

在实际温度超过 35 ℃的地区，导线的安全载流量应按表 2-1-8 进行校正。

表 2-1-8 导线安全载流量的校正

环境最高温度（℃）	35	40	45	50	55
校正系数	1	0.91	0.82	0.71	0.58

3. 线路电压损失校验

若配线线路过长，导线截面积过小，必然造成电压损失过大。这样会使电动机功率不足，电灯发光效率也大大降低。一般要求线路中的电压损失不大于 5%。单相交流 220 V 供电线路电压损失可用以下公式计算：

$$\Delta U=\frac{2\rho lP}{SU\cos\varphi}$$

式中 ΔU——电压损失，V；

ρ——导线的电阻率，铝线为 0.028 3 $\Omega\cdot mm^2/m$，铜线为 0.017 5 $\Omega\cdot mm^2/m$；

l——线路的长度，m；

P——负荷的有功功率，W；

S——导线截面积，mm^2；

U——电压，V；

$\cos\varphi$——功率因数。

4. 机械强度校验

导线截面积的选择还要考虑导线的机械强度，否则容易发生断线事故，因此，根据导线用途、敷设环境和方式规定了最小截面积。各种配线方式所允许的导线线芯最小截面积见表 2-1-9。

表 2-1-9　各种配线方式所允许的导线线芯最小截面积

<table>
<tr><th colspan="3" rowspan="2">配线方式</th><th colspan="3">导线线芯最小截面积（mm^2）</th></tr>
<tr><th>多股铜芯软线</th><th>单股铜芯线</th><th>单股铝芯线</th></tr>
<tr><td colspan="2" rowspan="2">照明用灯头引下线</td><td>室内</td><td>0.4</td><td>0.5</td><td>1.5</td></tr>
<tr><td>室外</td><td>1</td><td>1</td><td>2.5</td></tr>
<tr><td colspan="2" rowspan="2">移动式设备线路</td><td>生活用</td><td>0.2</td><td colspan="2" rowspan="2">—</td></tr>
<tr><td>生产用</td><td>1</td></tr>
<tr><td rowspan="5">敷设在绝缘支持件上的绝缘导线（L 为支持件间距）</td><td>室内</td><td>$L\leqslant 2$ m</td><td rowspan="5">—</td><td>1</td><td>2.5</td></tr>
<tr><td rowspan="4">室外</td><td>$L\leqslant 2$ m</td><td>1</td><td>2.5</td></tr>
<tr><td>$2\ \text{m}<L\leqslant 6\ \text{m}$</td><td>2.5</td><td>4</td></tr>
<tr><td>$6\ \text{m}<L\leqslant 15\ \text{m}$</td><td>4</td><td>6</td></tr>
<tr><td>$15\ \text{m}<L\leqslant 25\ \text{m}$</td><td>6</td><td>10</td></tr>
<tr><td colspan="3">穿管敷设的绝缘导线</td><td>1</td><td>1</td><td>2.5</td></tr>
<tr><td colspan="3">沿墙明敷的塑料护套线</td><td>—</td><td>1</td><td>2.5</td></tr>
<tr><td colspan="3">板孔穿线敷设绝缘导线</td><td>—</td><td>1</td><td>2.5</td></tr>
<tr><td rowspan="3">PE 线和 PEN 线</td><td colspan="2">有机械保护</td><td>—</td><td>1.5</td><td>2.5</td></tr>
<tr><td rowspan="2">无机械保护</td><td>多芯线</td><td>—</td><td>2.5</td><td>4</td></tr>
<tr><td>单芯干线</td><td>—</td><td>10</td><td>16</td></tr>
</table>

任务实施

一、任务准备

实施本任务所需要的实训设备及工具材料见表 2-1-10。

表 2-1-10　实训设备及工具材料

序号	名称	型号规格	数量	单位	备注
1	游标卡尺	0~200 mm	1	把	
2	导线	BVV	若干	根	不同线径

二、供电线路导线的选择

按工作任务中的相关要求选配供电线路绝缘导线，步骤如下：

1. 选择导线型号

供电线路用途为居民室内供电，因此选择铜芯聚氯乙烯绝缘电线。

2. 确定导线截面积

先根据设计容量计算负荷电流：

$$I=\frac{P}{U\cos\varphi}=\frac{10\times10^{3}}{220\times0.75}\approx61\ \mathrm{A}$$

查表 2-1-5 可知，明装方式下截面积为 10 mm^2 的铜芯聚氯乙烯绝缘电线的安全载流量为 65 A，因此，所选导线截面积应不小于 10 mm^2。

3. 校验线路电压损失

$$S\geqslant 2l\rho I/(0.05U)=2\times100\times0.0175\times61/(0.05\times220)$$

$$S\geqslant 19.41\ \mathrm{mm}^2$$

参考表 2-1-5 可知，可选取绝缘导线截面积为 25 mm^2 及以上的铜芯聚氯乙烯绝缘电线。

4. 校验机械强度

对照表 2-1-9 可知，所选导线完全符合机械强度要求。

三、导线线径的测量与计算

1. 导线线径的测量

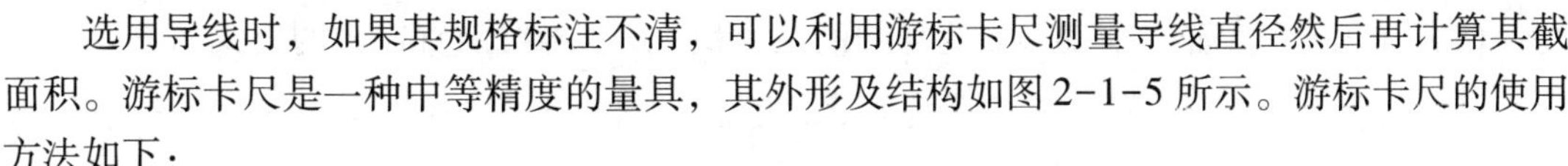

选用导线时，如果其规格标注不清，可以利用游标卡尺测量导线直径然后再计算其截面积。游标卡尺是一种中等精度的量具，其外形及结构如图 2-1-5 所示。游标卡尺的使用方法如下：

（1）校准零位，用软布将量爪擦干净，使其并拢，检查尺身和游标的零刻度线是否对齐。如果对齐则可以进行测量，如果未对齐则要记取原始误差，测量后根据原始误差修正读数。

（2）将工件贴靠外量爪固定卡脚，然后移动游标，使外量爪活动卡脚贴紧工件的测量面，且两卡脚测量面对应处的连线与被测表面垂直，拧紧紧固螺钉，读出读数。

利用游标卡尺测量导线线径的方法见表 2-1-11。

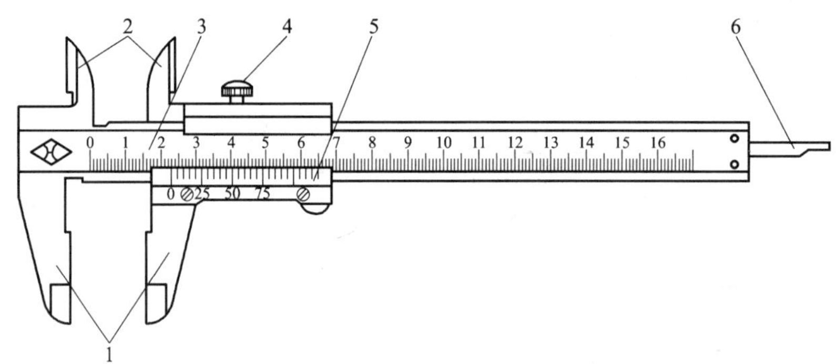

图 2-1-5　游标卡尺的外形及结构

1—外量爪　2—内量爪　3—尺身　4—紧固螺钉　5—游标　6—深度尺

表 2-1-11　导线线径的测量

测量工具	图示	说明
游标卡尺	使用游标卡尺测量导线线径	游标卡尺读数分三步进行： （1）读整数。游标零刻度线左边的尺身上的第一条刻度线是读数的整数部分，图中为 33 mm （2）读小数。在游标上找出一条与尺身上刻度线对齐的刻度线，从游标上读取小数部分，图中为 0.40 mm （3）将上述两数值相加，即为游标卡尺的测量结果，图示读数为 33.40 mm

2. 导线截面积的计算

（1）单股导线截面积计算（S 为导线的截面积，D 为导线的直径）的公式如下：

$$S=\frac{\pi D^2}{4}$$

（2）多股绞线截面积计算（n 为绞线的股数，d 为每股绞线的直径）的公式如下：

$$S=\frac{\pi n d^2}{4}$$

任务测评

对任务实施的完成情况进行检查，并将检查结果填入表 2-1-12。

表 2-1-12　评分标准

序号	主要内容	考核要求	评分标准	配分	扣分	得分
1	家用照明线路导线的选择	根据实际情况合理选择导线截面积	（1）导线型号选择不合理，扣 10 分 （2）线路总电流计算错误，扣 20 分 （3）电压损失校验错误，扣 15 分 （4）机械强度校验或最终选择导线截面积错误，扣 15 分	60		
2	导线线径的测量与截面积的计算	利用游标卡尺测量导线线径并计算导线截面积	（1）游标卡尺使用方法不正确，扣 10 分 （2）读数错误，扣 10 分 （3）截面积计算错误，扣 10 分	30		
3	安全文明生产	劳动保护用品穿戴整齐；电工工具携带齐全；遵守操作规程；讲文明礼貌；按要求清理现场	（1）操作中违反安全文明生产考核要求的任何一项扣 2 分，扣完为止 （2）当考评员发现考生操作过程中有重大事故隐患时，要立即予以制止，并每次扣安全文明生产总分 5 分，扣完为止	10		
合计				100		
开始时间：			结束时间：			

任务 2　导线的剪切与绝缘层剥削加工

学习目标

1. 认识常用电工工具（电工刀、钢丝钳、尖嘴钳、断线钳、剥线钳等），掌握常用电工工具的使用方法。

2. 能正确选用适当的电工工具完成导线绝缘层剥削。

任务引入

导线的剪切与绝缘层剥削加工是电气从业人员在生产中经常遇到的一项工作。例如，生产企业厂房安装电气线路的过程中，就需要根据线路的距离对导线进行剪切，安装连接之前还需对导线进行剥削加工。导线的剪切和剥削需要借助电工工具来进行，作为电气从业人员，必须掌握常用电工工具的使用方法以及相关注意事项。不同规格导线剥削加工的方法也不一样，本任务的内容是完成塑料硬线、软线及护套线等不同类型导线的绝缘层剥削加工训练。

相关知识

一、电工刀

电工刀如图 2-2-1 所示，主要用来剥削和切割电线绝缘层、切削圆木或塑料槽、削制木榫等。电工刀主要由刀身和刀柄组成，每次使用完毕应及时将刀身折进刀柄。由于电工刀的刀柄不绝缘，因此不能在带电导线或器材上使用，以免触电。

图 2-2-1　电工刀

电工刀适合剥削截面积大于 4 mm^2 的塑料导线，剥削导线绝缘层时，应使刀面与导线之间为较小的锐角，并将刀口朝外剖。注意加工过程中不要割伤线芯和手。

二、钢丝钳

钢丝钳由钳头和钳柄两部分组成，如图 2-2-2 所示。钳头由钳口、齿口、刀口和铡口组成，钳口用来弯绞和钳夹导线线头；齿口用来紧固螺母；刀口用来剪切导线或剥削导线（4 mm^2 以下）绝缘层；铡口用来铡切钢丝等较硬金属丝，钢丝钳的使用方法如图 2-2-3 所示。电工一般选用带绝缘手柄的钢丝钳，绝缘护套耐压为 500 V，只适合在低压带电设备上使用。

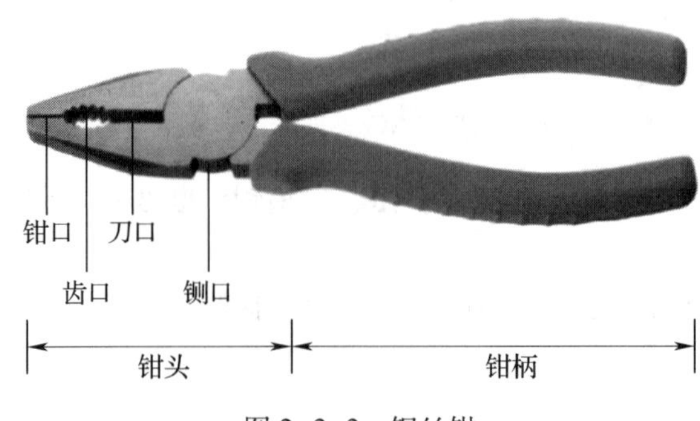

图 2-2-2　钢丝钳

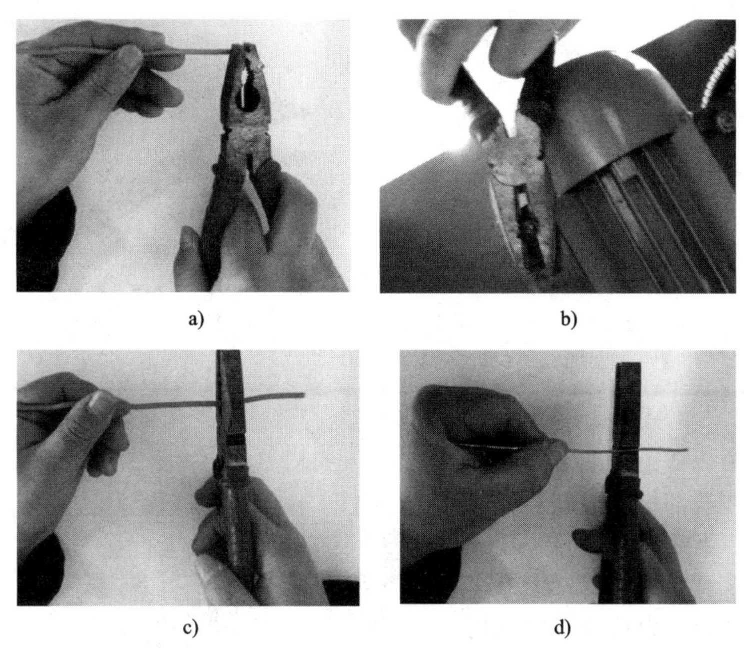

a)　b)　c)　d)

图 2-2-3　钢丝钳的使用方法
a）钳口弯绞导线　b）齿口紧固螺母　c）刀口剪切导线　d）铡口铡切钢丝

1. 电工钳的柄部有耐压 500 V 的塑料绝缘套。使用前应检查绝缘套是否完好，绝缘套破损的电工钳不能使用。

2. 剪切带电导线时，不得同时剪切相线和中性线，或同时剪切两根导线，以免发生短路。

3. 钳头不可代替锤子作为敲打工具。

三、尖嘴钳

尖嘴钳如图 2-2-4 所示，适合于狭小空间操作。电工一般使用带绝缘手柄（耐压 500 V）的尖嘴钳，可用于切断细小的导线、金属丝，夹持小螺钉、垫圈、导线等元件，还能将导线端头弯曲成各种形状。由于钳头尖细且经过热处理，钳夹物体不可过大，使用时切勿用力过猛，以免损伤钳头。

四、断线钳

断线钳又称为斜口钳，如图 2-2-5 所示，专供剪断较粗的金属丝、线材及电线电缆。电工常用绝缘手柄断线钳，其绝缘耐压为 500 V。

图 2-2-4　尖嘴钳

图 2-2-5　断线钳

五、剥线钳

剥线钳如图 2-2-6 所示，是用来剥除电线、电缆端部橡胶或塑料绝缘层的专用工具。剥线钳由刀口、压线口和钳柄组成，剥线钳的刀口上有多个不同直径的切口，以适应不同规格的线芯。剥线钳的钳柄上套有耐压 500 V 的绝缘套管，剥线钳常用于剥除线芯截面积为 6 mm^2 以下的塑料或橡胶绝缘导线的绝缘层。

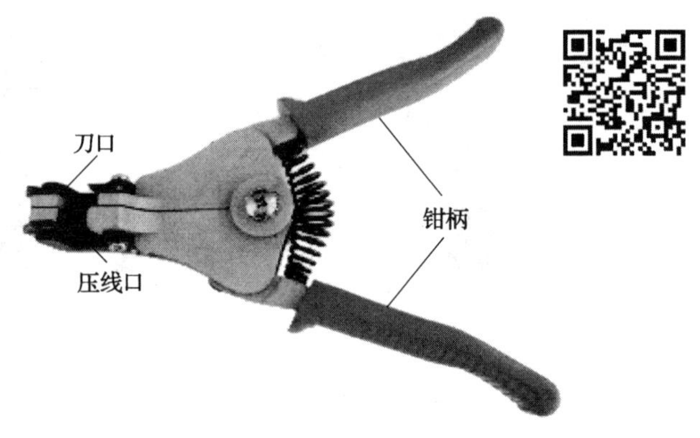

图 2-2-6　剥线钳

任务实施

一、任务准备

实施本任务所需要的实训设备及工具材料见表 2-2-1。

表 2-2-1　实训设备及工具材料

序号	名称	型号规格	数量	单位	备注
1	钢丝钳	6 in（全长）	1	把	
2	电工刀	直头折叠	1	把	
3	断线钳	6 in（全长）	1	把	
4	剥线钳	6 in（全长）	1	把	
5	导线		若干	根	塑料硬线、塑料软线、护套线等

二、剥削导线绝缘层

导线连接前需要剥削绝缘层，应根据不同类型导线选择合适的工具进行加工处理，具体方法见表 2-2-2。

表 2-2-2　导线绝缘层的剥削

<table>
<tr><th>剥削类型</th><th>操作说明</th></tr>
<tr><td rowspan="2">塑料硬线
绝缘层剥削</td><td>线芯截面积大于 4 mm² 的塑料硬线，可用电工刀剥削绝缘层
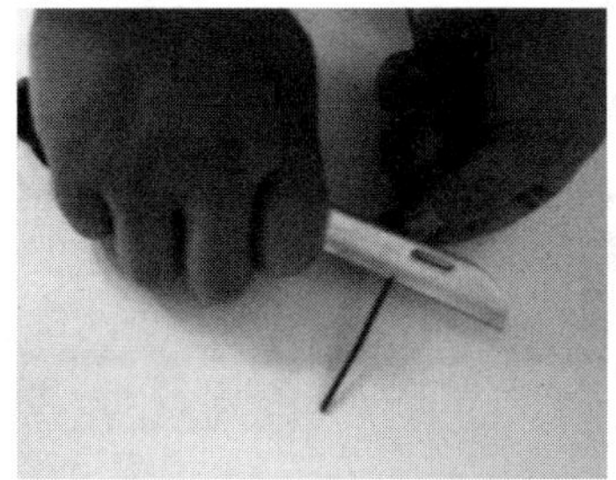
（1）电工刀以 45°角切入塑料层
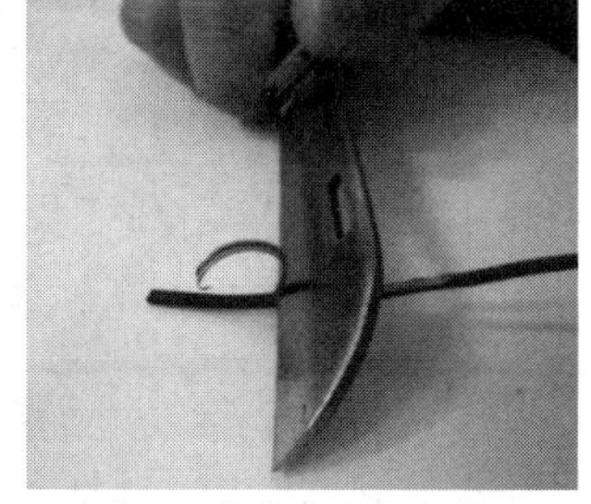
（2）电工刀与线芯夹角保持 25°左右，用力向线端推削，注意不要割伤线芯和手
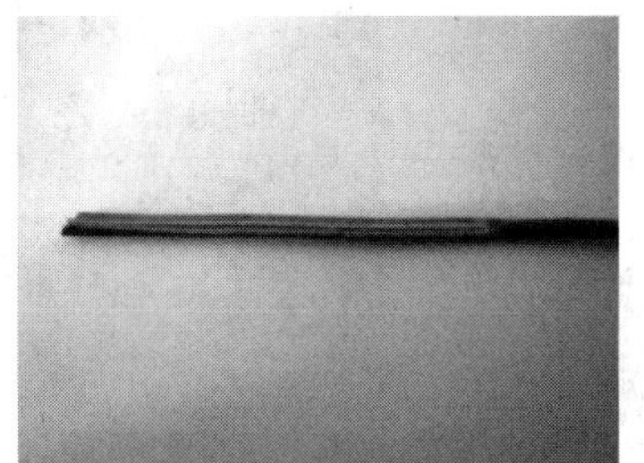
（3）削去上面一层塑料绝缘层
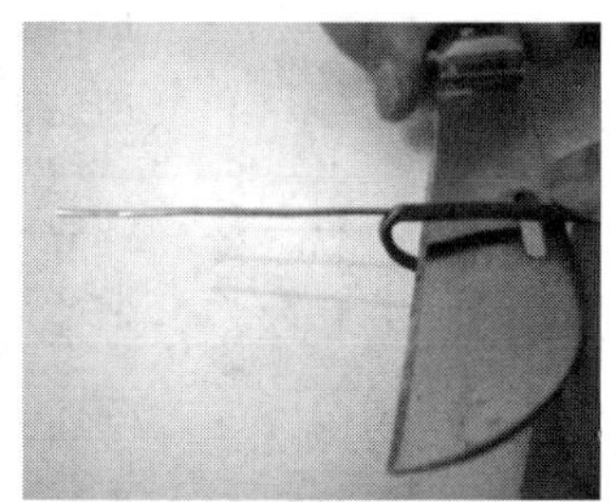
（4）将下面塑料绝缘层向后扳翻，最后用电工刀将其齐根切去</td></tr>
<tr><td>线芯截面积小于或等于 4 mm² 的塑料硬线，一般可用钢丝钳进行剥削
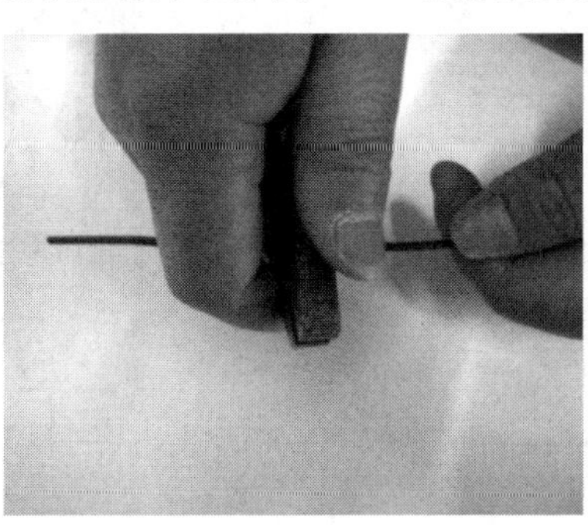
（1）用钢丝钳切入绝缘层，不能伤及线芯
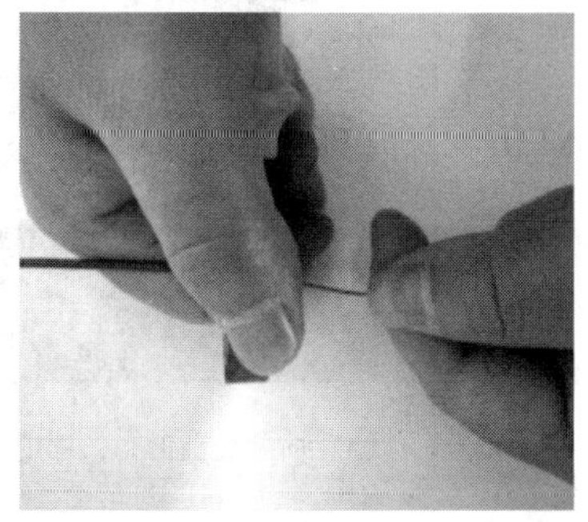
（2）右手握住钳头向外拉，剥去绝缘层</td></tr>
</table>

续表

剥削类型	操作说明
塑料软线绝缘层剥削	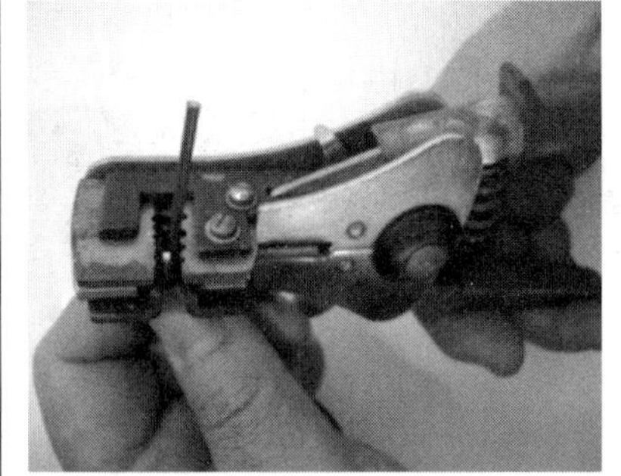 （1）根据电线粗细选择合适的钳口 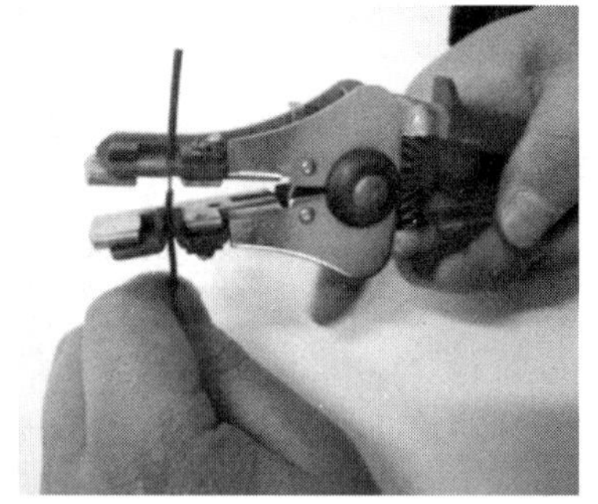 （2）右手压下钳柄，剥掉绝缘层
 塑料护套线剥削	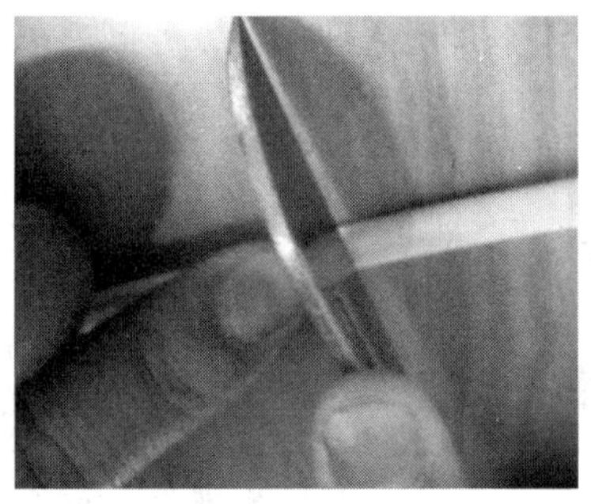 （1）根据长度横向划一深痕，注意不能损伤线芯绝缘层 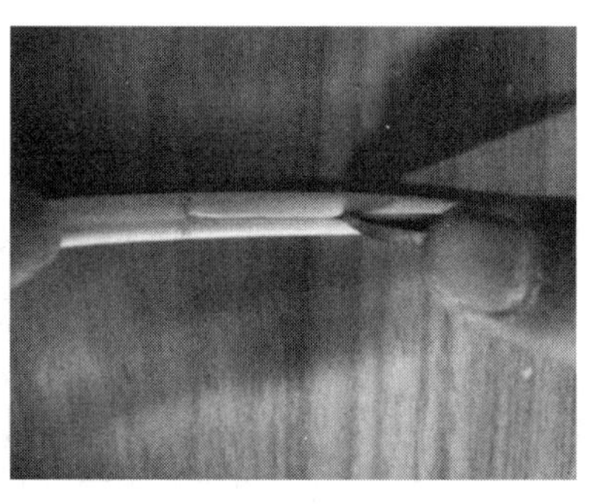 （2）找准线芯中间缝隙，划破护套层 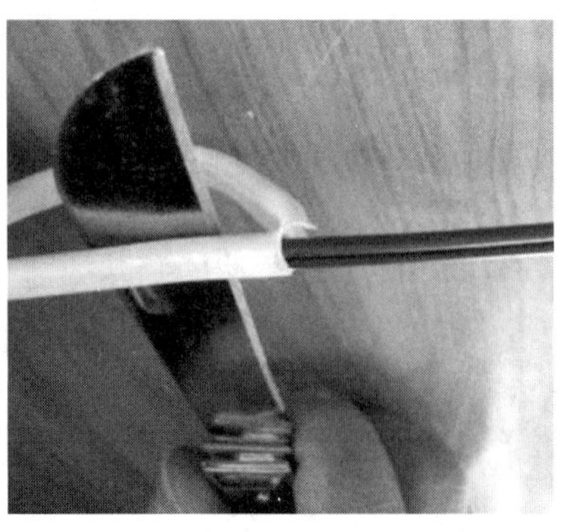 （3）向后扳翻护套，用电工刀将其齐根切去 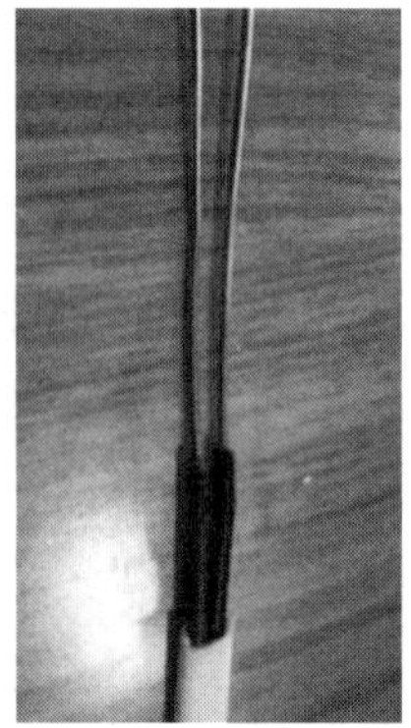 （4）在距离护套层末端约 10 mm 处，用电工刀以剥削塑料硬线绝缘层的方法剥除线芯绝缘层

任务测评

对任务实施的完成情况进行检查，并将检查结果填入表 2-2-3。

表 2-2-3　评分标准

序号	主要内容	考核要求	评分标准	配分	扣分	得分
1	塑料硬线绝缘层剥削	选用合理的工具进行塑料硬线绝缘层的剥削	（1）工具选用或使用方法不正确，扣 10 分 （2）损伤绝缘层，扣 10 分 （3）损伤线芯，扣 10 分	30		
2	塑料软线绝缘层剥削	选用合理的工具进行塑料软线绝缘层的剥削	（1）工具选用或使用方法不正确，扣 10 分 （2）损伤绝缘层，扣 10 分 （3）损伤线芯，扣 10 分	30		
3	塑料护套线剥削	选用合理的工具进行塑料护套线的剥削	（1）工具选用或使用方法不正确，扣 10 分 （2）损伤绝缘层，扣 10 分 （3）损伤线芯，扣 10 分	30		
4	安全文明生产	劳动保护用品穿戴整齐；电工工具携带齐全；遵守操作规程；讲文明礼貌；按要求清理现场	（1）操作中违反安全文明生产考核要求的任何一项扣 2 分，扣完为止 （2）当考评员发现考生操作过程中有重大事故隐患时，要立即予以制止，并每次扣安全文明生产总分 5 分，扣完为止	10		
合计				100		
开始时间：			结束时间：			

任务 3　导线的直接连接与绝缘恢复

学习目标

1. 巩固常用电工工具的使用方法。
2. 掌握导线连接的流程和基本要求。
3. 能正确完成导线的直线连接、T 形分支连接、合并连接和绝缘恢复。

任务引入

导线的连接处理也是维修电工最常见的工作之一。例如，企业厂房安装电气线路的过程中，需要对线路的导线进行加长连接、线路的并接、线路的分支连接，并对连接后的导线做绝缘恢复处理。规范的导线连接操作是消除安全隐患、保证电气线路正常运行的重要基础。

本任务的内容是完成单股导线与多股导线直线连接、T 形分支连接以及导线并接等技能的训练，并对连接后的导线进行绝缘恢复处理。

相关知识

导线连接的流程和基本要求

导线连接一般应包含选择连接方案、绝缘剥削、连接导线和绝缘恢复四个步骤，基本要求如下：

1. 合理选择连接方案

常用的导线连接方案有导线直接连接（如导线直线连接、T 形分支连接、导线并接）、导线压接、导线焊接等。连接方案的选取应遵循现场适用、连接方便、经济美观等原则。

2. 规范剥削导线绝缘层

根据导线连接的具体要求及导线规格选择剥削工具，剥削时应按操作规程正确使用工具，按剥削工艺和工序要求进行熟练操作，注意安全。

3. 导线连接可靠美观

导线的连接质量不仅直接影响施工质量的验收，而且连接不良可能给电气线路和电气设备正常运行埋下隐患。导线连接部分应电气性能良好、接触电阻小、机械强度高，无松动、断裂现象，工艺美观，符合质量验收标准。

4. 安全恢复导线绝缘

绝缘恢复是导线连接过程中非常重要的一个环节，也反映了电气作业人员的基本功。导线绝缘的安全恢复既能有效地防止电气线路或电气设备短路事故和非正常接地事故的发生，又能避免人身伤害和触电事故的发生。

任务实施

一、任务准备

实施本任务所需要的实训设备及工具材料见表 2-3-1。

表 2-3-1　实训设备及工具材料

序号	名称	型号规格	数量	单位	备注
1	钢丝钳	6 in（全长）	1	把	

续表

序号	名称	型号规格	数量	单位	备注
2	尖嘴钳	6 in（全长）	1	把	
3	电工刀	直头折叠	1	把	
4	单股铜芯导线	1 mm^2	若干	根	
5	7 股铜芯导线	10 mm^2	若干	根	
6	绝缘胶布		1	卷	

二、铜芯导线的直接连接

常用导线的线芯有单股、7 股、11 股等多种，连接方法因线芯股数的不同而异。

1. 单股铜芯导线的直线连接

单股铜芯导线的直线连接方法见表 2-3-2。

表 2-3-2　单股铜芯导线的直线连接

步骤	方法	图示
1	剥去导线的绝缘层，剥削长度约为线芯直径的 70 倍	
2	将两线端 X 形相交，互相绞接 2～3 圈后扳直两线头，使其与导线垂直	

续表

步骤	方法	图示
3	将一端在另一根导线上紧密缠绕 5~6 圈	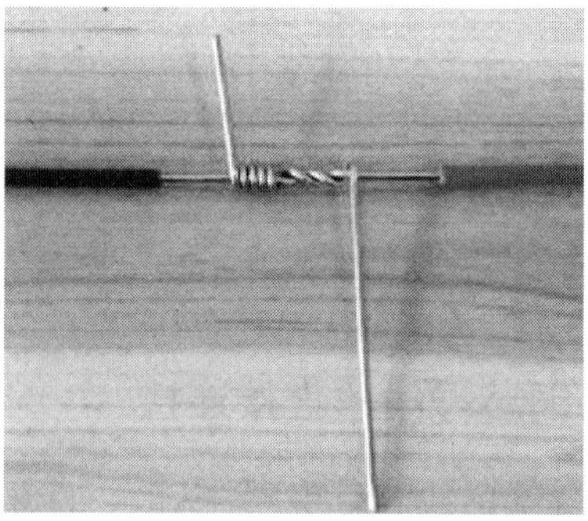
4	将另一端同样紧密缠绕 5~6 圈	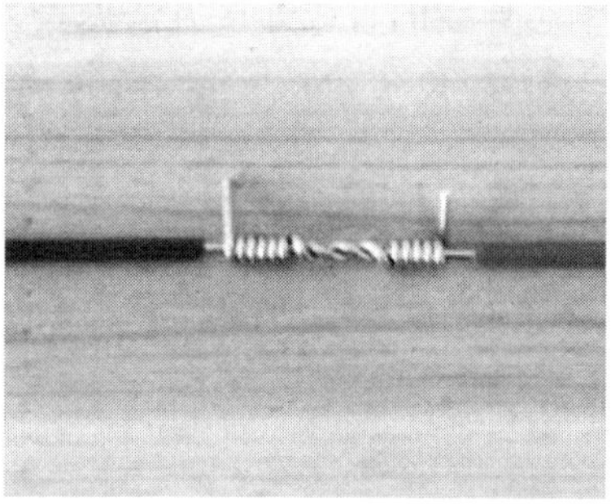
5	剪去多余的线头并钳平切口	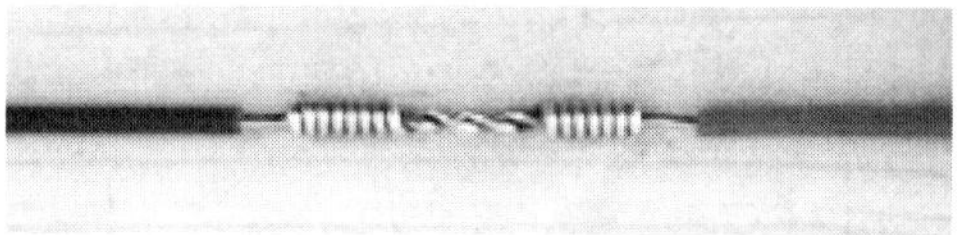

2. 单股铜芯导线的 T 形分支连接

单股铜芯导线的 T 形分支连接方法见表 2-3-3。

表 2-3-3　单股铜芯导线的 T 形分支连接

步骤	方法	图示
1	剥削绝缘层	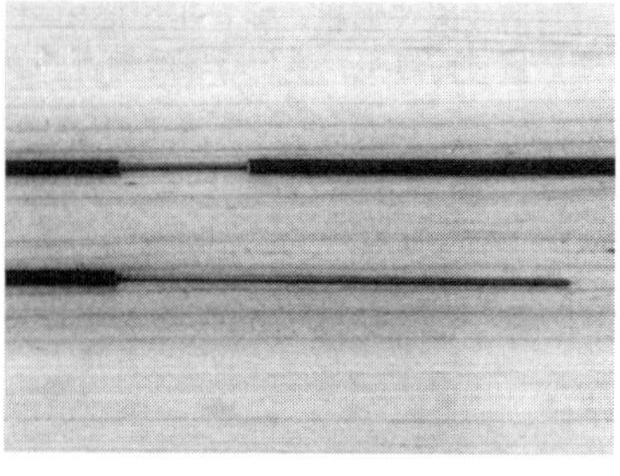

续表

步骤	方法	图示
2	将分支线芯的线头与干线线芯十字相交，将支线线芯根部留出 3~5 mm，较大截面积导线可直接缠绕，较小截面积导线绕成结状	较大截面积导线直接缠绕 较小截面积导线绕成结状
3	紧密缠绕 6~8 圈后，用钢丝钳切去余下的线芯并钳平切口	

3. 7 股铜芯导线的直线连接

7 股铜芯导线的直线连接方法见表 2-3-4。

表 2-3-4　7 股铜芯导线的直线连接

步骤	方法	图示
1	剥去绝缘层，散开线芯并拉直，将靠近根部的约 1/3 线段的线芯绞紧，然后将余下的约 2/3 线段线芯散成伞状，并拉直每根线芯	

续表

步骤	方法	图示
2	隔根对插两伞状线芯头，并捏平两端线芯	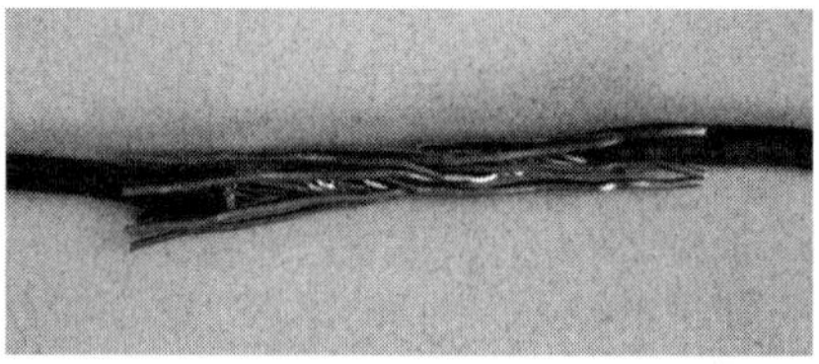
3	将一端 7 股线芯按 2、2、3 股分成三组，扳起第一组的 2 股线芯，使其垂直于其他线芯并按顺时针方向缠绕	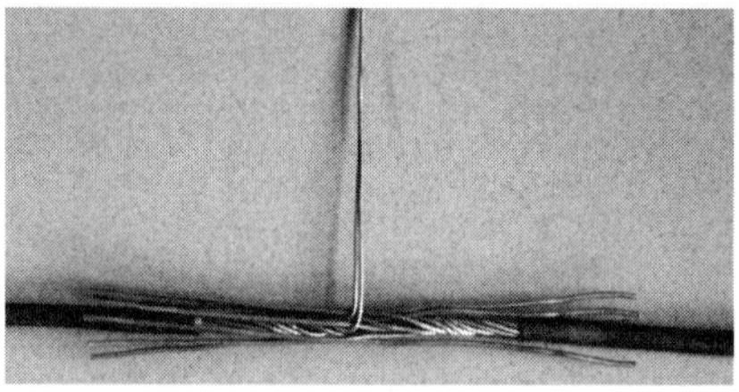
4	缠绕 2 圈后，将余下的线芯向右扳直，再将第二组的 2 股线芯向上扳直，也按顺时针方向紧紧压着前 2 股扳直的线芯缠绕	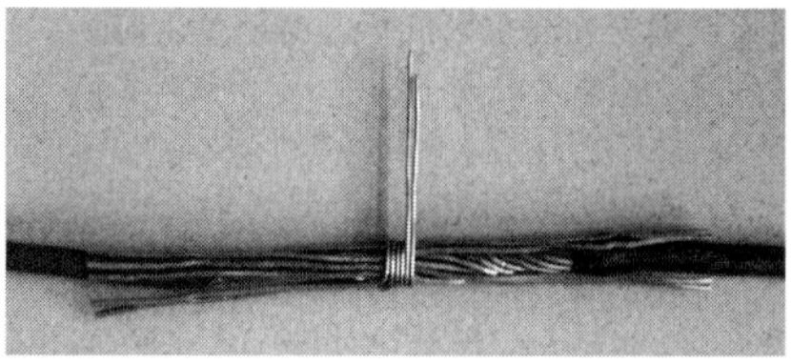
5	缠绕 2 圈后，也将余下的线芯向右扳直，再将第三组的 3 股线芯向上扳直，也按顺时针方向紧紧压着前 4 股扳直的线芯缠绕	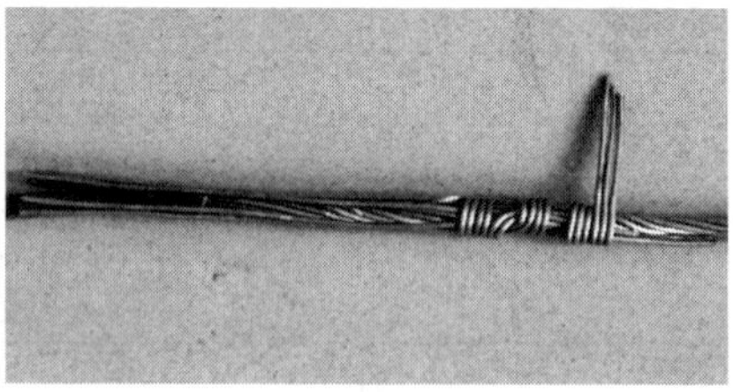
6	缠绕 3 圈后，切去每组多余的线芯，钳平线端，用同样的方法再缠绕另一端线芯	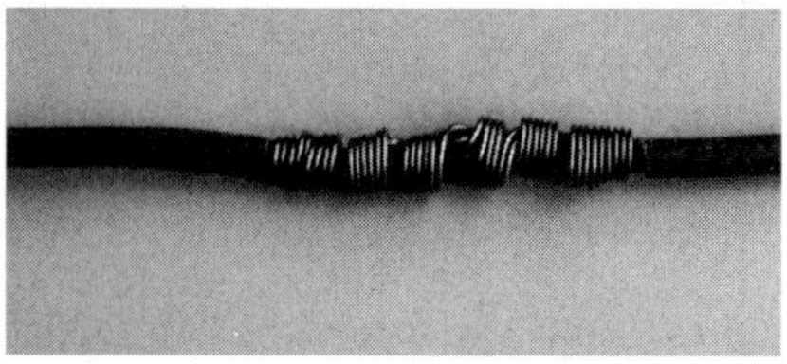

4. 7 股铜芯导线的 T 形分支连接

7 股铜芯导线的 T 形分支连接方法见表 2-3-5。

表 2-3-5 7 股铜芯导线的 T 形分支连接

步骤	方法	图示
1	把分支线芯散开钳直，绞紧距绝缘层约 1/8 的线芯，将余下的约 7/8 的线芯分成 3 股、4 股两组，然后用旋具把干线芯线撬分成两组，再把支线成排插入缝隙	
2	将右边 3 股线芯组往干线一边顺时针紧缠 3~4 圈，左边 4 股线芯组按逆时针方向缠绕 4~5 圈	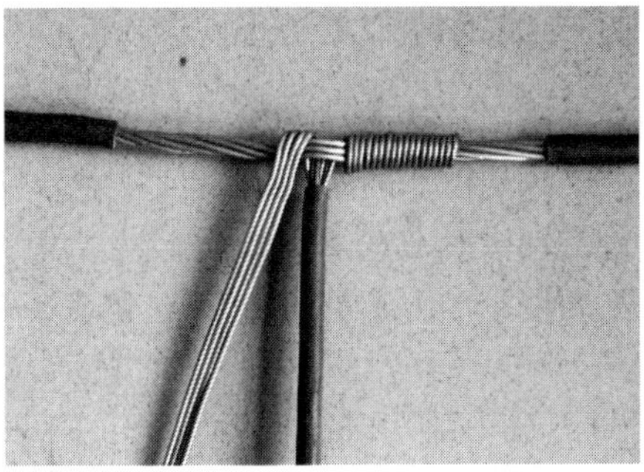
3	钳平线端	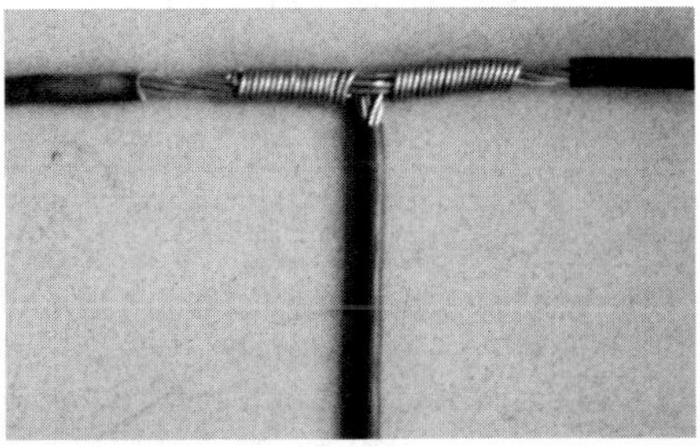

5. 导线并接

(1) 单芯并接

单芯 3 根及以上导线并接时，首先将去除绝缘层的连接线端并合，在距绝缘层约 15 mm 处，将其中 1 根线芯在其余的连接线端缠绕 5 圈后剪断，把其余的线头折回在缠绕线上，如图 2-3-1a 所示。

（2）多股线并接

将去除绝缘层的多股线破开、顺直并合拢，用长端在合拢线上缠绕，缠绕长度约为两根导线直径之和的 5 倍，如图 2-3-1b 所示。

（3）不同直径导线并接

将细线在粗线上距离绝缘层约 15 mm 处向线端缠绕 5 圈，再将粗线线端头折回，压在细线上，如图 2-3-1c 所示。

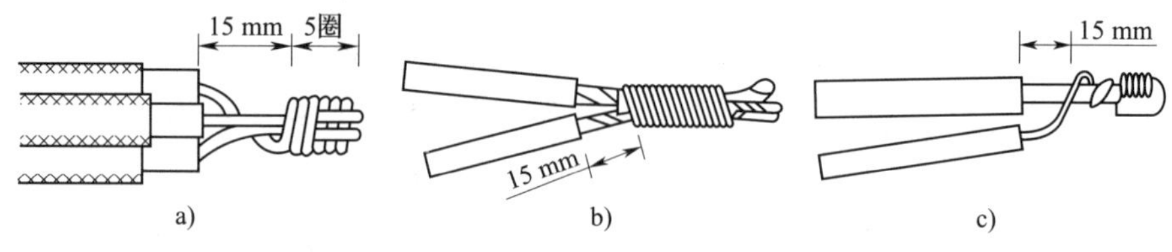

图 2-3-1 导线并接

a）单芯并接 b）多股线并接 c）不同直径导线并接

三、导线绝缘层的恢复

导线绝缘层破损或导线连接后，必须进行绝缘恢复，恢复后的绝缘强度应不低于原来绝缘层的绝缘强度。通常用黄蜡带或绝缘胶带、黑胶布作为恢复绝缘层的材料，一般黄蜡带和黑胶布宽约 20 mm 较为适中，包扎也方便。直线连接与 T 形分支连接的绝缘恢复的方法见表 2-3-6 和表 2-3-7。

表 2-3-6 直线连接的绝缘恢复

步骤	方法	图示
1	在距离绝缘切口 2 倍带宽处，用绝缘胶带与导线成约 55° 的倾斜角开始包扎	
2	包扎时，每圈应压叠 1/2 带宽，需要包缠至另一侧完整绝缘层上距绝缘切口约 2 倍带宽处	
3	包缠一层后，将黑胶布接在绝缘胶带尾端，反方向包缠至绝缘胶带首端，黑胶布与导线应保持约 55° 的倾斜角，同样每圈压叠 1/2 带宽	

表 2-3-7　T 形分支连接的绝缘恢复

步骤	方法	图示
1	从主线距绝缘切口 2 倍带宽处开始起头，先用绝缘胶带包缠，便于密封，防止进水	
2	包扎到分支线处时，用手指顶住左边接头的直角处，使胶带贴紧弯角处的导线，并使胶带尽量向右倾斜缠绕	
3	当缠绕右侧时，用手指顶住右边接头直角处，胶带向左缠绕，然后在支线上向下缠绕	
4	支线上缠绕完毕后，反方向向上包缠，回到主线接头处，贴紧接头直角处再向导线右侧包缠至主线的另一端，要求与直线连接的导线包缠方法相同	
5	再用黑胶布按上述方法包缠	

1. 在 380 V 线路上恢复导线绝缘时，必须先包 1~2 层黄蜡带，再包 1 层黑胶布。

2. 在 220 V 线路上恢复导线绝缘时，先包 1~2 层黄蜡带，再包 1 层黑胶布，或者只包 2 层黑胶布。

3. 绝缘带包扎时，各包层之间应紧密相接，不能稀疏，更不能露出线芯。

4. 存放绝缘带时，不可放在温度很高的地方，也不可被油类浸染。

任务测评

对任务实施的完成情况进行检查，并将检查结果填入表 2-3-8。

表 2-3-8 评分标准

序号	主要内容	考核要求	评分标准	配分	扣分	得分
1	单股铜芯导线直接连接	选用合理的工具完成单股铜芯导线的直线连接和T形分支连接	（1）损伤线芯、根部余量不当，扣10分 （2）连接方法不当，扣10分 （3）缠绕不紧密，扣10分	30		
2	7股铜芯导线直接连接	选用合理的工具完成7股铜芯导线的直线连接和T形分支连接	（1）损伤线芯、根部余量不当，扣10分 （2）连接方法不当，扣10分 （3）缠绕不紧密，扣10分	30		
3	导线并接	选用合理的工具完成导线的并接	（1）损伤线芯、根部余量不当，扣5分 （2）并接方法不当，扣5分 （3）并接不紧密，扣5分	15		
4	导线绝缘恢复	对完成连接的导线进行绝缘恢复	（1）绝缘恢复方法不当，扣10分 （2）缠绕不紧密，绝缘强度不够，扣5分	15		
5	安全文明生产	劳动保护用品穿戴整齐；电工工具携带齐全；遵守操作规程；讲文明礼貌；按要求清理现场	（1）操作中违反安全文明生产考核要求的任何一项扣2分，扣完为止 （2）当考评员发现考生操作过程中有重大事故隐患时，要立即予以制止，并每次扣安全文明生产总分5分，扣完为止	10		
合计				100		
开始时间：			结束时间：			

任务4 导线的压接和导线与接线桩的连接

学习目标

1. 熟悉常用的压接工具。
2. 掌握常用的压接方法。
3. 掌握导线与接线桩的连接方法。
4. 能正确完成导线与接线端子的压接、导线与平压式接线桩的连接。

任务引入

压接技术在电气线路安装过程中的应用越来越广泛，压接连接易操作，生产效率高，连接方便且可靠性强，能适应自动化生产。

本任务的内容是学习压线钳的使用方法和技巧，并完成压接操作技能的训练。

相关知识

一、常用压接工具

压线钳是用于导线与接线端子等之间连接的常用电工工具，常见的压线钳如图 2-4-1 所示。

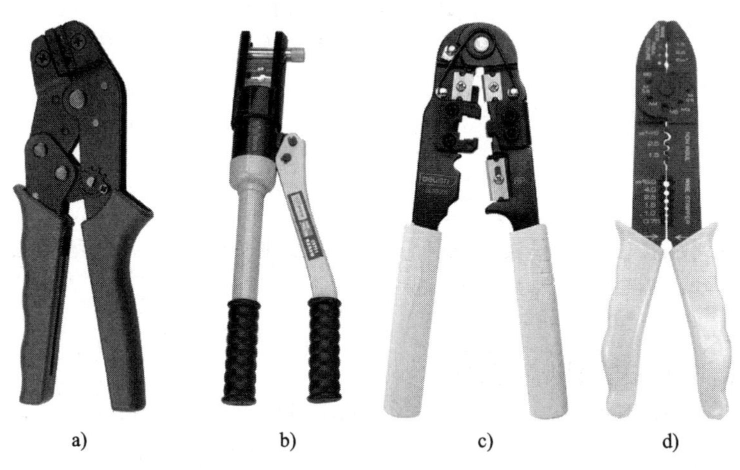

a)　　b)　　c)　　d)

图 2-4-1　常见的压线钳

a）常用接线端子压线钳　b）手提式油压钳　c）水晶头专用压线钳　d）简易多功能压线钳

图 2-4-1a 所示为常用接线端子压线钳，压线钳钳口上的不同压齿适用于不同规格的导线和接线端子的压接。图 2-4-1b 所示为手提式油压钳，是一种用冷挤压方式进行多股铝、铜芯导线接头连接的工具。图 2-4-1c 所示为用于电话线接头和网线接头连接的水晶头专用压线钳。图 2-4-1d 所示为简易多功能压线钳，可以用来进行导线的切割、绝缘层的剥削、螺栓的剪切、端子的压接。

二、常用压接方法

导线压接通常采用压线帽、连接套管、冷压接线端子等辅助材料。

1. 压线帽连接

压线帽及其连接方式如图 2-4-2 所示，压线帽连接适用于 1~4 mm^2 的 2~4 根导线的压接。连接时，根据导线截面积和压接根数选择合适的压线帽规格和型号，将导线绝缘层剥去 15 mm 左右（由压线帽的型号决定），清除导线表面氧化物，将线芯插入压线帽的压接管内，如果无法填实再用 1~2 根同材质、同线径的线芯插入压线帽内填充，也可将线芯剥出后回折插入压线帽内，最后用专用压接钳将压线帽压紧即可。

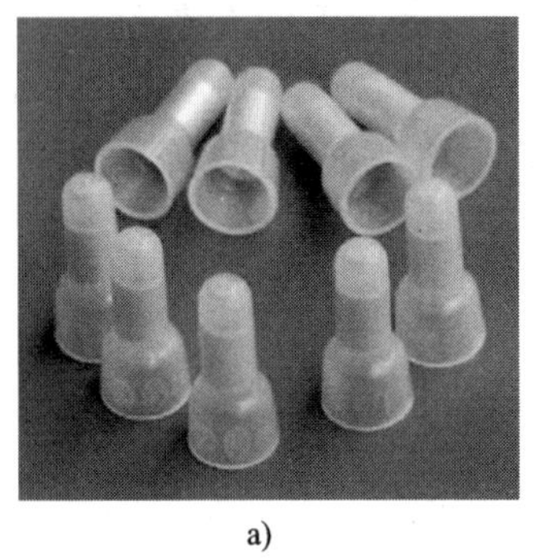

a)

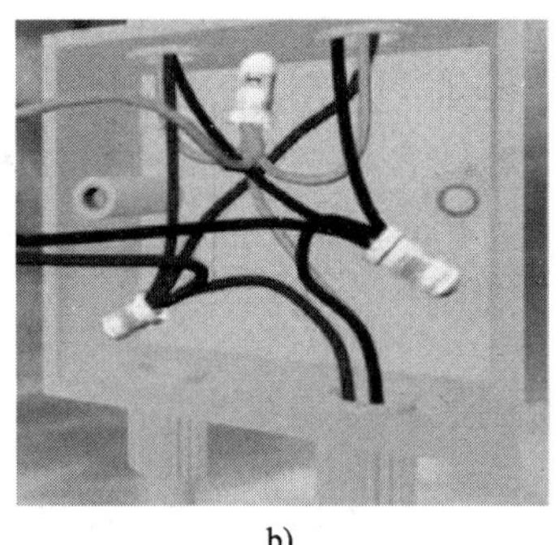

b)

图 2-4-2 压线帽及其连接方式

a）压线帽 b）压线帽连接

线芯必须插到压接管底并填实，确保压接后压线帽不松动；导线绝缘层边缘大致与压线帽平齐并包在帽壳内，保证导线线芯不外露。

2. 套管压接

（1）单芯铝导线套管压接

单芯铝导线套管压接适用于截面积为 10 mm^2 及以下的单芯铝导线。首先，剥去绝缘层，清除铝导线氧化膜并涂以中性凡士林油膏（使导线表面与空气隔离，不再氧化）。其次，压接套管有圆形和椭圆形两种，采用圆形套管时，将铝线从套管两端插入，各插到套管中心处，用压接钳压制成形，如图 2-4-3a 所示。采用椭圆形套管时，应使两线对插后，线头分别露出套管两端约 4 mm，用压接钳压制成形，如图 2-4-3b 所示。

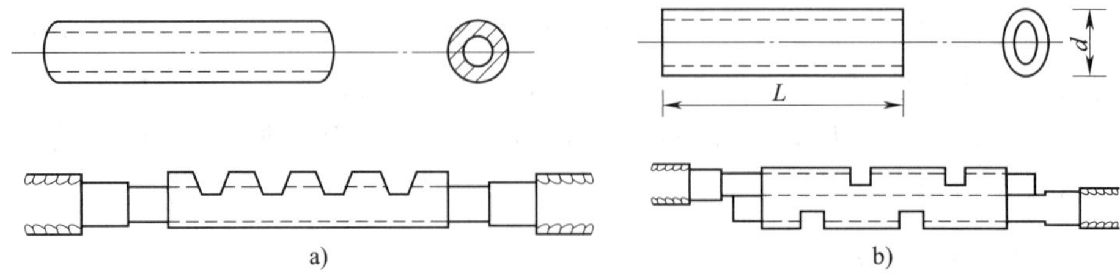

图 2-4-3 单芯铝导线套管压接

a）圆形套管压接 b）椭圆形套管压接

（2）多股铝芯导线套管压接

多股铝芯导线套管压接可采用手提式油压钳，根据多股铝芯导线截面积选用合适规格的套管，两根导线端部的绝缘层剥削长度约为套管长度的 1/2 加上 5 mm。用钢丝刷刷去导线表面的氧化层，并涂上中性凡士林，再把导线插入套管内，长度各占套管一半，并在相应位置画好压坑标记。根据导线截面积大小，选好压膜装入钳口内。多股铝芯导线套管压接如图 2-4-4 所示，先压两端的两个坑，再压中间（顺序为 1、4、2、3），其中心连线应在同一条直线上。压坑时应一次压成，中间不能停顿，压完一个坑后稍停 10~15 s，待局部变形逐渐稳定后，方可松开压坑，再压第二个坑，依次进行。压完后用细锉锉去棱角，并用砂纸打光，再用浸汽油的抹布擦净。

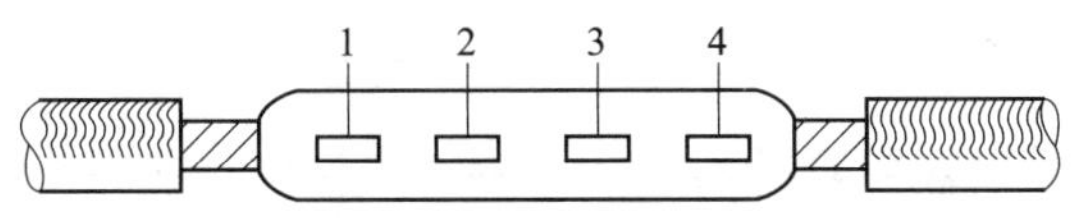

图 2-4-4　多股铝芯导线套管压接

3. 接线端子压接

图 2-4-5 所示为常见的冷压接线端子。压接前剥去导线线头的绝缘层，将线芯绞紧后插入接线端子，选用专用压线钳，根据接线端子的大小选择不同的压齿，再将接线端子放入压线钳钳口相应的压齿中，用力压下钳柄即可。

图 2-4-5　常见的冷压接线端子

进行大面积多股铝芯（铜芯）导线压接时，剥去导线绝缘层长度应约为接线端子内孔的深度加上 5 mm。除去接线端子内壁和导线表面的氧化膜，涂上中性凡士林，将线芯插入接线端子内进行压接，先压接靠近导线绝缘端的一端，多股铝芯（铜芯）导线的压接如图 2-4-6 所示。压好后锉平压坑边缘翘起的棱角，并用砂纸打光，再用蘸有汽油的抹布擦净。

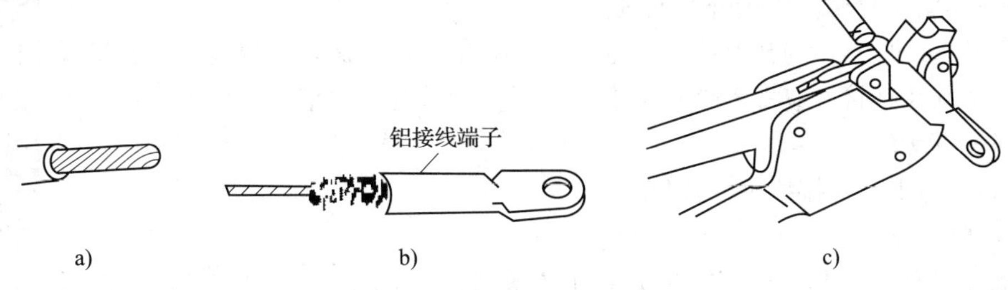

图 2-4-6　多股铝芯（铜芯）导线的压接

a）绞紧线芯　b）刷去氧化层　c）压接

三、导线与接线桩的连接

1. 导线线头与针孔式接线桩的连接

（1）截面积较大的单股线芯可直接插入线孔，如图 2-4-7a 所示。

（2）截面积较小的单股线芯应先将线芯弯折成双股，再插入线孔，如图 2-4-7b 所示。

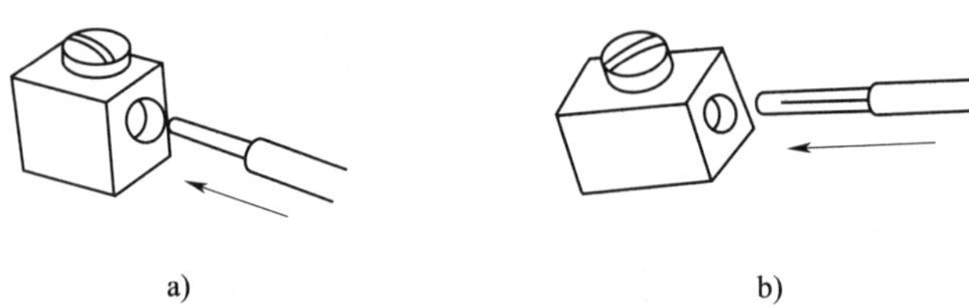

图 2-4-7　单股线芯与针孔式接线桩的连接
a）线芯直接插入连接　b）线芯折成双股后进行连接

（3）当线芯直径与线孔大小相配时，多股线芯的线头应先绞紧后再插入线孔，如图 2-4-8a 所示。

（4）当线芯直径较线孔小时，可用一根单股线芯在已绞紧的线头上紧密缠绕一层再插入线孔，如图 2-4-8b 所示。

（5）当线芯直径较线孔大时，可将线芯线头绞紧后，插入针型冷压端子中，用压线钳压接后插入线孔，如图 2-4-8c 所示。

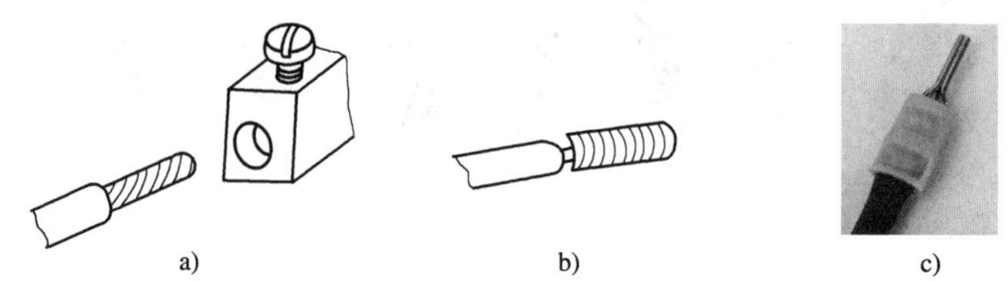

图 2-4-8　多股线芯与针孔式接线桩的连接
a）线芯绞紧插入连接　b）线孔过大时线芯的处理　c）线孔过小时线芯的处理

无论是单股还是多股线芯的线头，插入线孔时，一定要插到底，绝缘层不得插入线孔，同时线孔外裸露的线头长度不得超过 3 mm。

2. 导线线头与瓦形接线桩的连接

为防止线头脱落，与瓦形接线桩连接时，应将线头弯成 U 形再连接，若接线桩上有两个线头连接，应将弯成 U 形的两个线头相重合后再卡入接线桩瓦形垫圈下方压紧，如图 2-4-9 所示。

3. 导线与平压式接线桩的连接

（1）单股线芯与平压式接线桩的连接

用螺钉或螺母压接导线时，需要制作压接圈，压接圈大小应与接线桩直径相适应，弯曲方向应与螺钉旋紧方向一致，如图 2-4-10 所示。

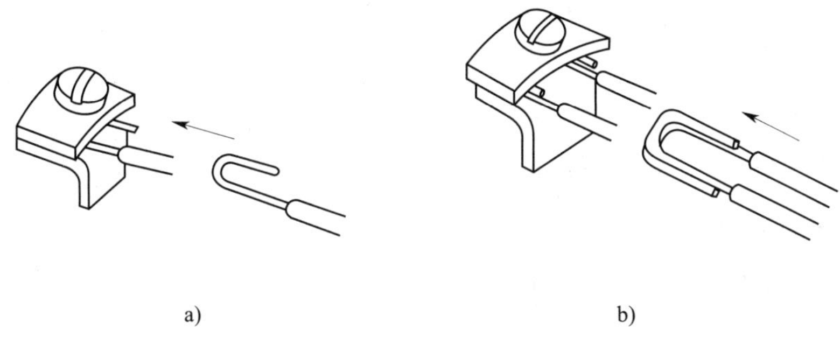

图 2-4-9　导线线头与瓦形接线桩的连接

a）单根线头的引入连接　b）两根线头的引入连接

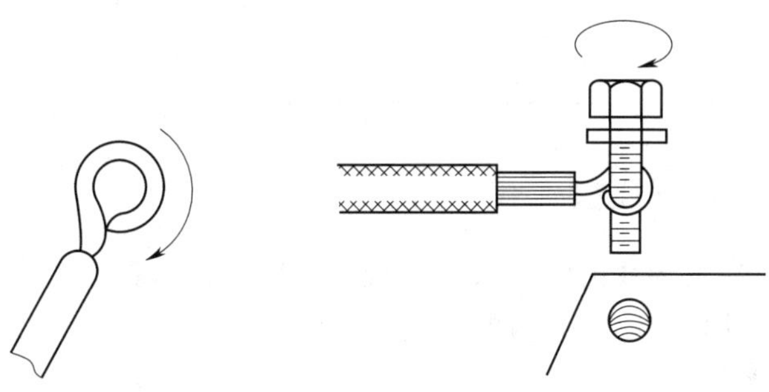

图 2-4-10　单股线芯与平压式接线桩的连接

（2）多股软线与平压式接线桩的连接

多股铜芯软线接入接线桩前，应先将线芯绞紧，并将线芯在垫片下紧绕螺钉一圈，缠绕方向与螺钉旋紧方向一致，然后自缠 1～2 圈，剪去多余的线头，将线头沿螺钉旋紧方向压入，最后用旋具将螺钉旋紧，如图 2-4-11 所示。

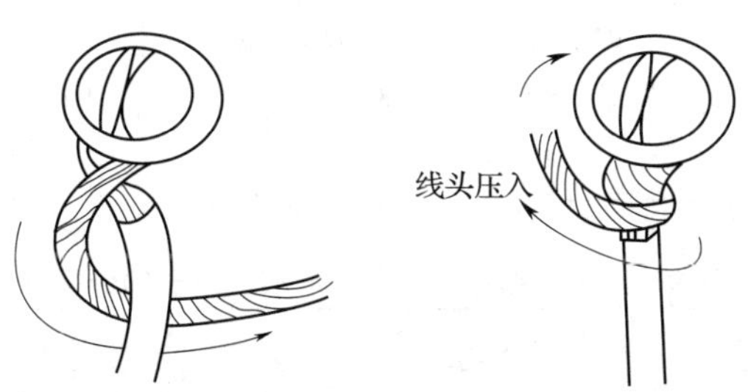

图 2-4-11　多股软线与平压式接线桩的连接

任务实施

一、任务准备

实施本任务所需要的实训设备及工具材料见表 2-4-1。

表 2-4-1　实训设备及工具材料

序号	名称	型号规格	数量	单位	备注
1	尖嘴钳	6 in（全长）	1	把	
2	压线钳	根据压接端子型号确定	1	把	
3	手提式油压钳		1	把	
4	电工刀	直头折叠	1	把	
5	剥线钳	6 in（全长）	1	把	
6	扳手	10 in	1	把	
7	接线端子		若干	个	不同规格
8	导线		若干	根	单股、多股

二、导线与接线端子压接

压接前用剥线钳剥去导线的绝缘层，将线芯绞紧后插入接线端子中，然后将接线端子放入相应压齿中，用力压下钳柄即可完成导线与接线端子的压接，如图 2-4-12 所示。

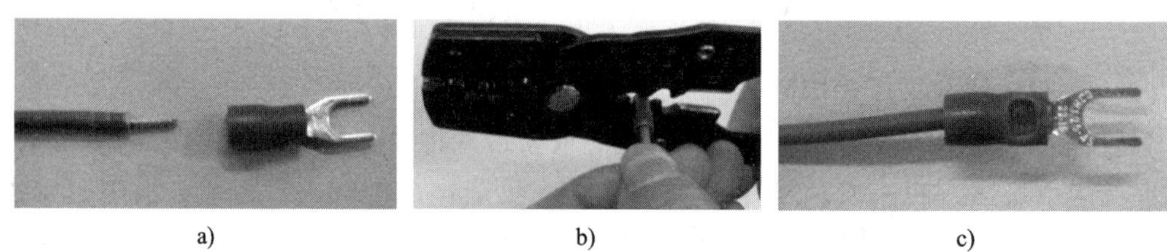

a)　　b)　　c)

图 2-4-12　导线与接线端子压接

a）剥去导线绝缘层　b）放入相应压齿　c）压接完成

多股铜芯、铝芯线与接线端子的压接方法见表 2-4-2。

表 2-4-2　多股铜芯、铝芯线与接线端子的压接方法

步骤	方法	图示
1	根据压接螺钉的直径和线芯的直径选择冷压接线端子和相应规格的压模，同时处理好导线与接线端子	

续表

步骤	方法	图示
2	将冷压接线端子放入压模中，并将处理好的导线插入其中	
3	反复扳动手柄，使上、下压模贴合	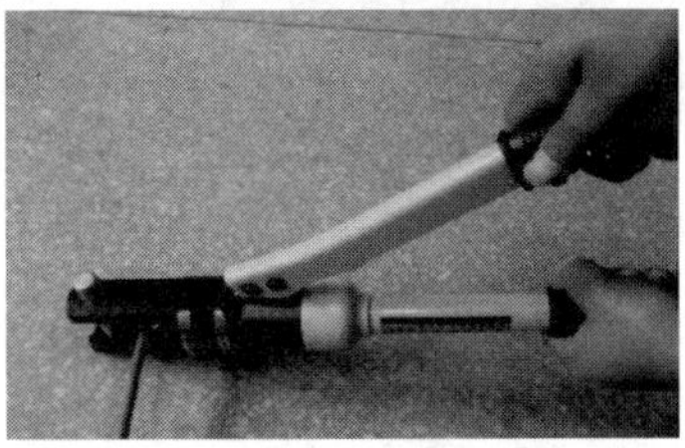
4	接线端子压接完成	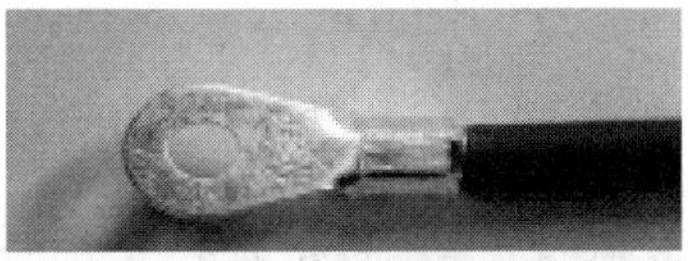 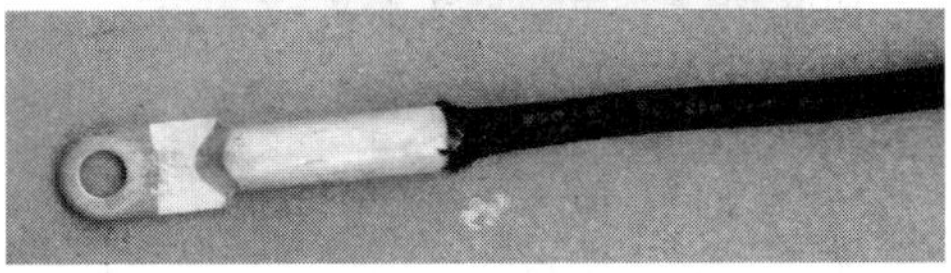

三、导线与平压式接线桩连接

导线与平压式接线桩连接时，需要制作压接圈进行连接。压接圈的制作方法见表 2-4-3。

压接圈弯曲方向要与螺母旋紧方向一致，否则安装旋紧时会松散。导线与平压式接线桩的连接如图 2-4-13 所示。

表 2-4-3　压接圈的制作方法

步骤	方法	图示
1	剥去线头绝缘层	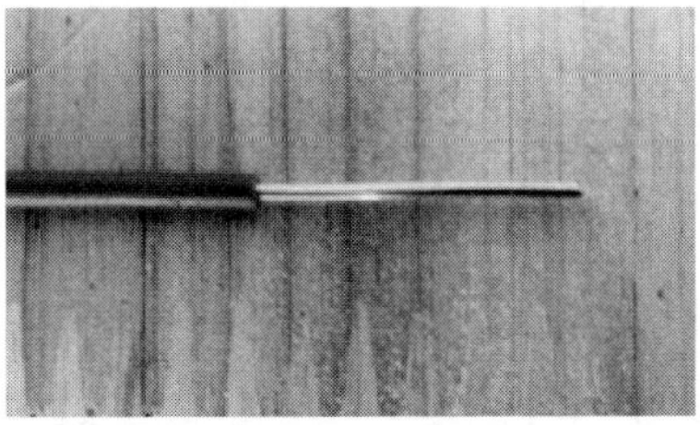

续表

步骤	方法	图示
2	在距离绝缘层根部约 3 mm 处向外折角，弯折方向应与螺栓旋紧方向一致	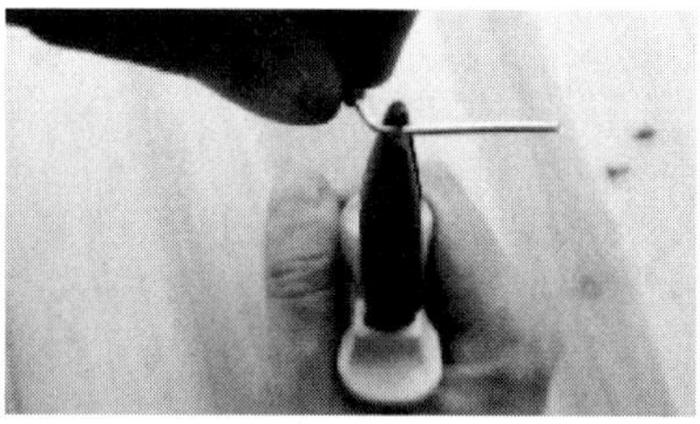
3	继续将其弯成圆弧（要求螺栓能放入圆弧中）	
4	剪去线芯余端并修正圆圈	

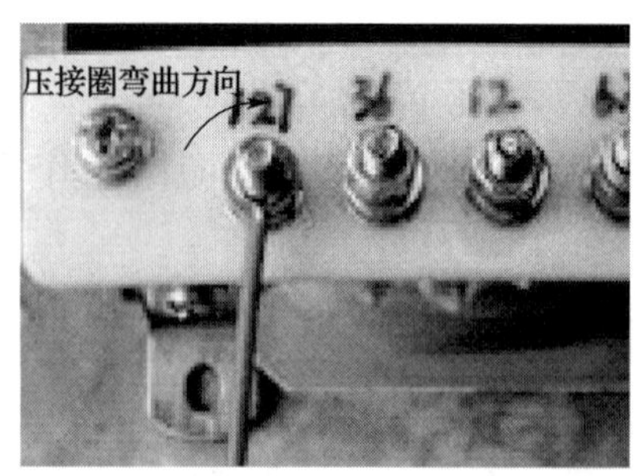

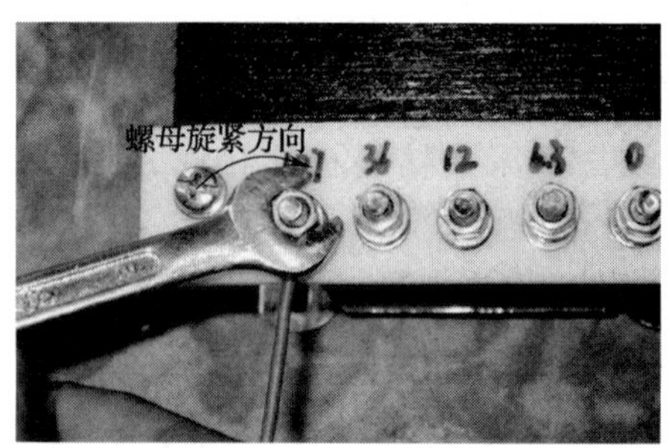

图 2-4-13　导线与平压式接线桩的连接

任务测评

对任务实施的完成情况进行检查，并将检查结果填入表 2-4-4。

表 2-4-4　评分标准

序号	主要内容	考核要求	评分标准	配分	扣分	得分
1	导线与接线端子压接	掌握压线钳的使用方法，完成导线与接线端子的压接	（1）工具使用方法不正确，扣 15 分 （2）损伤线芯，扣 15 分 （3）导线与接线端子压接不符合要求，扣 15 分	45		
2	导线与平压式接线桩连接	掌握压接圈的制作方法，完成导线与平压式接线桩的连接	（1）工具使用方法不正确，扣 10 分 （2）损伤线芯，扣 10 分 （3）压接圈制作不符合要求，扣 10 分 （4）导线与平压式接线桩连接不符合要求，扣 15 分	45		
3	安全文明生产	劳动保护用品穿戴整齐；电工工具携带齐全；遵守操作规程；讲文明礼貌；按要求清理现场	（1）操作中违反安全文明生产考核要求的任何一项扣 2 分，扣完为止 （2）当考评员发现考生操作过程中有重大事故隐患时，要立即予以制止，并每次扣安全文明生产总分 5 分，扣完为止	10		
合计				100		
开始时间：			结束时间：			

任务 5　导线的焊接

学习目标

1. 了解焊接工具和材料，掌握电烙铁的使用方法。
2. 掌握导线绕焊、钩焊、搭焊、杯形焊件焊接和插焊的方法。
3. 能正确完成导线搭焊、导线钩焊和杯形接线柱焊接。

任务引入

某生产企业厂房需安装电气线路，有时需要通过焊接的方法实现安装连接，如绕焊、钩焊、搭焊、杯形焊件焊接、插焊等。

焊接是利用加热或其他方式使两种金属永久地牢固结合的过程。导线的焊接是电工操作中的基本工作，在线路安装过程中，常常需要采用绕焊、钩焊、搭焊、插焊等焊接方法实现导线的连接。导线的焊接一般使用电烙铁加热熔化焊料，让其渗透到被焊元件的金属表面，经冷却过程形成新的合金结构，从而实现金属间的牢固连接。

本任务的内容是学习电烙铁的使用方法，并完成绕焊、钩焊、搭焊、杯形焊件焊接、插焊等焊接技能的训练。

相关知识

一、焊接工具及材料

1. 焊接工具

电烙铁是常用的焊接工具，其种类较多，有内热式、外热式、吸锡式、恒温式等，如图 2-5-1 所示。尽管种类不同，但它们的工作原理基本一样，接通电源，烙铁芯发热并将热量传递给烙铁头，烙铁头温度升高到一定程度熔化焊料。

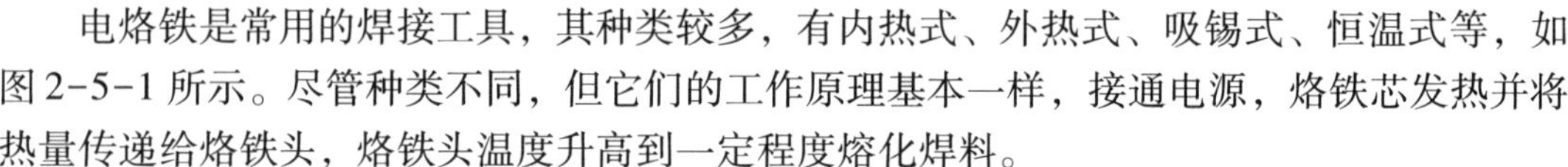

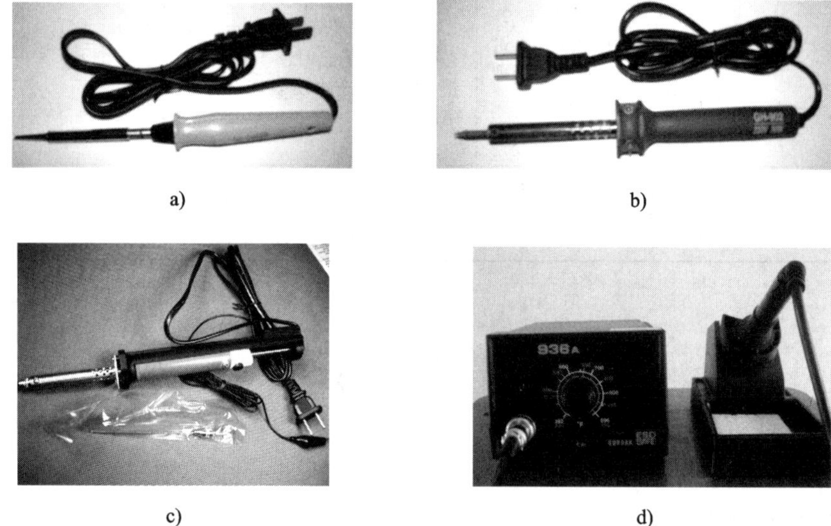

a) b) c) d)

图 2-5-1 常见的电烙铁

a）内热式电烙铁 b）外热式电烙铁 c）吸锡式电烙铁 d）恒温式电烙铁

内热式电烙铁的热效率比外热式电烙铁高；吸锡式电烙铁主要用于拆焊，在维修过程中使用非常方便；恒温式电烙铁在一些对温度要求严格的生产中使用。烙铁头的形状有很多种，使用过程中应根据焊接条件选取合适的烙铁头。电子元件装配过程中通常选取 20 W 内热式电烙铁或 25 W 外热式电烙铁，焊接较大元器件或电缆线时需要选取功率更大的电烙铁。

焊接过程中一般用右手拿电烙铁。电烙铁的握法分为反握法、正握法和握笔法，如图 2-5-2 所示。

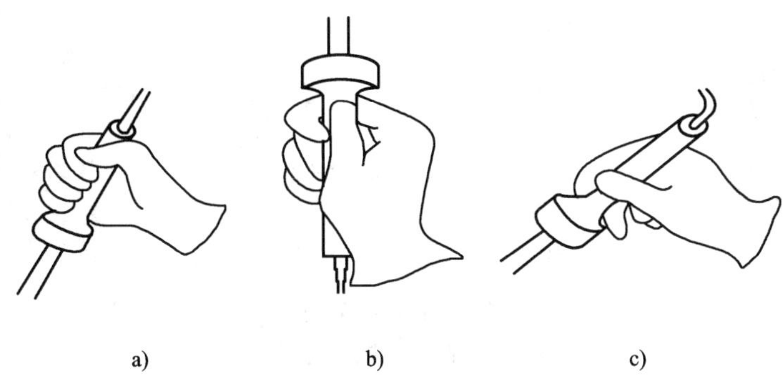

图 2-5-2　电烙铁的握法
a）反握法　b）正握法　c）握笔法

（1）使用电烙铁前应检查电源插头、电源线有无损坏，烙铁头是否松动。

（2）使用过程中不要甩电烙铁，防止烙铁头脱落造成事故。

（3）由于烙铁芯是由瓷管构成的，为确保其不被损坏，应尽可能避免将其摔在地上。

（4）焊接完毕，烙铁头上的残留焊锡不应该继续保留，以防止再次加热时出现氧化层。

（5）应经常用湿抹布、浸水海绵擦拭烙铁头，以保持烙铁头良好的上锡性能，并可避免残留助焊剂对烙铁头的腐蚀。

（6）使用电烙铁时应避免接触裸露导线和金属物品，以免触电或烧伤。电源线不可搭在烙铁头上，以防烫坏绝缘层而发生事故。电烙铁暂不使用时，应放在烙铁架上。

2. 焊接材料

常用的焊接材料有焊料、助焊剂、清洗剂三大类。

（1）焊料

焊料的种类比较多，有银焊料、铜焊料、锡铅焊料等，电子产品装配过程中一般使用锡铅焊料，称为焊锡。锡铅焊料由锡、铅两种金属按一定比例配制而成，具有熔点低、导电性好、机械强度高、表面张力小等优点，常用于手工焊的管状焊锡丝如图 2-5-3 所示。持续进行焊接时，锡丝的拿法应为用左手的拇指、食指和小指夹住锡丝，用另外两个手指配合将锡丝持续向前送进。若不是持续焊接，锡丝的拿法也可采用其他形式。锡丝的拿法如图 2-5-4 所示。

（2）助焊剂

助焊剂能清除金属表面氧化物和杂质，防止焊面氧化，增加焊料的流动性，使焊点易于成型。助焊剂分为有机助焊剂、无机助焊剂和树脂类助焊剂，手工焊接中常用的助焊剂为树脂类助焊剂（松香），如图 2-5-5 所示。

图 2-5-3　管状焊锡丝

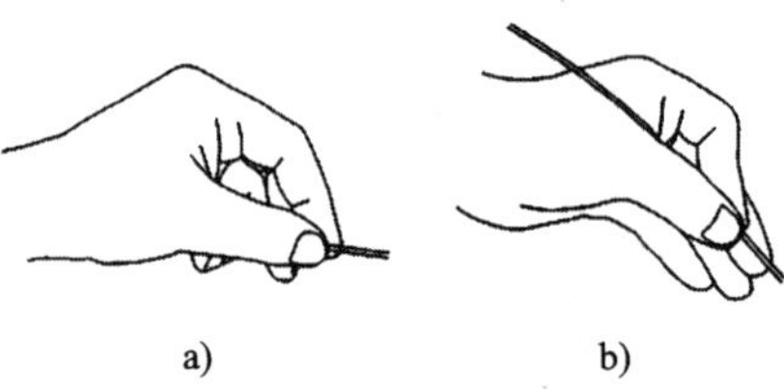

图 2-5-4　锡丝的拿法
a）连续送焊　b）断续送焊

图 2-5-5　树脂类助焊剂
（松香）

（3）清洗剂

锡焊以后的印制电路板需要进行清洗，因为板上残余物会导致漏电，同时焊剂残渣还会腐蚀印制导线。一般采用有机溶剂清洗，如酒精。

二、常用的导线焊接方法

利用电烙铁进行手工焊接可以完成绕焊、钩焊、搭焊、杯形焊件焊接、插焊等。

1. 绕焊

导线与接线端子的绕焊，是把经过镀锡的导线端头在接线端子上绕一圈，然后用钳子拉紧缠牢后进行焊接，如图 2-5-6 所示。缠绕时，导线一定要紧贴端子表面，绝缘层不要接触端子。图中 L 为导线绝缘层与焊面之间的距离，一般取 $L=1\sim3$ mm 为宜。

导线与导线的绕焊如图 2-5-7 所示。这种连接方法的可靠性最高，在可靠性要求较高的场合常常采用。操作步骤如下：

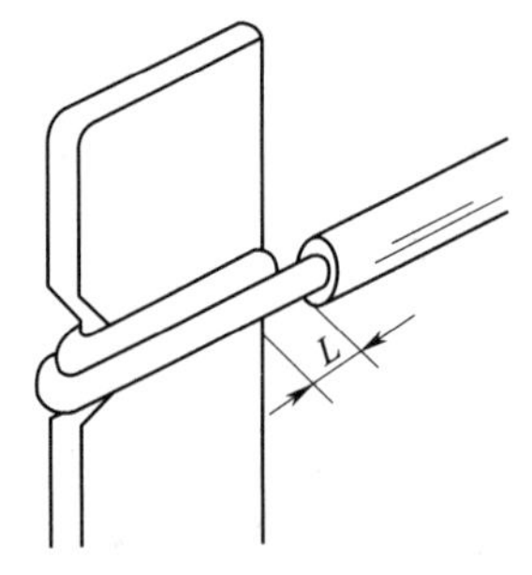

图 2-5-6　导线与接线端子的绕焊

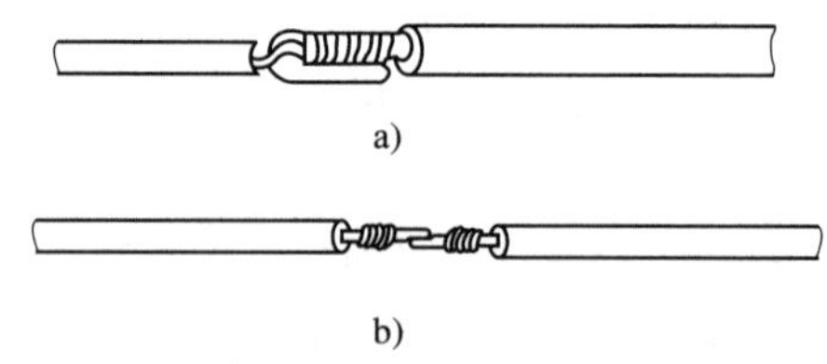

图 2-5-7　导线与导线的绕焊
a）细导线绕到粗导线上　b）同样粗细的导线的绕焊

（1）去掉导线端部一定长度的绝缘层。

（2）导线端头镀锡，并套上合适的热缩套管。

（3）将两根导线绞合、焊接。

（4）趁热将热缩套管推到接头焊点上，用热风或电烙铁烘烤热缩套管，套管冷却后应固定并紧裹在接头上。

2. 钩焊

钩焊是将导线弯成钩形钩在接线端子上，用钳子夹紧后再焊接，如图 2-5-8 所示。其端头的处理方法与绕焊相同。这种方法的焊接强度低于绕焊，但操作简便。

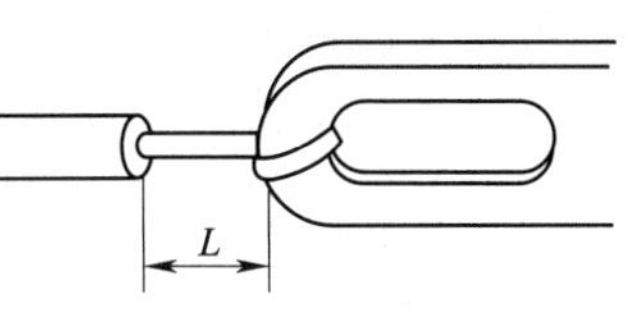

图 2-5-8　钩焊

3. 搭焊

搭焊如图 2-5-9 所示，这种连接方法最方便，但强度及可靠性最差。图 2-5-9a 是将经过镀锡的导线搭到接线端子上进行焊接，仅用于临时连接或不便于缠、钩的地方以及某些插接件上。对调试或维修中导线的临时连接，也可以采用图 2-5-9b 所示的搭接方法。搭焊连接不能用在正规产品中。

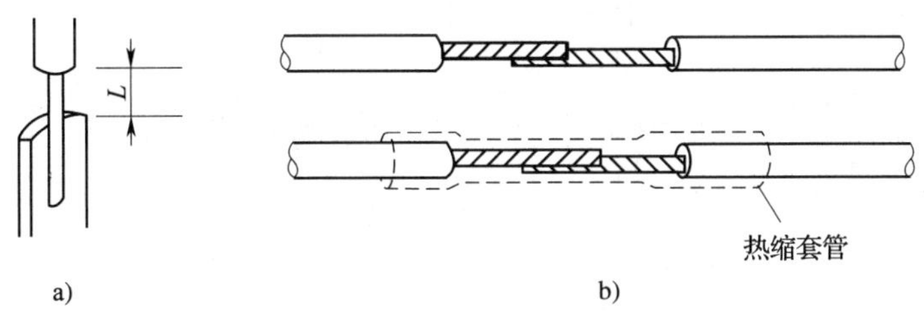

图 2-5-9　搭焊

a）导线和接线端子的搭焊　b）导线和导线的搭焊

4. 杯形焊件焊接

杯形焊件焊接接点多见于接线柱和插接件，一般尺寸较大，如果焊接时间不足，容易造成冷焊。这种焊件通常是和多股软线连接，焊前要对导线进行处理，先绞紧各股软线，然后镀锡，对杯形焊件也要进行处理。操作方法如图 2-5-10 所示，具体步骤如下：

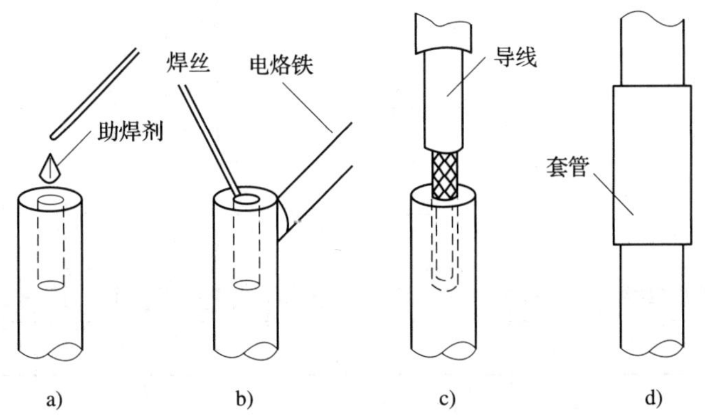

图 2-5-10　杯形焊件焊接

a）滴助焊剂　b）用电烙铁加热　c）垂直插入导线　d）套上套管

（1）往杯形孔内滴助焊剂。若孔较大，则用脱脂棉蘸助焊剂在孔内均匀涂抹一层。

（2）用电烙铁加热并将锡熔化，直至锡流满内孔。

（3）将导线垂直插到孔的底部，移开电烙铁并保持到凝固。在凝固前，导线切不可移动，以保证焊点质量。

（4）完全凝固后立即套上套管。

这类焊点通常较大，散热较快，因此在焊接时应选用功率较大的电烙铁。

5. 插焊

元器件在电路板上通常采取插焊的方式，先将被焊元器件的引出线、导线插入焊接孔中，然后再进行焊接。插焊分为直脚插焊和弯脚插焊，如图 2-5-11 所示。弯脚插焊的稳固性较高，直脚插焊便于拆焊，一般采用直脚插焊。

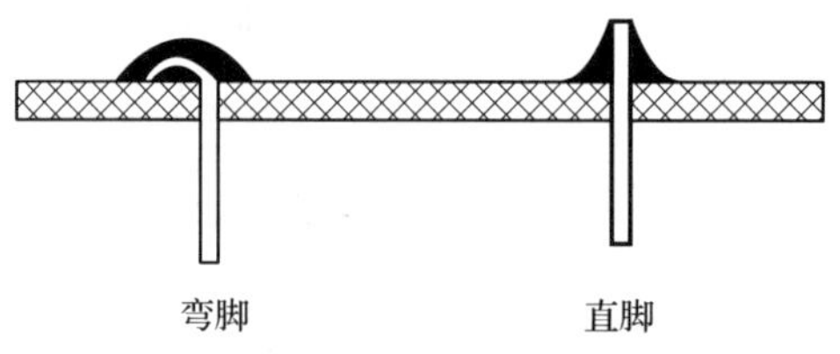

图 2-5-11　插焊

任务实施

一、任务准备

实施本任务所需要的实训设备及工具材料见表 2-5-1。

表 2-5-1　实训设备及工具材料

序号	名称	型号规格	数量	单位	备注
1	电烙铁	35 W（内热式）	1	把	
2	焊锡丝		1	卷	
3	松香		1	块	
4	剪刀		1	把	
5	晶闸管		1	个	
6	绕线电阻器		1	个	
7	杯形接线柱		1	个	

二、导线搭焊

安装晶闸管时，其引脚的引出需要进行搭焊连接，首先将导线和接线桩进行预处理（导线绞紧上锡并套上热缩套管，接线桩上锡），然后进行焊接，待焊点凝固后套上热缩套管，用热风枪加热，操作方法如图 2-5-12 所示。

a)

b)

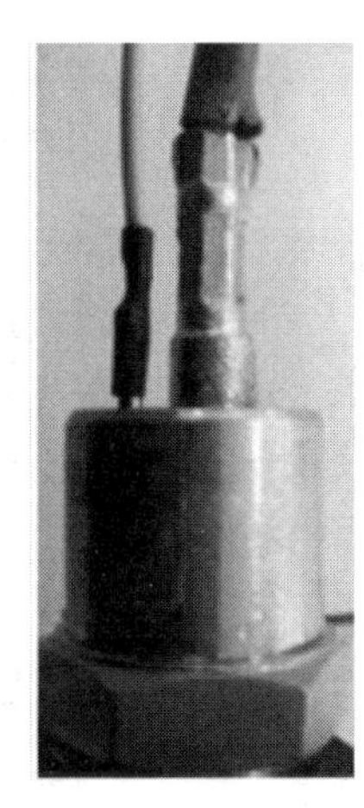
c)

图 2-5-12　导线搭焊
a）预处理　b）焊接　c）搭焊完成

三、导线钩焊

安装绕线电阻时，其引脚的引出需要进行钩焊连接，首先将导线和接线桩进行预处理（接线桩上锡，导线弯成钩形），导线钩在接线端子上，用钳子夹紧后进行焊接，焊点凝固前不要晃动导线和绕线电阻，操作方法如图 2-5-13 所示。

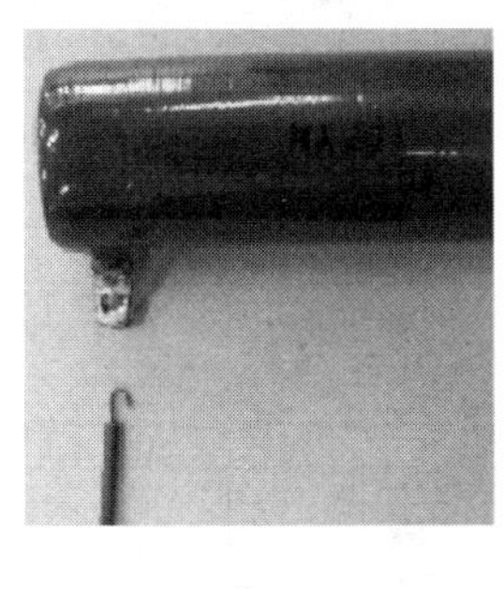
a)

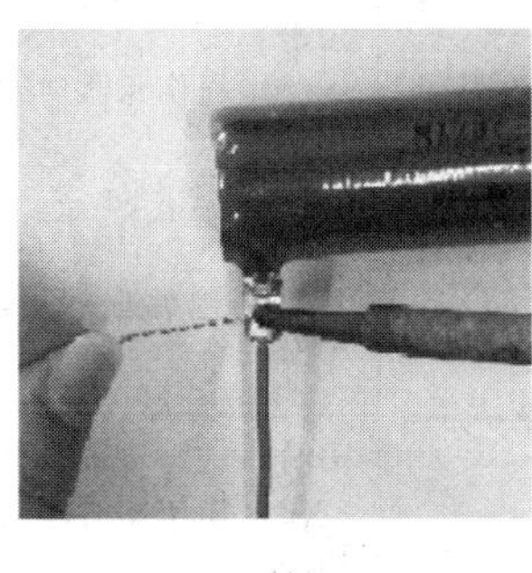
b)

c)

图 2-5-13　导线钩焊
a）预处理　b）焊接　c）钩焊完成

四、杯形接线柱焊接

安装设备测量用接线柱，预处理时导线和杯形接线柱都需进行上锡，焊锡应充满杯形接线柱内孔，加热接线柱并将导线插入孔底部，移开电烙铁后应保持不动，待焊点凝固冷却后拧紧接线柱，如图 2-5-14 所示。

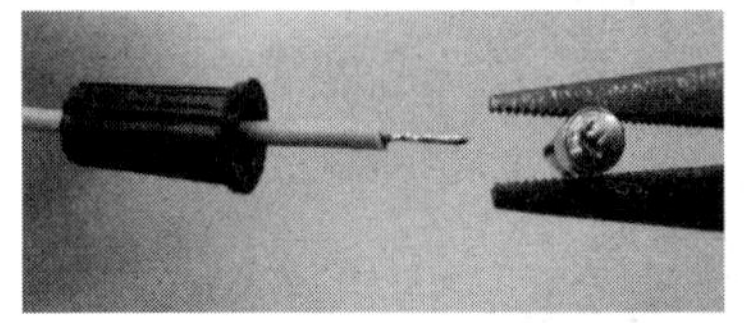

a)

b)

c)

图 2-5-14　杯形接线柱焊接
a）预处理　b）加热接线柱　c）焊接完成

任务测评

对任务实施的完成情况进行检查，并将检查结果填入表 2-5-2。

表 2-5-2　评分标准

序号	主要内容	考核要求	评分标准	配分	扣分	得分
1	导线搭焊	掌握搭焊连接方法，完成导线搭焊	（1）预处理加工不符合要求，扣 10 分 （2）搭焊连接不牢固、美观，扣 10 分 （3）损伤元器件或导线绝缘层，扣 10 分	30		
2	导线钩焊	掌握钩焊连接方法，完成导线钩焊	（1）预处理加工不符合要求，扣 10 分 （2）钩焊连接不牢固、美观，扣 10 分 （3）损伤元器件或导线绝缘层，扣 10 分	30		
3	杯形接线柱焊接	掌握杯形焊件焊接方法，完成杯形接线柱焊接	（1）预处理加工不符合要求，扣 10 分 （2）焊接不牢固、美观，扣 10 分 （3）损伤元器件或导线绝缘层，扣 10 分	30		

续表

序号	主要内容	考核要求	评分标准	配分	扣分	得分
4	安全文明生产	劳动保护用品穿戴整齐；电工工具携带齐全；遵守操作规程；讲文明礼貌；按要求清理现场	（1）操作中违反安全文明生产考核要求的任何一项扣2分，扣完为止 （2）当考评员发现考生操作过程中有重大事故隐患时，要立即予以制止，并每次扣安全文明生产总分5分，扣完为止	10		
合计				100		
开始时间：			结束时间：			

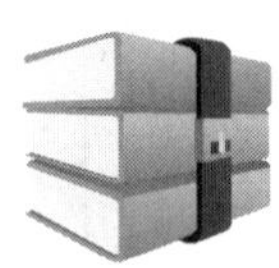

课题三　基本电参量的测量

任务1　电压、电流的测量

学习目标

1. 认识万用表和钳形电流表，了解它们的组成结构。
2. 掌握万用表测量电压、电流的方法及使用注意事项。
3. 掌握钳形电流表测量电流的方法及使用注意事项。
4. 能使用万用表正确完成直流电压、直流电流和交流电压的测量。
5. 能使用钳形电流表正确完成交流电流的测量。

任务引入

电气设备安装、维修过程中常常需要测量电压、电流的大小，从而判断安装是否有误，判断故障范围。如测量干电池、墙壁插座电压，判断电源供电是否正常；测量晶体管收音机整机电流，判断装配是否有误；有时候还需要在不断开电路的情况下测量电流大小，如测量运行中交流电动机的工作电流等。

要进行电压、电流的测量，就需要正确选用测量仪表，并掌握其使用方法。万用表和钳形电流表作为电气设备安装与维修人员必备的工具，能实现不同场合下电压、电流等电参量的测量。本任务的内容是使用万用表、钳形电流表等仪表测量晶体管收音机、三相异步电动机等设备中的电压和电流。

相关知识

一、万用表

万用表又称为多用表，是一种具有多量程的便携式仪表，可以用来测量直流电压、直流电流、交流电压、电阻、电感、电容、晶体管直流参数等。常见的万用表有模拟式和数字式两种。

1. 模拟式万用表

模拟式万用表由表头、测量电路、转换开关等组成。下面以 MF47 型万用表（见图 3-1-1）为例说明。

表头的作用是将过渡电量转换为仪表指针的机械偏转角。表头通常采用高灵敏度磁电系直流微安表，其性能决定整表的性能，主要参数是灵敏度和内阻。表头灵敏度是指表头指针满刻度偏转时流过表头的直流电流，一般满偏电流为几微安至几百微安；内阻是指表头可动线圈的直流电阻，一般为数百至数千欧姆。表头的灵敏度越高，内阻越大，万用表性能越好。MF47 型万用表一般选用较高灵敏度的带有整流器的磁电式表头，表头满偏电流为 46.2 μA，内阻为 2.5 kΩ。表头下方中间的小旋钮为机械调零旋钮。

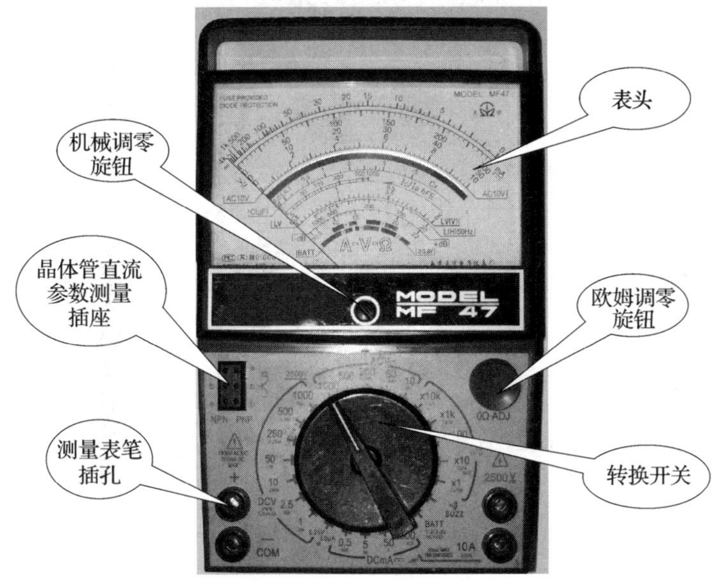

图 3-1-1　MF47 型万用表

表头部分装有一个表盘刻度尺，如图 3-1-2 所示，供测量时读数用。

图 3-1-2　MF47 型万用表刻度盘

电阻标度尺用“Ω”表示，“0”在右端，左端标有“∞”，刻度不均匀，左密右疏。为了减小测量误差，测量时尽量让指针偏转在满刻度的 1/3～2/3 范围内。直流电流用“mA”表示，交直流电压用“$\underset{\sim}{V}$”表示，它们共用一条刻度尺。10 V 交流电压有单独刻度尺，以提高低电压测量精度。另外，刻度盘上有一反光镜，当指针和反光镜中的影子重合时进行读数，可以减小视觉误差。

MF47 型万用表内部测量电路如图 3-1-3 所示（测量电路原理图可扫描右侧二维码了解）。测量电路安装在表内，主要作用是将各种不同的被测电量（如电流、电压、电阻等）转换为磁电系测量机构所能接收的微小电流。

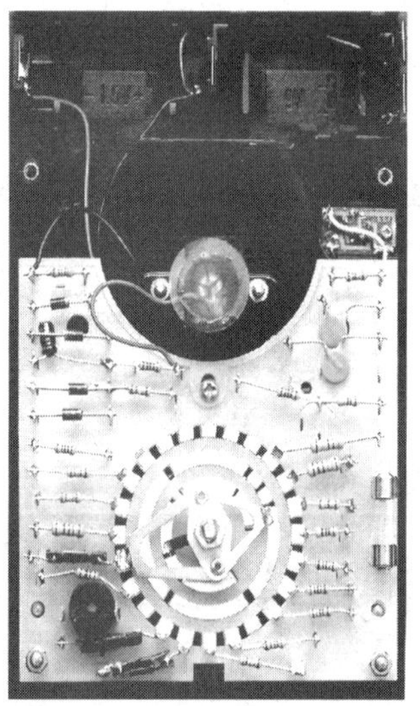

图 3-1-3　MF47 型万用表内部测量电路

用模拟式万用表测量电路时电池正极与黑表笔相连。

转换开关的作用是将测量电路转换为所需的测量种类和量程。万用表上的转换开关一般都采用多层多刀多掷开关，如图 3-1-4 所示，它有许多个固定触点（也称为掷）沿圆周分布，每个固定触点对应一个测量挡位，在其转轴上连接有可动触头（也称为刀）。当转动转换开关时，可动触头与接在固定触点上的相应线路接通，就构成了不同的测量电路，与转换开关相对应的挡位量程指示面板如图 3-1-5 所示。

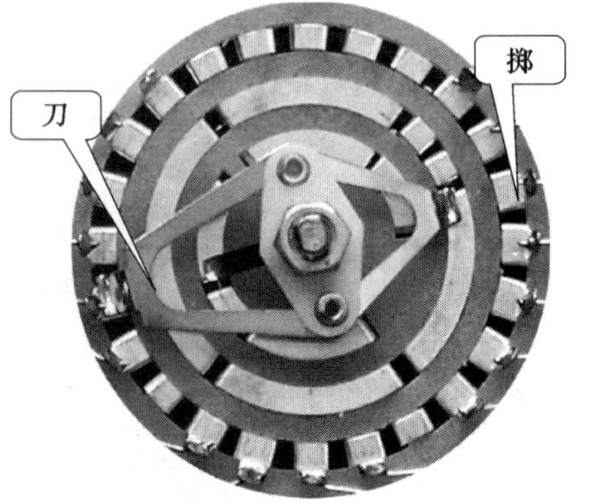

图 3-1-4　转换开关

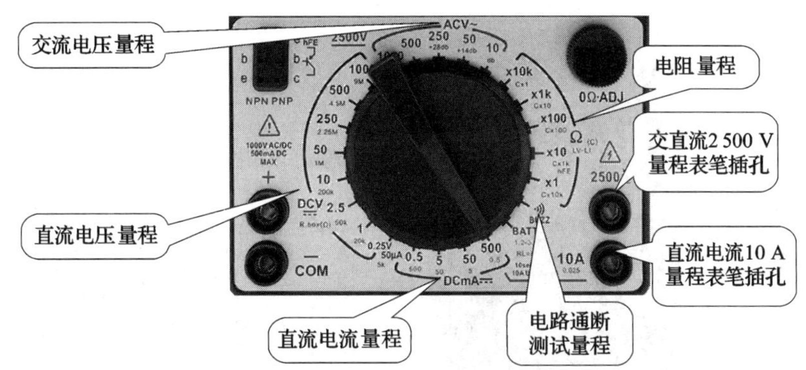

图 3-1-5 挡位量程指示面板

模拟式万用表的使用注意事项如下：

（1）测量电压或电流时，严禁带电切换量程。

（2）测量前应注意选择合适的量程，否则可能损坏万用表。

（3）如果偶然发生过载而烧断熔丝，可打开表盒换上相同型号的熔丝。

（4）测量电路中的电阻时，应先切断被测电路的电源，如果电路中有电容则应先放电。

（5）如果万用表长期不使用，应取出内部干电池，防止电解液溢出腐蚀其他零件。

（6）测量完毕将转换开关拨至最高电压挡，防止下次测量时不慎烧表。

2. 数字式万用表

数字式万用表具有测量精度高、输入阻抗高、显示直观、功能齐全、过载能力强、使用简单等优点，已被广泛应用。数字式万用表由集成运放、衰减电路、A/D 转换器、液晶显示屏等组成，数字式万用表的种类较多但面板设置大致相仿，以 VC890D 数字式万用表（见图 3-1-6）为例予以说明。

（1）数字式万用表的功能特点

VC890D 数字式万用表的功能特点如下：

1）采用大规模集成电路和双积分 A/D 转换器，自动校零，自动极性显示，超量程指示。

2）可以用来测量直流电压、直流电流、交流电压、交流电流、电阻、电容、二极管正向压降、三极管 h_{FE} 参数、电路通断等。

3）采用大液晶显示屏，可自由改变角度；最大显示值为 1 999（三位半数字）；超量程时高位显示“OL”，其余消除；电池电量不足时有相应指示。

4）具有自动关机功能，开机后约 15 min 无操作会自动切断电源，以防止仪表使用完毕忘关电源。

（2）数字式万用表的使用注意事项

1）测量前应校对量程开关位置及两表笔所插插孔，确认无误后再进行测量。

2）严禁在测量电压或电流时拨动量程开关，以防止产生电弧，烧毁开关触点。

3）严禁在被测电路带电的情况下测量电阻，以免损坏仪表。

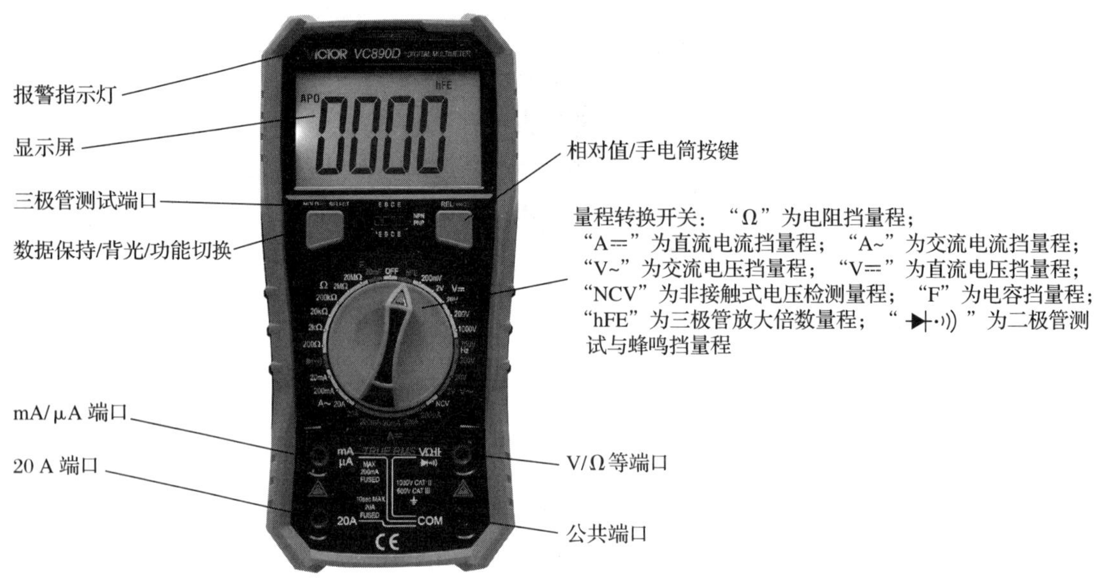

图 3-1-6　VC890D 数字式万用表

4）若按下电源开关，液晶显示屏无显示，应检查电池是否失效、熔丝是否烧断。若显示欠压信号，则需更换电池。

5）为延长电池使用寿命，每次使用完毕应将万用表电源关闭，长期不用时应取出电池，防止电池内电解液漏出腐蚀其他零件。

6）不要测量高于量程的电压（直流电压最大 1 000 V，交流电压最大 750 V）。

二、钳形电流表

在线路或设备维护过程中，维修人员经常要在不断开电路的情况下测量或监视交流线路或设备的电流，钳形电流表可以满足这一需求。钳形电流表实际上是由一个电流互感器和一个电流表组成的。常用的钳形电流表有磁电系钳形表和数字式钳形表两种，分别如图 3-1-7a、图 3-1-7b 所示，数字式钳形电流表集合了直流电压测量、交流电压测量、电阻测量、交流电流测量等多功能于一体。

钳形电流表的测量原理如图 3-1-7c 所示，电流互感器的铁芯呈钳口形，当握紧钳形电流表的把手时，铁芯张开（如图中虚线所示），将通有被测电流的导线放入钳口中。松开把手后铁芯闭合，通有被测电流的导线相当于电流互感器的一次侧，于是在二次侧就会产生感应电流，并送入电流表进行测量。电流表的标度尺是按一次侧电流刻度的，所以仪表的读数就是被测导线中的电流值。

钳形电流表的使用注意事项如下：

1. 测量电流时，一定要夹住一根被测导线，夹住两根导线时不能检测电流。
2. 使用钳形电流表测量时，被测导线应置于钳口中央，以减小测量误差。
3. 钳口应紧密闭合。如有杂音，可重新开合一次。如果仍有杂音，应检查并清除钳口污垢后再进行测量。

4. 不能在测量过程中转动量程转换开关更换量程，更换量程前应先将载流导线退出钳口。

5. 严禁使用钳形电流表测量裸导线电流的大小，以防触电和短路。

6. 使用钳形电流表时，不能超过其电压量程和电流量程。

7. 测量完毕，应将量程转换开关调到最大量程位置。

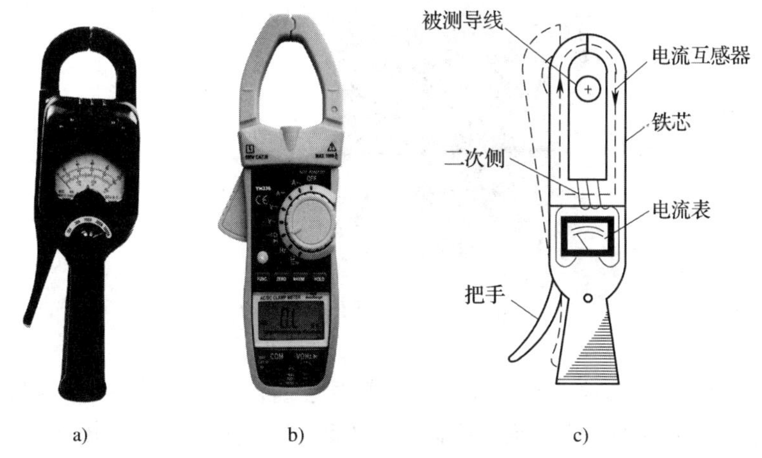

图 3-1-7　钳形电流表

a）磁电系钳形表　b）数字式钳形表　c）钳形电流表测量原理

任务实施

一、任务准备

实施本任务所需要的实训设备及工具材料见表 3-1-1。

表 3-1-1　实训设备及工具材料

序号	名称	型号规格	数量	单位	备注
1	万用表	MF47 型	1	个	数字式万用表也可
2	钳形电流表		1	个	
3	晶体管收音机		1	台	
4	三相异步电动机	380 V，200 W	1	台	
5	干电池	1.5 V	1	个	

二、万用表测量直流电压、电流

利用万用表测量收音机整机电流和干电池电压的方法如下：

1. 测量前检查指针是否指示在机械零位，若不在机械零位则需要进行机械调零，如

图 3-1-8 所示，数字式万用表不需要进行机械调零。

图 3-1-8　万用表机械调零

2. 使用时将红表笔插入“+”插孔中，黑表笔插入“-”插孔中，如要使用交直流 2 500 V 或直流 10 A 量程，红表笔则应插入“2 500 V”或“10 A”插孔中。

3. 选择合适挡位量程。根据被测量对象选择直流电压或直流电流挡位，电压与电流挡位的量程表示指针满偏时的测量值（最大测量值），因此，所选量程不能小于被测电压或电流。为了减小测量误差，所选量程应尽量使测量时表头指针偏转至标度尺满刻度的 1/3～2/3 范围内。若无法确定被测量的大小，应先选择对应的最大量程，然后根据指针的偏转程度减小至合适量程。测量干电池电压应选择直流电压 2.5 V 量程，测量收音机整机电流应选择直流电流 50 mA 量程。

4. 测量电压时将两表笔并联于被测电路的两端，测量电流时将两表笔串联在电路中。测量直流电压时，红表笔接被测电压的正极，黑表笔接负极；测量直流电流时，电流由红表笔流入，黑表笔流出，如图 3-1-9 所示。

5. 读数、计算测量值。

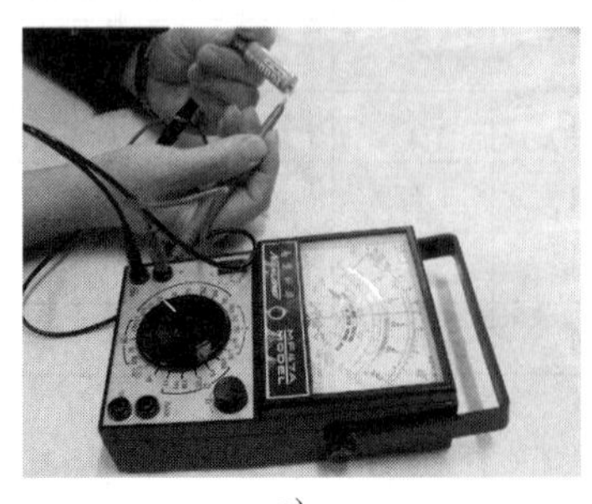

a）

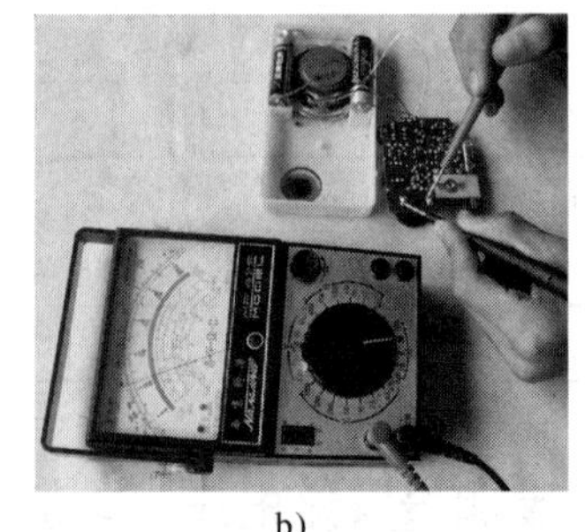

b）

图 3-1-9　万用表测量直流电压、电流

a）测量干电池电压　b）测量收音机电流

1. 用万用表测量直流量时要注意极性，否则模拟式万用表指针会反偏，数字式万用表会显示负值。

2. 测量直流电压时万用表与被测对象并联，如图 3-1-10a 所示；测量直流电流时，万用表应串联在电路中，如图 3-1-10b 所示。

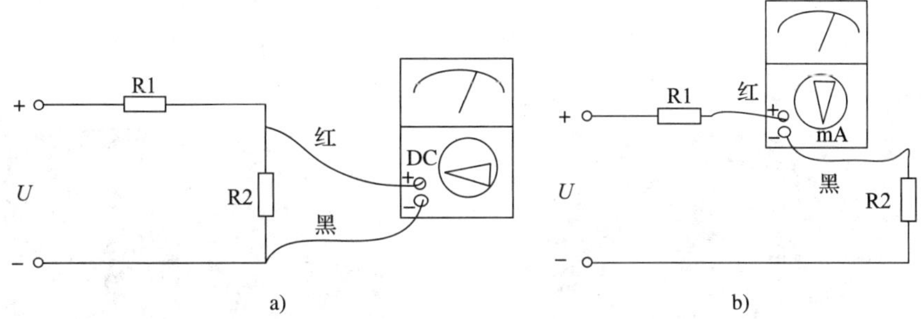

图 3-1-10　万用表测量直流电压和直流电流的连接
a）测量直流电压　b）测量直流电流

三、万用表测量交流电压

用万用表测量交流电压时，将转换开关拨至交流电压挡适当的量程，红表笔插入“+”插孔，黑表笔插入“-”插孔，然后将两表笔并联接入被测电路两端，即可测量被测电路两端的电压。图 3-1-11 所示为用万用表测量交流 220 V 电压，量程转换开关置于交流电压的 250 V 挡位。注意，测量交流电压时，可不必考虑两表笔是接相线还是接零线。

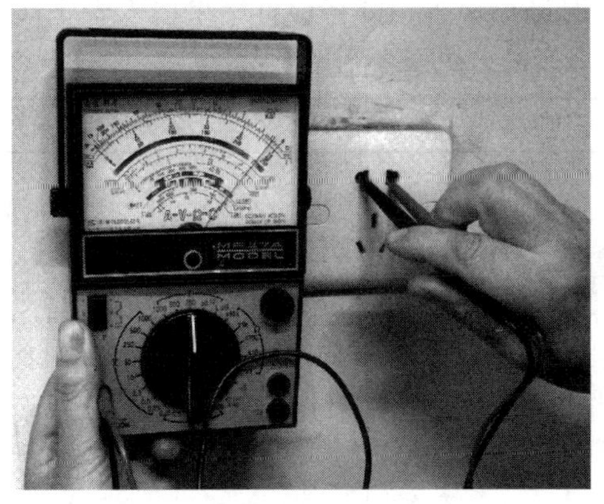

图 3-1-11　用万用表测量交流电压

四、钳形电流表测量交流电流

使用钳形电流表测量交流电流的方法如下：

1. 测量前先估计被测电流的大小，选择合适的量程。若无法估计被测电流的大小，则应从最大量程开始，逐步换成合适的量程。转换量程应在退出导线后进行。

2. 测量时应将被测载流导线置于钳口中央，以免增大测量误差，如图 3-1-12 所示。

3. 测量 5 A 以下的较小电流时，为使读数准确，在条件允许的情况下，可将被测导线多绕几圈再放入钳口进行测量，被测的实际电流值应等于仪表读数除以放入钳口中导线的圈数，如图 3-1-13 所示。

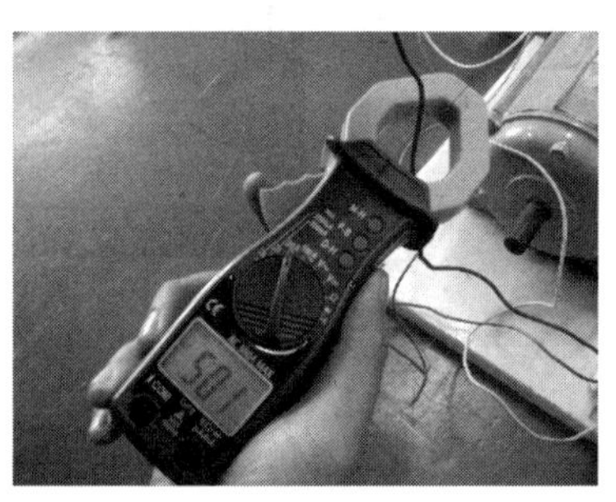

图 3-1-12　将导线置于钳口中央

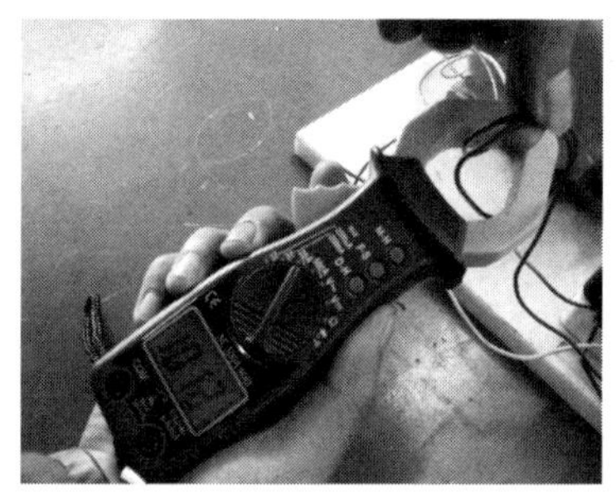

图 3-1-13　测量较小电流可多绕几圈

4. 测量完毕，一定要将钳形电流表的量程转换开关置于关的位置，以防下次使用时操作者疏忽造成仪表损坏。

任务测评

对任务实施的完成情况进行检查，并将检查结果填入表 3-1-2。

表 3-1-2　评分标准

序号	主要内容	考核要求	评分标准	配分	扣分	得分
1	万用表的使用	掌握万用表的使用方法，并能利用万用表完成直流电压、交流电压、直流电流的测量	（1）万用表的使用方法不正确，每处扣 5 分 （2）挡位量程选择不合适，每处扣 10 分 （3）测量电流、电压的接线不正确，每处扣 10 分 （4）读数不正确，每处扣 5 分 （5）扣完为止	60		

续表

序号	主要内容	考核要求	评分标准	配分	扣分	得分
2	钳形电流表的使用	掌握钳形电流表的使用方法，并能利用钳形电流表完成交流电流的测量	（1）钳形电流表的使用方法不正确，每处扣5分 （2）挡位量程选择不合适，扣10分 （3）读数不正确，每处扣5分 （4）扣完为止	30		
3	安全文明生产	劳动保护用品穿戴整齐；电工工具携带齐全；遵守操作规程；讲文明礼貌；按要求清理现场	（1）操作中违反安全文明生产考核要求的任何一项扣2分，扣完为止 （2）当考评员发现考生操作过程中有重大事故隐患时，要立即予以制止，并每次扣安全文明生产总分5分，扣完为止	10		
合计				100		
开始时间：			结束时间：			

任务2 电功率的测量

学习目标

1. 认识单相电动系功率表。
2. 掌握单相功率和三相有功功率的测量方法。
3. 能分别用单相功率表和三相有功功率表正确完成单相负载和三相负载功率的测量。

任务引入

电气设备产品出厂检验时通常需经过功率测量，确定其额定功率。另外，在一些电气设备维修过程中，需对其进行功率测量，如修复电动机后，对电动机的实际消耗功率进行测量，以确定其是否超过标称功率以及能否满足设备正常工作的功率要求。掌握单相负载及三相负载功率的测量具有较重要的意义。

交流功率的测量一般使用功率表完成。本任务的内容是使用功率表测量三相异步电动机、电热水器等负载设备的功率。

相关知识

一、单相电动系功率表

单相电动系功率表由电动系测量机构和分压电阻组成，其电路图如图 3-2-1a 所示。它把匝数少、导线粗的固定线圈与负载串联，使通过固定线圈的电流等于负载电流，因此，固定线圈又称为功率表的电流线圈；把匝数多、导线细的可动线圈与分压电阻 R_V 串联后再与负载并联，使加在该支路两端的电压等于负载电压，所以可动线圈又称为功率表的电压线圈。由电动系功率表图形符号表示的电路原理图如图 3-2-1b 所示，文字符号为 PW。

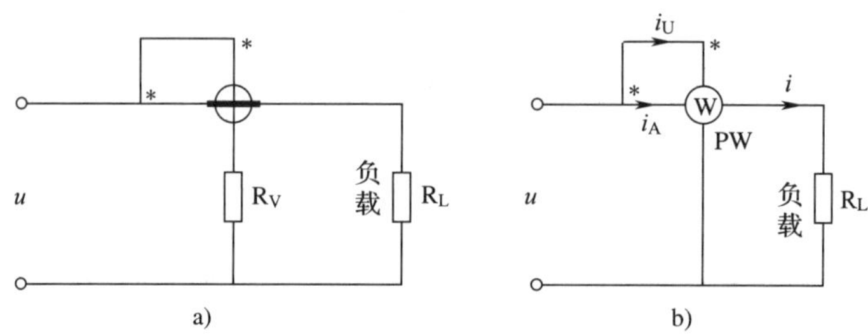

图 3-2-1　单相电动系功率表

a）电路图　b）由电动系功率表图形符号表示的电路原理图

单相电动系功率表的种类和型号较多，但使用方法基本相同。图 3-2-2 所示为 D26-W 型便携式单相功率表，该功率表属于典型的电动系仪表，具有 150 V、300 V 和 600 V 三个电压量程，2.5 A 和 5 A 两个电流量程。

图 3-2-2　D26-W 型便携式单相功率表

二、单相功率的测量

1. 选择量程

实际应用时，为了满足测量不同功率的需要，往往需要扩大功率表的量程。功率表的功率量程主要由电流量程和电压量程决定。电动系仪表的电流线圈是由完全相同的两段线圈组成的，当金属片按图 3-2-3a 所示进行连接时，两段线圈串联，电流量程为 I_N；当金属片按图 3-2-3b 所示进行连接时，两段线圈并联，电流量程扩大为 $2I_N$。功率表电压量程的扩大是通过对电压线圈串联不同阻值分压电阻的方法来实现的，如图 3-2-4 所示。

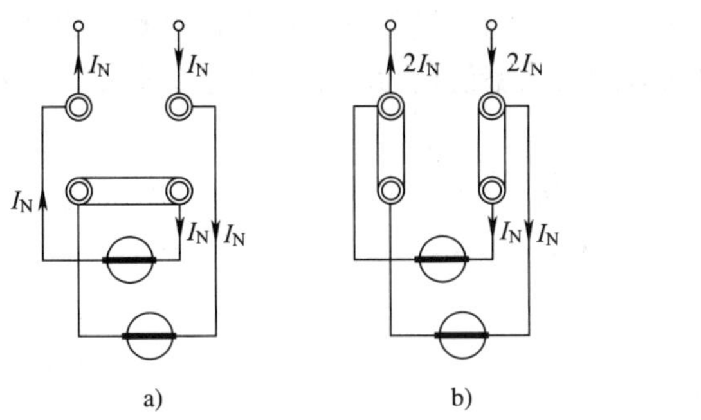

图 3-2-3　功率表电流量程的扩大

a）两线圈串联　b）两线圈并联

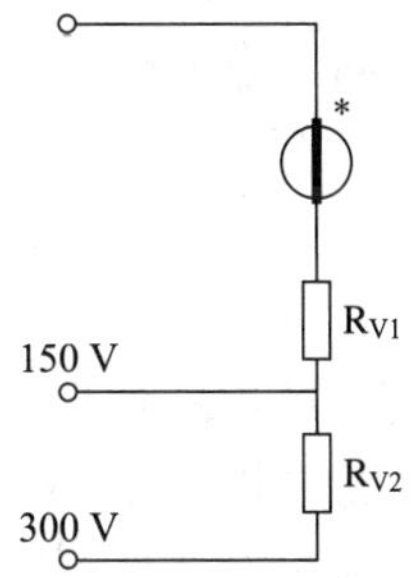

150 V

300 V

R_{V1}

R_{V2}

图 3-2-4　功率表电压量程的扩大

功率表中选定不同的电流量程和电压量程，功率量程也就随之确定。

2. 测量接线

由于电动系仪表指针的偏转方向与两线圈中电流的方向有关，为防止指针反转，规定了两线圈的发电机端用符号“＊”表示。功率表应按照发电机端守则进行接线，发电机端守则的具体内容如下：

（1）保证电流从电流线圈的发电机端流入，电流线圈与负载串联。

（2）保证电流从电压线圈的发电机端流入，电压线圈与负载并联。

实际上按照发电机端守则，功率表的接线有两种方式，如图 3-2-5 所示。电压线圈前接方式适用于负载电阻比功率表电流线圈电阻大得多的情况，电压线圈后接方式适用于负载电阻比功率表电压线圈支路电阻小得多的情况。

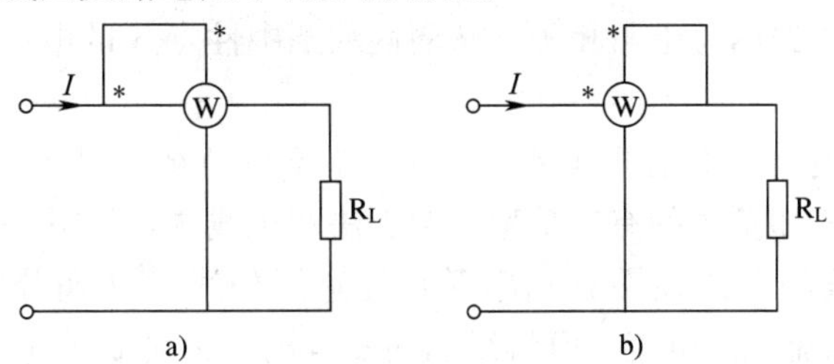

图 3-2-5　功率表的接线方式

a）电压线圈前接　b）电压线圈后接

在使用功率表时，不仅要注意被测功率不得超过仪表的功率量程，通常还要用电流表、电压表去监测被测电路的电流和电压，使之不超过功率表的电流量程和电压量程，以确保仪表安全可靠地运行。

3. 读数

便携式功率表一般都有多种电流和电压量程，但标度尺却只有一条，因此，功率表的标度尺上只标有分格数，而不标功率值。当选用不同的量程时，功率表标度尺的每一分格所表示的功率值不同。通常把每一分格所表示的功率值称为功率表的分格常数。功率表的分格常数 C 按下式计算：

$$C=\frac{U_N I_N}{\alpha_m}$$

式中 U_N——功率表的电压量程；

I_N——功率表的电流量程；

α_m——功率表标度尺满刻度的格数。

求得功率表的分格常数 C 后，便可求出被测功率，计算方法为 $P=C\alpha$，其中 α 为指针偏转格数。

三、三相有功功率的测量

三相有功功率的测量可以用单相功率表（一表法、二表法、三表法），也可以用三相功率表。

1. 单相功率表测量三相有功功率

（1）一表法

一表法适用于测量三相对称负载的有功功率。由于三相负载对称，只要用一个功率表测量三相中任意一相的功率 P_1，则三相总功率为 $P=3P_1$。一表法测量三相对称负载功率的接线方式如图 3-2-6 所示，在图 3-2-6a 和图 3-2-6b 中，功率表的读数都是单相负载的功率。当星形联结负载的中性点不能引出，或三角形联结负载的一相不能断开接线时，则可采用图 3-2-6c 所示的人工中性点法将功率表接入。使用时应注意，两个附加电阻 R_N 应与功率表电压线圈支路的总电阻相等，从而使人工中性点 N 的电位为零。

（2）两表法

对于三相三线制电路，不论负载是否对称，也不论负载是星形联结还是三角形联结，都能用两表法来测量三相负载的有功功率，两表法的接线方式如图 3-2-7 所示。

1）将两个功率表的电流线圈分别串联在任意两相线上（如分别串联在 U、V 相线上），使通过线圈的电流为线电流，电流线圈的发电机端必须接到电源一侧。

2）将两个功率表电压线圈的发电机端分别接到该表电流线圈所在的相线上，另一端共同接到没有接功率表电流线圈的第三相上。

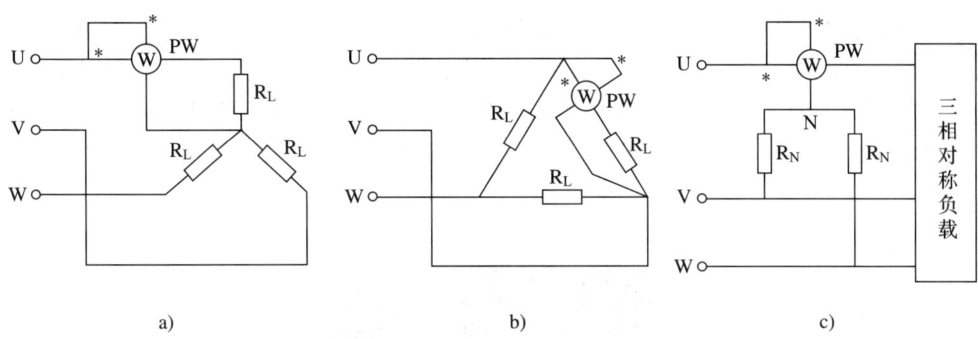

图 3-2-6　一表法测量三相对称负载功率

a）星形联结对称负载　b）三角形联结对称负载　c）人工中性点法

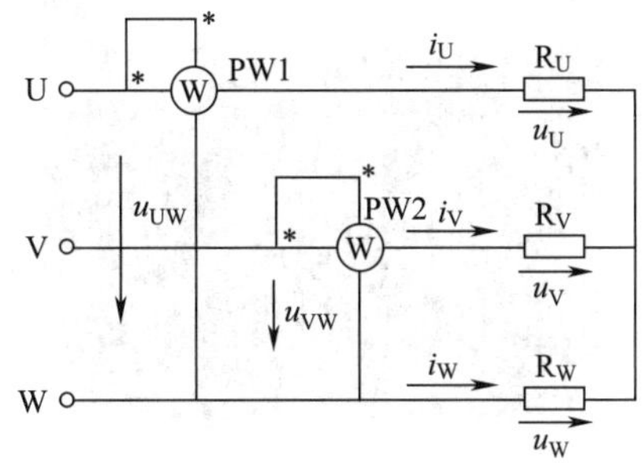

图 3-2-7　两表法测量三相三线制负载功率

两表法测量的三相总功率为 $P=P_1+P_2$。

（3）三表法

当测量三相四线制不对称负载的有功功率时，由于每相负载都不相等，只能使用三个单相功率表分别测出每一相负载的功率，然后将三个功率表的读数相加，就得到三相总功率，即 $P=P_1+P_2+P_3$，接线方式如图 3-2-8 所示。

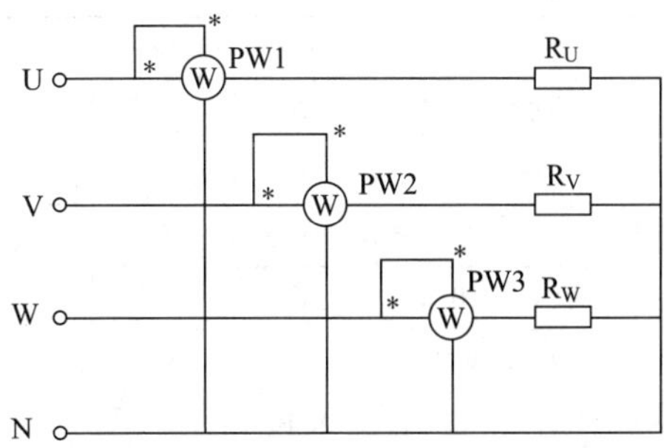

图 3-2-8　三表法测量三相四线制不对称负载功率

2. 三相功率表测量三相有功功率

在实际应用中，为测量方便，往往采用三相功率表测量三相有功功率，它实际上是由两个单相功率表的测量机构组合而成，故又称为两元件三相功率表。它的工作原理与两表法完全相同。它的内部装有两组固定线圈以及固定在同一转轴上的两个可动线圈，因此，仪表的总转矩等于两个可动线圈所受转矩的代数和，能直接反映三相功率的大小。这种功率表的接线方式与两表法接线方式也完全一样。图 3-2-9 所示为 D33-W 型三相有功功率表。

图 3-2-9　D33-W 型三相有功功率表

任务实施

一、任务准备

实施本任务所需要的实训设备及工具材料见表 3-2-1。

表 3-2-1　实训设备及工具材料

序号	名称	型号规格	数量	单位	备注
1	单相功率表	D26-W	1	个	
2	三相有功功率表	D33-W	2	个	
3	钳形电流表		1	个	
4	三相异步电动机	380 V、200 W	1	台	
5	电热水器	1 500 W	1	台	
6	导线		若干	根	
7	刀开关	HK1-5	1	个	
8	低压断路器	DZ5-20/330	1	个	

二、单相功率表测量单相负载功率

1. 根据电热水器的规格，选择功率表量程，电压量程为__________，电流量程为__________，功率表的分格常数为__________。

2. 按图 3-2-10 所示连接测量电路。

3. 合上开关，观察功率表指针偏转情况并记录。

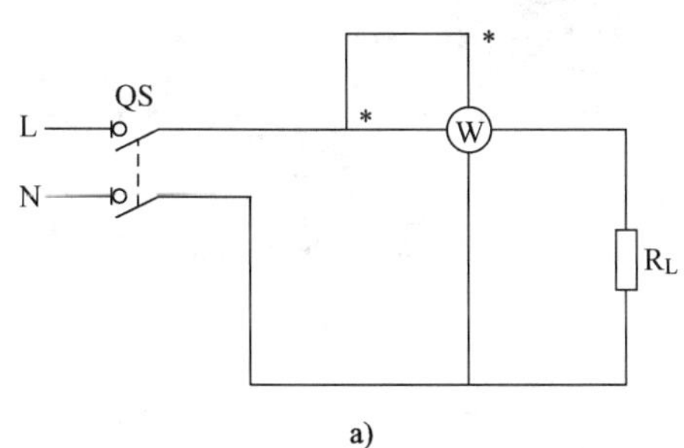

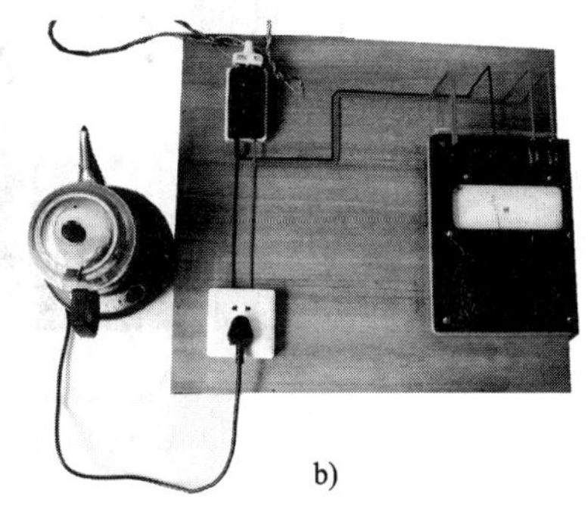

图 3-2-10　电热水器功率测量电路

a）接线图　b）测量电路

4. 该电热水器的实际功率为__________。

三、三相有功功率表测量三相负载功率

1. 利用钳形电流表测量三相异步电动机工作电流，如图 3-2-11 所示。合理选择三相有功功率表的量程，电压量程为__________，电流量程为__________，功率表的分格常数为__________。

图 3-2-11　测量电动机工作电流

2. 按图 3-2-12 所示电路进行接线。

3. 由于三相异步电动机启动电流较大，通电前先将三相有功功率表的电流线圈短接，如图 3-2-13 所示。

4. 检查线路无误后，合上开关，接通三相电源。待电动机正常运行后，移除电流线

圈的短接线，观察功率表指针偏转情况并记录。

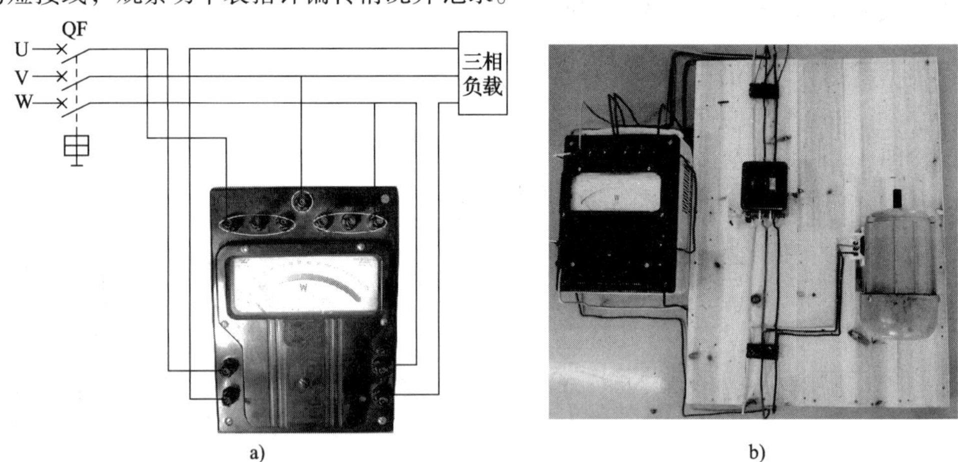

图 3-2-12　三相异步电动机功率测量电路

a）接线图　b）测量电路

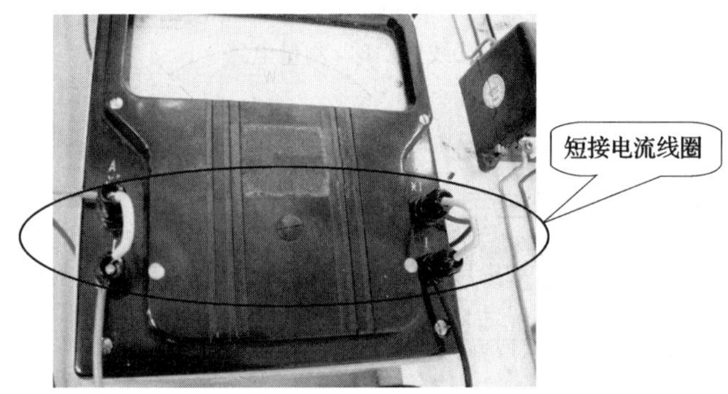

图 3-2-13　短接电流线圈

5. 计算三相异步电动机的实际功率为__________。

任务测评

对任务实施的完成情况进行检查，并将检查结果填入表 3-2-2。

表 3-2-2　评分标准

序号	主要内容	考核要求	评分标准	配分	扣分	得分
1	单相功率表的使用	掌握单相功率表的使用方法，并能利用单相功率表完成单相负载功率的测量	（1）单相功率表的使用方法不正确，每处扣 10 分 （2）接线不正确或挡位量程选择不合适，每处扣 10 分 （3）读数不正确，每处扣 5 分 （4）扣完为止	50		

续表

序号	主要内容	考核要求	评分标准	配分	扣分	得分
2	三相功率表的使用	掌握三相功率表的使用方法，并能利用三相功率表完成三相负载功率的测量	（1）三相功率表的使用方法不正确，每处扣10分 （2）接线不正确或挡位量程选择不合适，每处扣10分 （3）读数不正确，每处扣5分 （4）扣完为止	30		
3	安全文明生产	劳动保护用品穿戴整齐；电工工具携带齐全；遵守操作规程；讲文明礼貌；按要求清理现场	（1）操作中违反安全文明生产考核要求的任何一项扣5分，扣完为止 （2）当考评员发现考生操作过程中有重大事故隐患时，要立即予以制止，并每次扣安全文明生产总分10分，扣完为止	20		
合计				100		
开始时间：			结束时间：			

任务3　电能的测量

学习目标

1. 了解常见电能表的组成、性能。
2. 掌握单相电能表的接线方法。
3. 掌握三相有功电能表的接线方法。
4. 掌握电能表的安装方法。
5. 能正确完成单相电能表和三相有功电能表的安装与接线。

任务引入

在生产企业中，经常需要对车间内的照明线路及动力线路的用电量进行计量，以测算运行成本等。电能的计量由电能表完成，电能表包括单相电能表和三相电能表，适用于不同的电路。

本任务的内容是完成单相电能表及三相有功电能表的安装与接线。

相关知识

一、常见的单相电能表

电能表与功率表的不同之处在于，电能表不仅能反映负载功率的大小，还能计算负载用电的时间，并通过计度器把单位时间内消耗的电能自动地累计起来。实际生产中常采用度或千瓦时（kW·h）作为电能的单位，所以电能表也称为电度表或千瓦时表。单相电能表用于计量单相交流有功电能，主要有感应系和电子式两种，常见的单相电能表如图 3-3-1 所示。

a)

b)

c)

图 3-3-1　常见的单相电能表

a）单相感应系电能表　b）单相电子式电能表　c）单相电子式预付费电能表

1. 单相感应系电能表

单相感应系电能表主要由驱动元件、转动元件、制动元件和计度器组成。其中驱动元件由电压元件和电流元件组成，转动元件由铝盘、转轴、蜗轮和蜗杆组成，制动元件为永久磁铁。驱动元件、转动元件和制动元件的结构如图 3-3-2 所示，计度器的结构如图 3-3-3 所示。

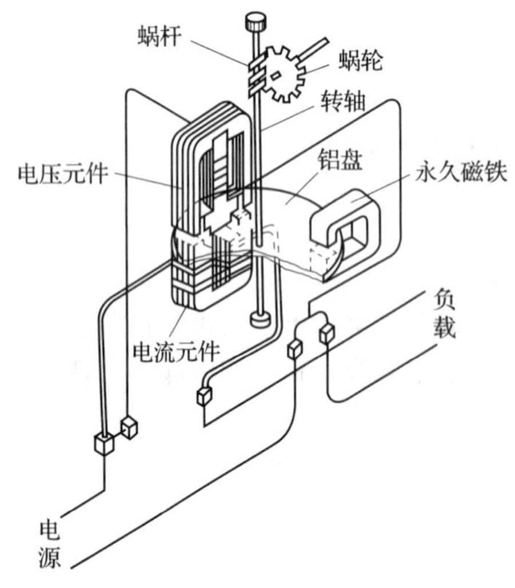

图 3-3-2　单相感应系电能表的驱动元件、转动元件和制动元件的结构

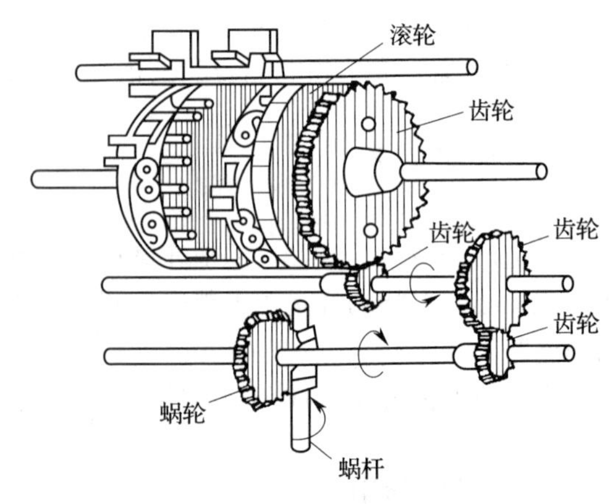

图 3-3-3　计度器的结构

单相感应系电能表的基本工作原理为：E 形铁芯上绕有匝数多且导线截面积较小的线圈，该线圈（电压线圈）使用时与负载并联；U 形铁芯上绕有匝数少且导线截面积较大的线圈，该线圈（电流线圈）使用时与负载串联。两线圈通电后产生的磁场作用在铝盘上产生转动力矩，铝盘带动转轴上蜗杆转动，由计度器显示被测电能的数值。永久磁铁构成的制动元件使铝盘的转速与被测功率成正比。

2. 单相电子式电能表

单相电子式电能表是将被测电压和电流经电压输入电路和电流输入电路转换，然后通过模拟乘法器将转换后的电压和电流相乘，输出一个与有功功率成正比的电压信号，再通过 U/f 转换器将此电压信号转换成频率脉冲输出，最后经计数器累积计数而测得电能。

选用电能表主要考虑额定电流、额定电压等参数。电能表的面板对这些参数都作了标示，DDS1032 型电能表面板如图 3-3-4 所示。

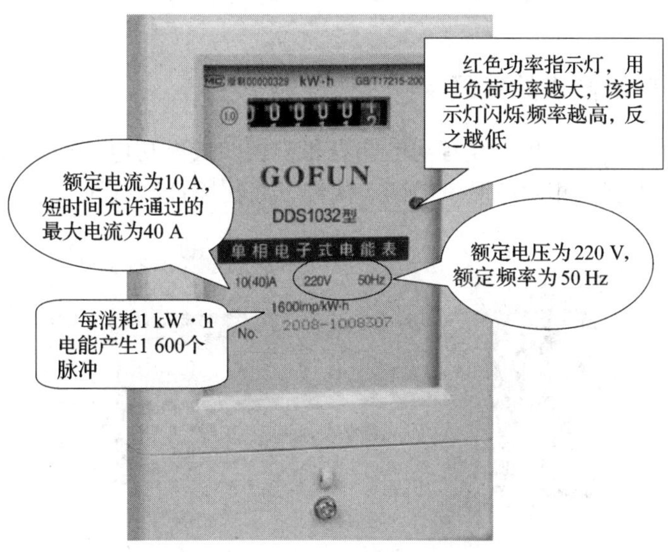

图 3-3-4　DDS1032 型电能表面板

选择电能表时应使电能表额定电压与负载额定电压相符，电能表额定电流应大于或等于负载的最大电流。

二、单相电能表的接线

单相电能表的接线和功率表一样，必须遵守发电机端守则。为接线方便，单相电能表的发电机端已在表的内部接好，电能表的下方设有专门的接线盒，盒内接有 4 个端钮，如图 3-3-5 所示。连接时只要按照“1、3 端接电源，2、4 端接负载”的原则进行接线即可。

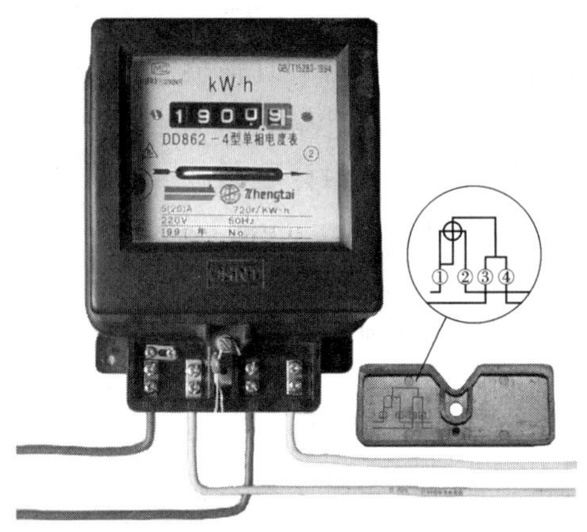

图 3-3-5　单相电能表的接线方法

三、三相有功电能表的接线

三相有功电能表分为三相三线有功电能表和三相四线有功电能表，如图 3-3-6 所示。三相有功电能表是根据三相功率测量的两表法和三表法原理制造的。

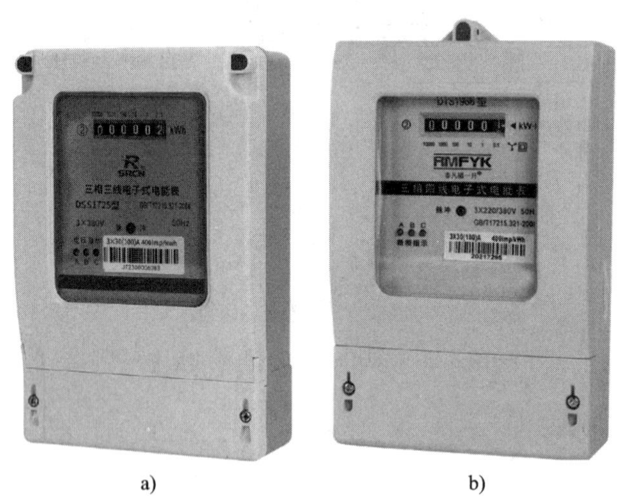

a)　　b)

图 3-3-6　三相有功电能表
a）三相三线有功电能表　b）三相四线有功电能表

三相三线有功电能表是根据两表法测量三相功率的原理，由两个单相电能表的测量机构组合而成的。将它接入电路后，作用在转轴上的总转矩等于两组元器件产生的转矩之和，并与三相电路的有功功率成正比。因此，铝盘的转数可以反映三相有功电能的大小，并通过计度器直接显示三相电能的数值，适用于三相三线制电路中三相负载有功电能的测量。三相三线有功电能表的接线方法与两表法测量功率的接线方法相同。按规定，对于低压供电线路，当其负载电流为 80 A 及以下时，可采用直接接入式电能表，接线如图 3-3-7

所示。当负载电流为 80 A 以上时，宜采用经电流互感器接入式电能表，接线如图 3-3-8 所示。

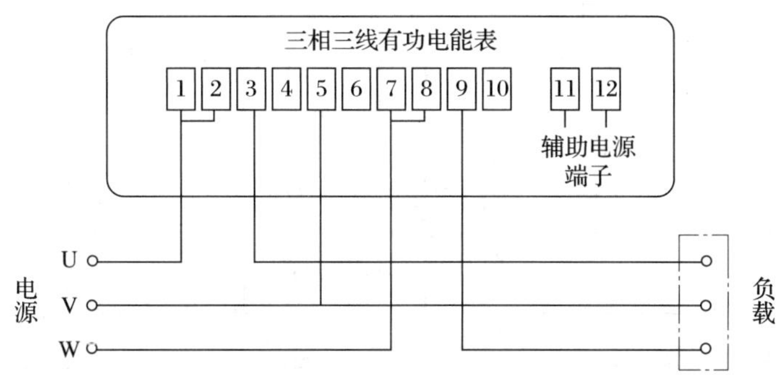

图 3-3-7　三相三线有功电能表的接线图

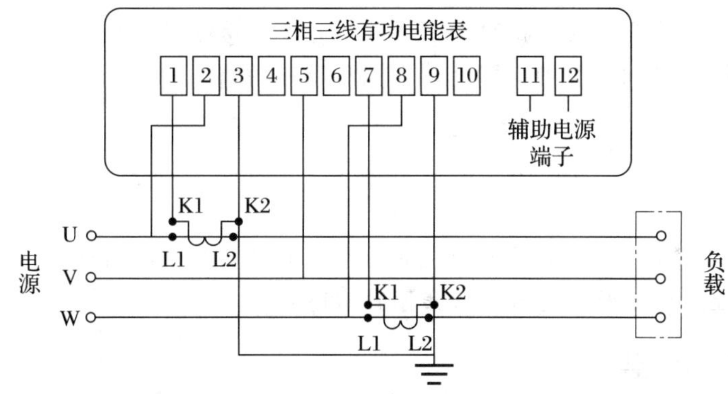

图 3-3-8　三相三线有功电能表配合电流互感器使用的接线图

三相四线有功电能表是根据三表法测功率的原理，由三个单相电能表的测量机构组合而成的，适用于三相四线制电路中三相负载有功电能的测量。当负载电流为 80 A 及以下时，其接线方法如图 3-3-9 所示。当负载电流为 80 A 以上时，也应配合电流互感器使用，其接线方法如图 3-3-10 所示。

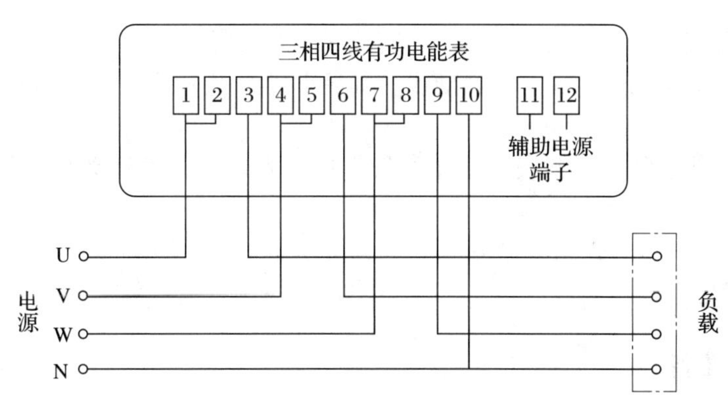

图 3-3-9　三相四线有功电能表的接线图

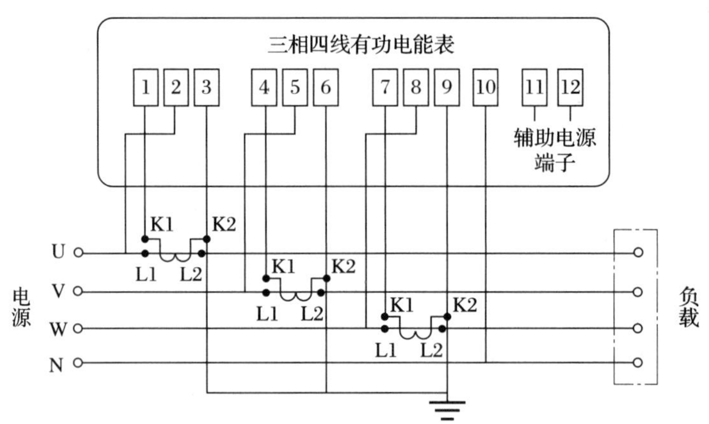

图 3-3-10　三相四线有功电能表配合电流互感器使用的接线图

当电能表通过互感器接入电路时，必须注意互感器接线端的极性，以便使电能表的接线仍能满足发电机端守则，否则可能会发生铝盘反转的情况。

通常情况下，为方便三相有功电能表的接线，会将电能表的接线图印制在使用说明书中或端钮盒盖里面，使用时只要按照接线图接线即可。

四、电能表的安装

电能表的安装要求如下：

1. 通常要求电能表与配电装置装在一处，并安装在专门的电表箱内。如要使用木板，则要求木板应为实板，且厚度应不小于 20 mm。木板必须坚实干燥，不应有裂缝，拼接处要紧密平整。安装电能表的木板正面及四周边缘应涂漆防潮。

2. 电能表应安装在配电装置的左方或下方，安装高度应为 0.6~1.8 m（电能表中心与地面的距离）。

3. 电能表要安装在干燥、无振动、无腐蚀气体的场所。

4. 电能表接线必须采用铜芯塑料硬线，其最小截面积应不小于 1.5 mm^2，中间不准有接头。

5. 电能表接线必须明线敷设，采用线管等进行安装时，线管必须明装，电能表一般以“左进右出”原则接线。

任务实施

一、任务准备

实施本任务所需要的实训设备及工具材料见表 3-3-1。

表 3-3-1　实训设备及工具材料

序号	名称	型号规格	数量	单位	备注
1	单相电能表	DD862	1	个	
2	三相四线有功电能表	DT862	1	个	
3	单相断路器	DZ47LE-C60	1	个	
4	单相刀开关	HK1-15	1	个	
5	瓷插熔断器		3	个	
6	螺口灯座		1	个	
7	白炽灯	220 V/40 W	1	个	
8	单控开关		1	个	
9	三相漏电断路器	DZ20LE-160/4	1	个	
10	接线端子排		1	个	
11	导线		若干	根	

二、单相电能表的安装与接线

1. 按照图 3-3-11 进行元器件布局，要求布局合理美观，并用螺钉固定各元器件。

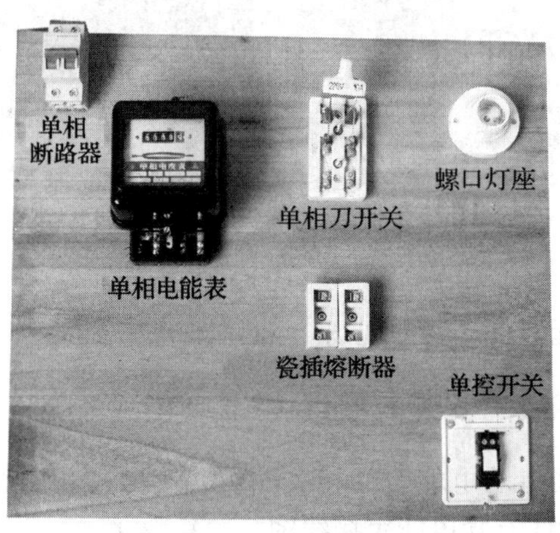

图 3-3-11　元器件布局

2. 画出单相电能表的接线图。

3. 按照接线图进行接线，接线应安全可靠，安装符合从上到下、从左到右的要求。接好的线路板如图 3-3-12 所示。

4. 检查线路无误后，在指导教师的监护下进行通电试验。通电试验时，应注意使电能表面板与地面垂直放置。先合上单相断路器开关、单相刀开关，最后合上单控开关，正常情况下灯亮，电能表铝盘缓慢转动，如图 3-3-13 所示。

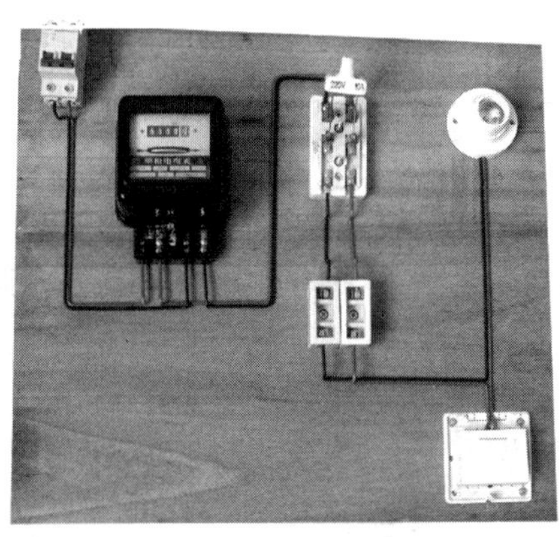

图 3-3-12　接好的线路板

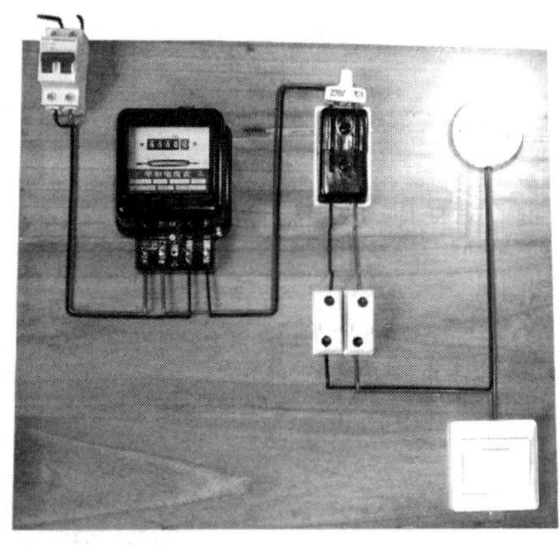

图 3-3-13　单相电能表通电试验

5. 断开电源，拆卸元器件，清理现场。

三、三相有功电能表的安装与接线

1. 仔细阅读三相四线有功电能表的相关知识，读懂三相四线有功电能表端钮盒盖里面的接线图，画出三相四线有功电能表接线图。

2. 按照接线图进行元器件布局，并用螺钉固定各元器件，如图 3-3-14 所示。

3. 参照接线图进行接线，接线应安全可靠、布局合理，如图 3-3-15 所示。

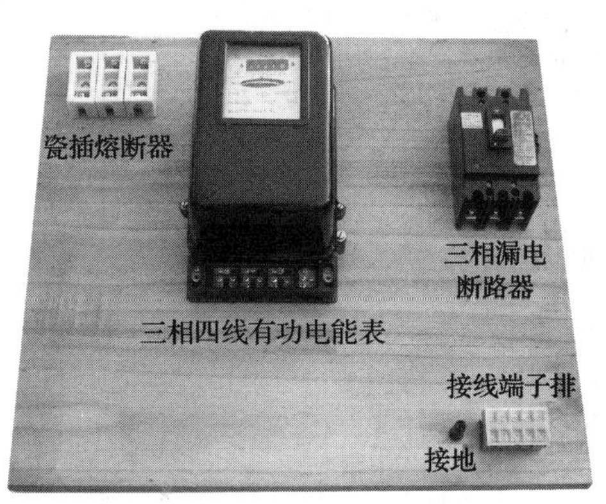

图 3-3-14 元器件布局

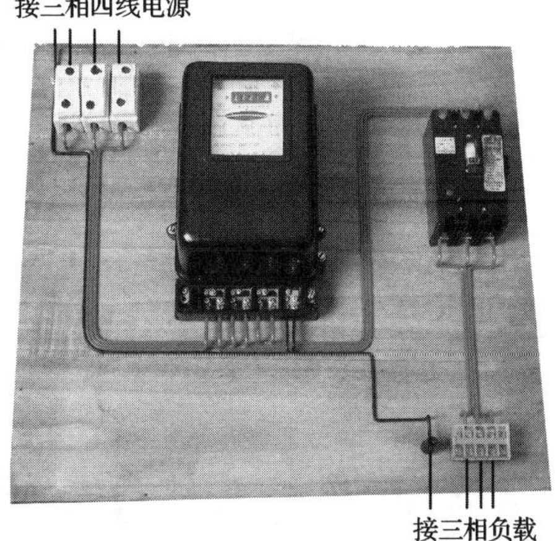

图 3-3-15 三相四线有功电能表的接线

4. 检查线路无误后，在指导教师的监护下接上负载，通电观察电能表运行情况。

5. 断开电源，拆卸元器件，清理现场。

任务测评

对任务实施的完成情况进行检查，并将检查结果填入表 3-3-2。

表 3-3-2 评分标准

序号	主要内容	考核要求	评分标准	配分	扣分	得分
1	单相电能表的安装与接线	掌握单相电能表的安装、接线方法与要求，完成单相电能表的安装与接线	（1）绘制的接线图不正确，每处扣5分 （2）元器件固定不牢固，每处扣5分 （3）电路安装、接线不正确，每处扣5分 （4）扣完为止	30		
2	三相有功电能表的安装与接线	掌握三相有功电能表的安装、接线方法与要求，完成三相四线有功电能表的安装与接线	（1）绘制的接线图不正确，每处扣5分 （2）元器件固定不牢固，每处扣5分 （3）电路安装、接线不正确，每处扣5分 （4）扣完为止	50		

续表

序号	主要内容	考核要求	评分标准	配分	扣分	得分
3	安全文明生产	劳动保护用品穿戴整齐；电工工具携带齐全；遵守操作规程；讲文明礼貌；按要求清理现场	（1）操作中违反安全文明生产考核要求的任何一项扣5分，扣完为止 （2）当考评员发现考生操作过程中有重大事故隐患时，要立即予以制止，并每次扣安全文明生产总分10分，扣完为止	20		
合计				100		
开始时间：			结束时间：			

任务4　绝缘电阻的测量

学习目标

1. 了解绝缘电阻及其检测意义。
2. 掌握兆欧表的结构及工作原理。
3. 掌握兆欧表的选择、使用与维护方法。
4. 能正确使用兆欧表完成三相异步电动机绝缘电阻的测量。

任务引入

机床设备进行大修后，在重新安装电动机前，需对电动机的绕组与绕组之间、绕组与外壳之间的绝缘电阻进行测量，以确定电动机是否符合要求。测量绝缘电阻一般使用兆欧表来完成。

本任务的内容是使用兆欧表完成三相异步电动机绝缘电阻的测量。

相关知识

一、绝缘电阻及其检测意义

1. 绝缘电阻

绝缘电阻是指用绝缘材料隔开的两部分导体之间的电阻。实际生产中，电气设备绝缘性能的好坏，直接关系到电气设备的运行情况和操作人员的人身安全。由于绝缘材料在受热和受潮时会发生老化以及电气设备污染等原因，电气设备的绝缘电阻可能降低，从而导致电气设备漏电或短路事故的发生。电气设备的绝缘性能通常通过测量其绝缘电阻来判断。

为了保证人身安全和电气设备运行安全，对不同线路和设备的绝缘电阻阻值都有一个最低的要求。例如，额定电压为 1 000 V 以下的交流电动机，常温下绝缘电阻阻值不应低于 0.5 MΩ；额定电压为 1 000 V 及以上的交流电动机，折算至运行温度时的绝缘电阻阻值，定子绕组不应低于 1 MΩ/kV，转子绕组不应低于 0.5 MΩ/kV。新装和大修后的低压线路和设备，要求绝缘电阻不低于 0.5 MΩ。测量低压电器连同所连接电缆及二次回路的绝缘电阻阻值，不应低于 1 MΩ；在比较潮湿的地方，不可小于 0.5 MΩ。实际中影响绝缘电阻大小的因素主要有温度、湿度、外加电压大小和作用时间、绝缘体表面状况等。

2. 绝缘电阻的检测意义

为了避免事故发生，生产中要求定期测量各种电气设备的绝缘电阻。通过测量电气设备的绝缘电阻，可以达到以下目的：

（1）了解电气设备的绝缘性能，判断是否存在局部绝缘介质开裂或损坏的情况。

（2）了解绝缘体有无受潮及受污染情况。

（3）检验绝缘体是否能承受耐压试验。

二、兆欧表及其工作原理

电气设备的绝缘电阻数值都非常大，通常在几兆欧到几百兆欧，远远大于万用表欧姆挡的有效量程。在此范围内，万用表欧姆刻度的非线性会造成很大的测量误差。另外，由于万用表内部的电池电压太低，在低电压下的绝缘电阻测量值不能反映在高电压条件下真正的绝缘电阻阻值。因此，不能用万用表测量电气设备的绝缘电阻。

兆欧表是一种专门测量绝缘电阻的仪表，又称为绝缘电阻表或摇表，如图 3-4-1 所示。

图 3-4-1　兆欧表

一般的兆欧表主要由手摇直流发电机、磁电系比率表以及测量线路组成，其内部构造如图 3-4-2 所示。手摇直流发电机的额定电压主要有 500 V、1 000 V、2 500 V 等。发电机上装有离心调速装置，能使转子恒速转动。

使用兆欧表时，被测电阻 R_X 接在 L 与 E 两端钮之间。摇动直流发电机手柄，电流将分为两个回路流动：电流 I_1 从发电机正极→R_X→R1→线圈 1→发电机负极，通过线圈 1

的电流 I_1 与气隙磁场相互作用产生转动力矩 M_1；电流 I_2 从发电机正极→R2→线圈 2→发电机负极，通过线圈 2 的电流 I_2 也与气隙磁场相互作用产生反作用力矩 M_2。仪表的可动部分在转矩的作用下发生偏转，直到两个线圈产生的转矩平衡。仪表可动部分的偏转角 α 与两个线圈中通入电流的比值有关，而与测量电路中的电源电压无关。但是，实际中如果电源电压过低，远远低于被测设备的耐压值，测量的结果将会有很大的误差。因此，测量时手摇发电机的转速应尽量保持在额定转速，以保证有足够的测量电压。

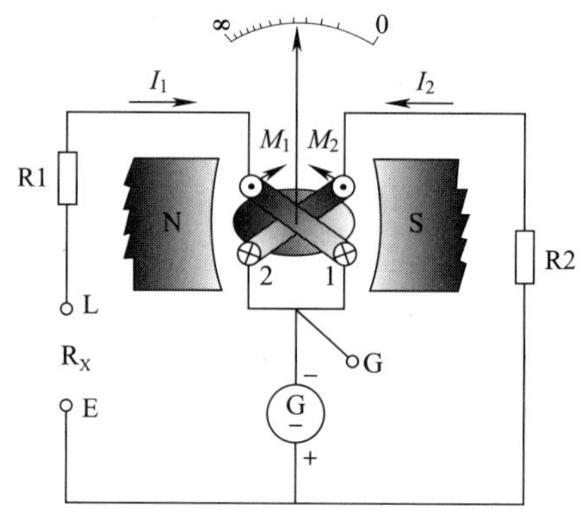

图 3-4-2　兆欧表内部构造

三、兆欧表的选择、使用与维护

1. 兆欧表的选择

兆欧表主要根据被测设备的电压和要测量电阻的范围选择，其选择原则如下：

（1）兆欧表的额定电压一定要与被测电气设备或线路的工作电压相适应。一般情况下，额定电压为 500 V 及以下的电气设备可选用 500~1 000 V 的兆欧表；500 V 以上的电气设备选用 2 500 V 的兆欧表；高压设备选用 2 500~5 000 V 的兆欧表，也可按照表 3-4-1 所举实例进行选择。如果用额定电压为 500 V 以下的兆欧表测量高压设备的绝缘电阻，则测量结果不能正确反映其工作电压下的绝缘电阻阻值；同样，也不能用额定电压过高的兆欧表测量低压电气设备的绝缘电阻，以免损坏其绝缘。

（2）兆欧表的测量范围要与被测绝缘电阻相符合，以免引起大的读数误差。如有些兆欧表的读数不是从 0 开始，而是从 1 MΩ 或 2 MΩ 开始，这种表不适宜测量处在潮湿环境中的低压电气设备的绝缘电阻。因为这类设备的绝缘电阻有可能小于 1 MΩ，这时仪表的指针基本不动，人们会误认为绝缘电阻为 0 而造成大的测量误差。

表 3-4-1　不同测量对象的兆欧表的选择

测量对象	被测设备的额定电压（V）	兆欧表的额定电压（V）
线圈绝缘电阻	<500	500
	⩾500	1 000
电力变压器、电动机线圈绝缘电阻	⩾500	1 000~2 500
发电机线圈绝缘电阻	⩽380	1 000
电气设备绝缘电阻	<500	500~1 000
	⩾500	2 500
绝缘子	—	2 500~5 000

2. 兆欧表的检查

使用兆欧表时，应放在平稳、牢固且远离带大电流的导体和强外磁场的地方。使用兆欧表之前，要先通过开路试验和短路试验来检查兆欧表的质量。兆欧表的开路试验如图 3-4-3 所示，在兆欧表未接通被测电阻之前，即将端钮 E 和 L 分开，摇动手柄使发电机达到 120 r/min 的额定转速，若指针指在标度尺的“∞”位置，则认为开路试验合格；再将端钮 L 和 E 短接后进行短路试验，如图 3-4-4 所示，注意此时要缓慢摇动手柄，若指针指在标度尺的“0”位置，则认为兆欧表短路试验合格。如果进行上述试验时指针不能指在相应的位置，表明兆欧表内部有故障，必须检修后才能使用。

3. 测量前的处理

为保证人身和设备的安全，测量前必须将被测设备电源切断、验电，并对地短路放电，绝不允许设备带电进行测量。对含有大电容的设备，测量前应先进行充分放电，测量后也应及时放电，放电时间不得小于 2 min，以保证将电放完。对可能感应出高电压的设备，必须消除这种可能性后，才能进行测量。测量前，应将被测电气设备和兆欧表的测量处擦拭干净，保持被测物表面的清洁，尽量减小接触电阻，确保测量结果的准确性。

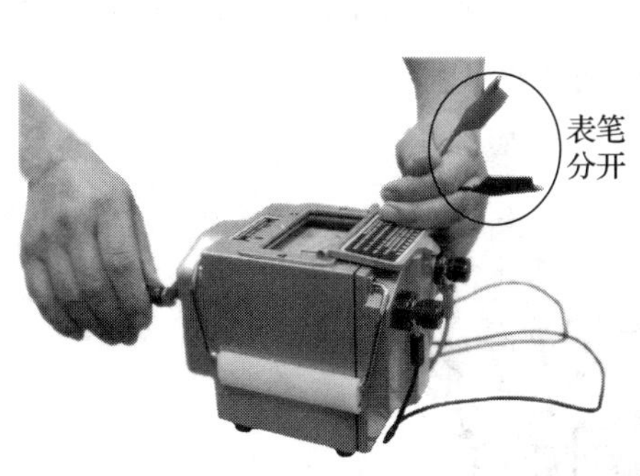

图 3-4-3　兆欧表的开路试验

图 3-4-4　兆欧表的短路试验

4. 兆欧表的接线

兆欧表与被测设备间的连接导线应用单股线分开单独连接，不能用双股绝缘线或绞线，避免线间电阻引起的测量误差。

兆欧表有三个接线端钮，分别标有 L（线路）、E（接地）和 G（屏蔽），使用时应按测量对象的不同来选用。当测量电气设备对地的绝缘电阻时，应将 L 接到被测设备上，E 可靠接地即可。但当测量表面不干净或潮湿电缆的绝缘电阻时，为了能够准确测量其绝缘材料内部的绝缘电阻（即体积电阻），就必须使用 G 端钮，接法如图 3-4-5 所示。这时，绝缘材料表面的漏电电流 I_S 沿绝缘体表面经 G 端钮直接流回电源负极；而反映体积电阻的电流 I_V 则经绝缘电阻内部、L 端钮、线圈 1 回到电源负极。可见，G 端钮的作用是屏蔽绝缘体表面的漏电电流。由于加接屏蔽后的测量结果只反映体积电阻的大小，因而大大提高了测量的准确度。

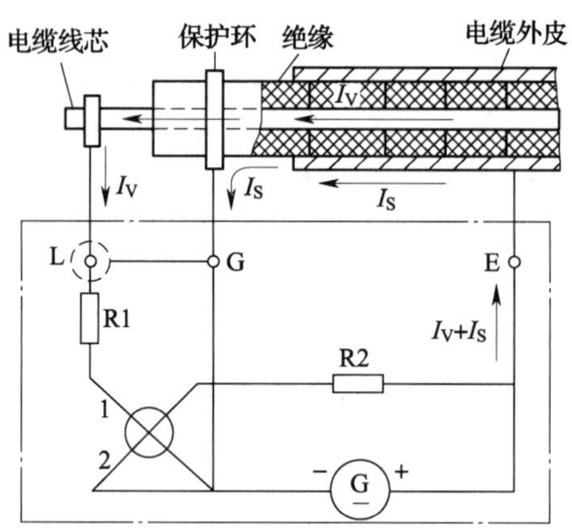

图 3-4-5　兆欧表 G 端钮的接法

5. 正确测量并读数

使用兆欧表测量时的姿势如图 3-4-6 所示。操作者一只手固定兆欧表，另一只手摇动兆欧表手柄。摇动兆欧表手柄时应由慢渐快至额定转速 120 r/min，在此过程中，若发现指针指零，说明被测绝缘物发生短路事故，应立即停止摇动手柄，以防表内线圈因短路发热而损坏。测量时，读数随着测量时间的长短而不同，一般以 1 min 以后的读数为准。但遇到电容特别大的被测设备时，要以指针稳定不变时为准。

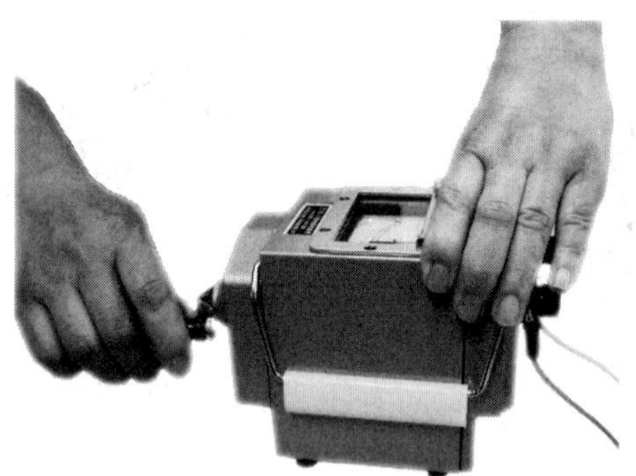

图 3-4-6　使用兆欧表测量时的姿势

测量电气设备的绝缘电阻时，应记下测量时的温度、湿度、被测设备的状况等，以便于分析测量结果。

6. 兆欧表的拆线

在兆欧表未停止转动和被测设备未放电之前，不得用手触及被测设备的测量部分，也不得进行拆除导线的工作，以免发生触电事故。测量具有大电容设备的绝缘电阻时，测量后不能立即停止摇动兆欧表，以防已充电的设备放电而损坏兆欧表，应在读数后一边降低手柄转速，一边拆去接地线，最后再停止转动兆欧表手柄。

任务实施

一、任务准备

实施本任务所需要的实训设备及工具材料见表 3-4-2。

表 3-4-2　实训设备及工具材料

序号	名称	型号规格	数量	单位	备注
1	兆欧表	ZC25-3	1	个	
2	三相异步电动机	380 V、200 W	1	台	

二、三相异步电动机绝缘电阻的测量

1. 正确选用兆欧表，进行开路试验和短路试验。

2. 打开三相异步电动机的接线盒，将绕组间的短接片移除。

3. 测量电动机三相绕组相间绝缘电阻及绕组对外壳的绝缘电阻，测量方法见表 3-4-3，将测量结果填入表 3-4-4。通常相间绝缘电阻与绕组对外壳的绝缘电阻均大于 0.5 MΩ 为合格。

4. 测量完毕，将兆欧表接线整理好，电动机接线盒恢复原状。

表 3-4-3　三相异步电动机绝缘电阻的测量方法

测量内容	测量方法	图示
绕组相间绝缘电阻的测量	断开绕组间的连接，将 L、E 两端钮分别接两绕组的一端，摇动手柄至 120 r/min，保持 1 min，当指针稳定时读出数值	

续表

测量内容	测量方法	图示
绕组对外壳的绝缘电阻的测量	将 L 端钮接绕组的一端，E 端钮接电动机的外壳，摇动手柄至 120 r/min，保持 1 min，当指针稳定时读出数值	

表 3-4-4　测量结果记录表

测量项目	U、V 相	V、W 相	W、U 相	U 相对地	V 相对地	W 相对地
测量结果						

任务测评

对任务实施的完成情况进行检查，并将检查结果填入表 3-4-5。

表 3-4-5　评分标准

序号	主要内容	考核要求	评分标准	配分	扣分	得分
1	兆欧表的使用	掌握兆欧表的使用方法，完成三相异步电动机绝缘电阻的测量	（1）兆欧表电压等级选用错误，扣 5 分 （2）使用兆欧表测量绝缘电阻的操作步骤错误（未做开路、短路试验等），每次扣 10~20 分 （3）使用兆欧表测量绝缘电阻的接线错误，每次扣 10~15 分 （4）兆欧表读数错误，每次扣 10~20 分 （5）扣完为止	80		
2	安全文明生产	劳动保护用品穿戴整齐；电工工具携带齐全；遵守操作规程；讲文明礼貌；按要求清理现场	（1）操作中违反安全文明生产考核要求的任何一项扣 5 分，扣完为止 （2）当考评员发现考生操作过程中有重大事故隐患时，要立即予以制止，并每次扣安全文明生产总分 10 分，扣完为止	20		
合计				100		
开始时间：			结束时间：			

任务5 接地电阻的测量

学习目标

1. 了解接地电阻的组成和相关要求。
2. 掌握手摇式和数字式接地电阻表的使用方法。
3. 能正确使用数字式接地电阻表完成接地电阻的测量。

任务引入

为保持接地系统工作状态良好，接地装置需定期复测，检测接地电阻是否符合技术要求。接地电阻的测量一般采用专用仪表——接地电阻表。

本任务的内容是正确使用接地电阻表，完成接地装置接地电阻的测量。

相关知识

一、接地电阻

接地技术不仅是保证电力系统和电气设备正常工作的需要，也是保证人身安全和设备安全的需要。接地电阻由三部分组成：接地线和接地体本身电阻、接地体与土壤接触电阻、接地体周围土壤的电阻。不同接地种类对接地电阻的要求见表3-5-1。

表3-5-1 不同接地种类对接地电阻的要求

接地种类	接地场所	最大接地电阻（Ω）
保护接地	—	4
变压器工作接地	容量不大于100 kV·A	10
	容量大于100 kV·A	4
低压架空线中性线的重复接地	一般重复接地系统	10
	电力设备接地装置的接地电阻允许达10 Ω的系统	30
防止静电接地	—	100
防雷接地	避雷器、避雷针、避雷线	10

实际生产中要求接地装置的接地电阻必须定期复测，其具体规定为：工作接地每半年至一年复测一次，保护接地每一年至两年复测一次；当接地电阻阻值增大时，应及时修

复，以免造成事故隐患。

二、接地电阻表

接地电阻表又称为接地电阻测试仪、接地摇表，主要用于测量电气设备接地装置以及避雷装置的接地电阻。接地电阻表分为手摇式接地电阻表和数字式接地电阻表。

1. 手摇式接地电阻表

手摇式接地电阻表是一种传统的测量接地电阻的便携式仪表，以 ZC-8 型手摇式接地电阻表（见图 3-5-1）为例进行说明。

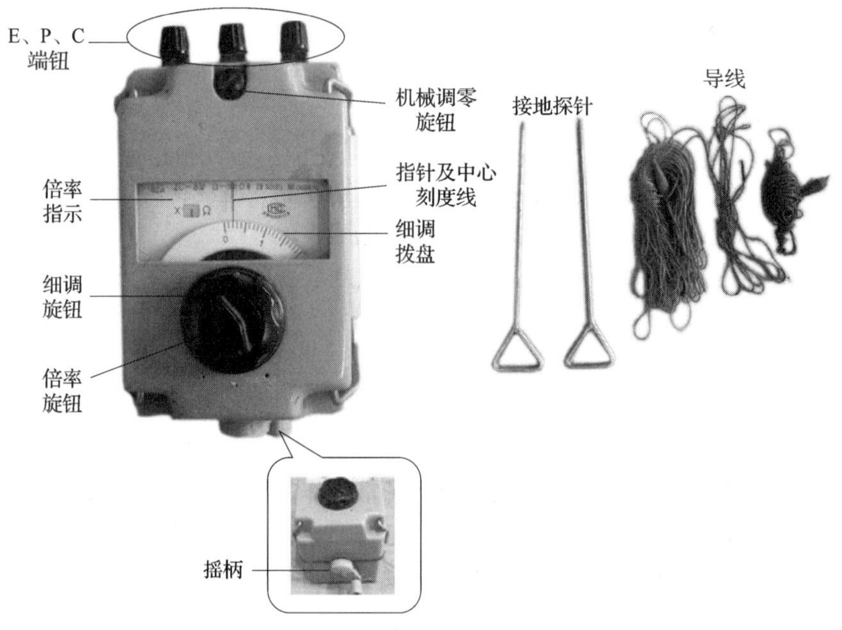

图 3-5-1　ZC-8 型手摇式接地电阻表

（1）手摇式接地电阻表的结构

接地电阻表的附件包括两根接地探针（一根为电位探针，另一根为电流探针）、三根导线（长 5 m 的导线用于连接被测接地极，20 m 的导线用于连接电位探针，40 m 的导线用于连接电流探针）。接地电阻表上有三个端钮，其中的端钮 E 与被测接地极相接，端钮 C 接电流探针，端钮 P 接电位探针。

（2）手摇式接地电阻表的原理

ZC-8 型手摇式接地电阻表的工作原理如图 3-5-2 所示。接地电阻表主要由手摇交流发电机、电流互感器、电位器以及检流计组成。图中 E′为接地体，P′为电位探针，C′为电流探针，实际的被测接地电阻 R_X 位于接地体 E′和 P′之间，不包括 P′与 C′之间的电阻 R_C。摇动交流发电机手柄，发电机输出电流 I 经电流互感器 TA 的一次侧→接地体 E′→大地→电流探针 C′→发电机，构成闭合回路。当电流 I 流入大地后，经接地体 E′向四周散开。离接地体越远，电流通过的截面面积越大，电流密度越小。一般认为，距离接地体 20 m 处，电流密度为 0，电位也等于 0，这里就是电工技术中所指的“零电位”。电流 I 在流过接地电阻 R_X 时产生压降 IR_X，在流经 R_C 时同样产生压降 IR_C。

若电流互感器的变流比为$\frac{1}{K}$，其二次电流为 KI，它流过电位器 RP 时产生的压降为 KIR_S（R_S 是 RP 最左端与滑动触点之间的电阻）。调节 RP 使检流计指针指零，则有 $IR_X=KIR_S$，即 $R_X=KR_S$，被测接地电阻 R_X 的阻值可由电流互感器的变流比 K 以及电位器的电阻 R_S 来确定。

（3）手摇式接地电阻表的使用

测量接地电阻时，将设备与接地线断开，仪表放平，然后进行机械调零。探针的设置方法如图 3-5-3 所示。将一根探针插在距离接地体约 40 m 的地下，另一根探针插在距离接地体约 20 m 的地下。两根探针和被测接地极，三者成一直线分布。两根探针均需插入地下 0.4 m 深。用导线将接地体 E′与仪表端钮 E 相接，电位探针 P′（离接地体 20 m 处探针）与端钮 P 相接，电流探针 C′（离接地体 40 m 处探针）与端钮 C 相接，如图 3-5-4a 所示。如果使用的是四端钮接地电阻表，其接线方式如图 3-5-4b 所示。当被测接地电阻小于 1 Ω（如测量高压线塔杆的接地电阻）时，为消除接线电阻和接触电阻的影响，应使用四端钮接地电阻表，接线如图 3-5-4c 所示。

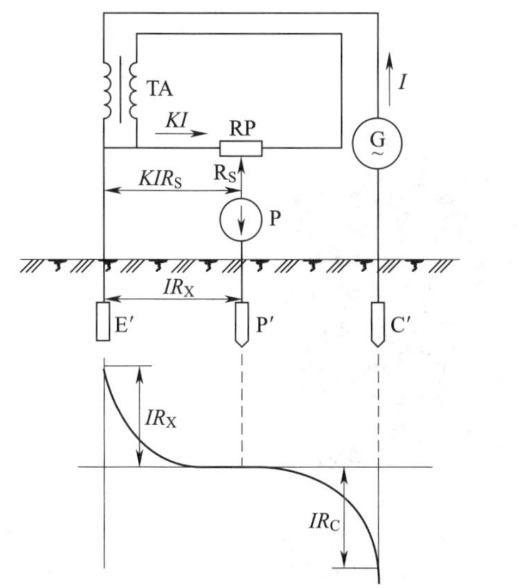

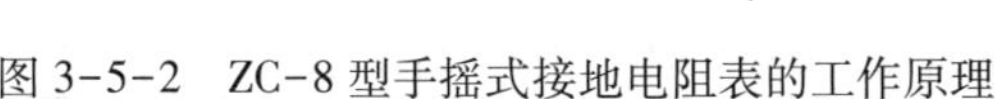

图 3-5-2　ZC-8 型手摇式接地电阻表的工作原理

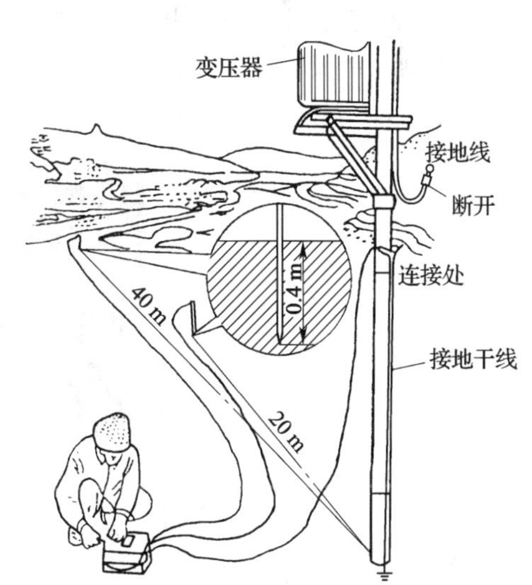

图 3-5-3　探针的设置方法

将倍率旋钮置于最大倍数上，缓慢摇动发电机手柄，同时转动细调拨盘，使检流计指针处于中心线位置。当检流计接近平衡时，要加快摇动手柄，使发电机转速升至额定转速 120 r/min，同时调节细调拨盘，使检流计指针稳定指在中心线位置，此时即可读取 R_S 的数值。该接地电阻的计算公式为：

$$接地电阻=倍率\times测量标度盘读数（R_S）$$

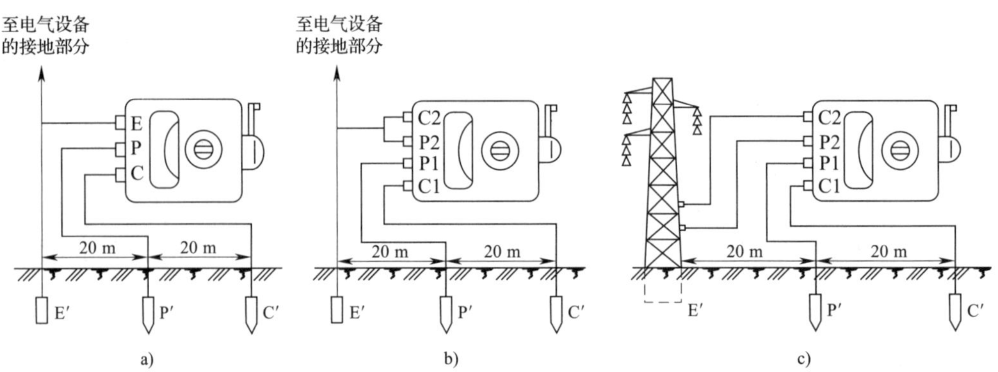

图 3-5-4 手摇式接地电阻表的接线

a）三端钮表的接线 b）四端钮表的接线 c）测量小电阻的四端钮表接线

2. 数字式接地电阻表

数字式接地电阻表通常采用智能微控制器芯片控制，具有高精度和高可靠性，可用于测量各种接地装置的接地电阻，还可以进行接地电压测量。以 UT522 型数字式接地电阻表为例进行说明。

（1）数字式接地电阻表的结构

UT522 型数字式接地电阻表的外形如图 3-5-5 所示，其前面板包含 LCD 显示屏、功能按键、测试连接端口等，各组成部分的功能说明见表 3-5-2；后面板包括电池盒等。

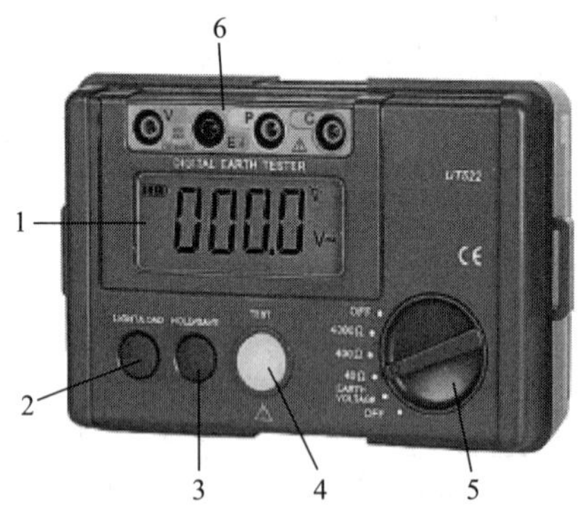

图 3-5-5 UT522 型数字式接地电阻表

表 3-5-2 UT522 型数字式接地电阻表前面板各组成部分的功能说明

序号	符号	功能说明
1	LCD 显示屏	$4\frac{1}{2}$ 位液晶显示，带背光显示
2	LIGHT/LOAD	LCD 显示屏背光开关/数据读取按键
3	HOLD/SAVE	数据保持/取消按键

续表

序号	符号	功能说明	
4	TEST	测试使用按键	
5	功能选择开关	OFF	测试仪的开关挡位
		4 000 Ω/400 Ω/40 Ω	测量接地电阻时，选择的接地电阻等级挡位
		EARTH VOLTAGE	接地电压测量挡位
6		测试端口。其中，C—辅助电极，P—电位电极，E—被测接地端，V—电压端	

UT522 型数字式接地电阻表常用辅件有标准测试线、简易测试线和辅助接地钉等，其外形如图 3-5-6 所示。

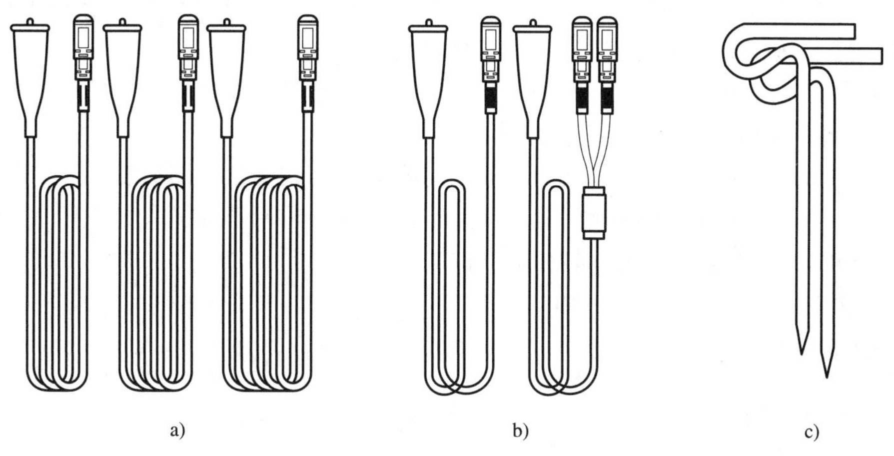

图 3-5-6 UT522 型数字式接地电阻表的常用辅件

a）标准测试线 b）简易测试线 c）辅助接地钉

（2）数字式接地电阻表的 LCD 显示屏

UT522 型数字式接地电阻表 LCD 显示屏的显示界面如图 3-5-7 所示，具体的符号说明见表 3-5-3。

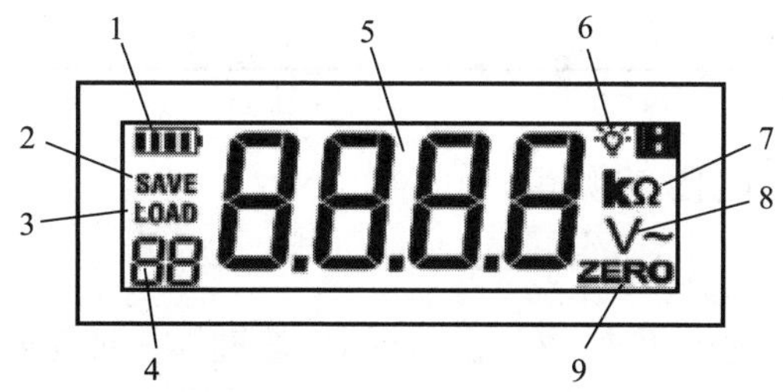

图 3-5-7 UT522 型数字式接地电阻表 LCD 显示屏的显示界面

表 3-5-3　UT522 型数字式接地电阻表 LCD 显示屏显示界面的符号说明

序号	符号	说明	序号	符号	说明
1		电池电量符号	6		背光灯显示符号
2	SAVE	数据存储提示符号	7	kΩ	接地电阻单位符号
3	LOAD	读存储数据提示符号	8	V~	接地电压测试符号
4	88	数据记录编号显示区	9	ZERO	清零提示符号
5	8.8.8.8	测量数据值显示区			

（3）数字式接地电阻表的使用注意事项

1）存放和保管数字式接地电阻表时，应注意环境温度。应将数字式接地电阻表放在干燥通风处，避免受潮，避免接触酸碱及腐蚀性气体。

2）测量保护接地电阻时，一定要断开电气设备与电源的连接点。测量小于 1 Ω 的接地电阻时，应分别用专用导线连在接地体上。

3）测量接地电阻时最好反复在不同的方向测量 3~4 次，取其平均值。

4）在开机状态下若按键和旋钮开关无动作，约 10 min 后数字式接地电阻表会自动关机，以节省电量（接地电阻挡测试状态除外）。

任务实施

一、任务准备

实施本任务所需要的实训设备及工具材料见表 3-5-4。

表 3-5-4　实训设备及工具材料

序号	名称	型号规格	数量	单位	备注
1	数字式接地电阻表	UT522	1	个	
2	接地装置		1	处	
3	锤子		1	个	

二、接地装置接地电阻的测量

1. 使用前的准备工作

使用前检查数字式接地电阻表的外壳、端钮、按键等是否完好无损，必要的标志和极性符号是否清晰，表内有无脱落元器件，绝缘有无破损等。检查电池情况，将功能选择开关置于接地电压挡或接地电阻挡，若 LCD 显示屏上显示的电池电量符号为“□”，表示电池处于低电量状态，需更换电池，否则本电阻表不可正常使用。

2. 断开接地线

测量接地电阻时，需要断开接地干线与接地体的连接点，或断开接地干线上所有接地支线的连接点，如图 3-5-8 所示。

3. 安装接地钉

将 P 和 C 端辅助接地钉打到地深处，使其与待测设备排列成一条直线，且彼此间隔 5~10 m，如图 3-5-9 所示。如插入土壤干燥，则要加足水，石质土或沙地也要变潮湿后才能进行测试。接地钉使用前需要清洁，插入大地时应避免接地钉弯曲或接触其他物体，以免影响测量结果的准确度。

图 3-5-8　断开接地线

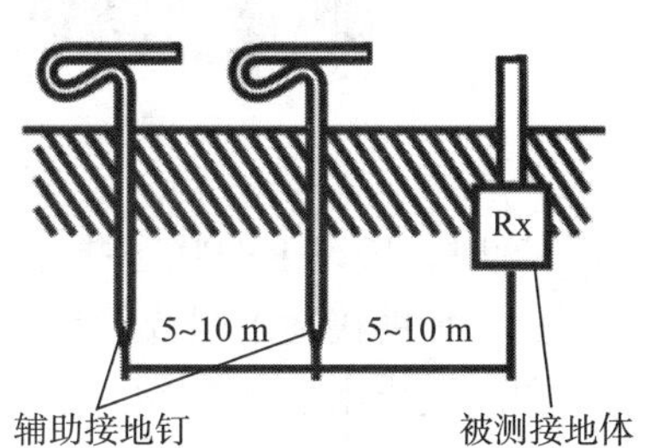

图 3-5-9　接地钉安装

4. 连接测试线

将数字式接地电阻表放置在接地体附近平整的地方后，按图 3-5-10 所示方法将测试线（标准测试线）插头插入相应测试端，并确认测试线插头已完全插入测试端，若连接不牢固将影响测量结果的准确度；测试线另一端分别与接地体、接地钉连接。

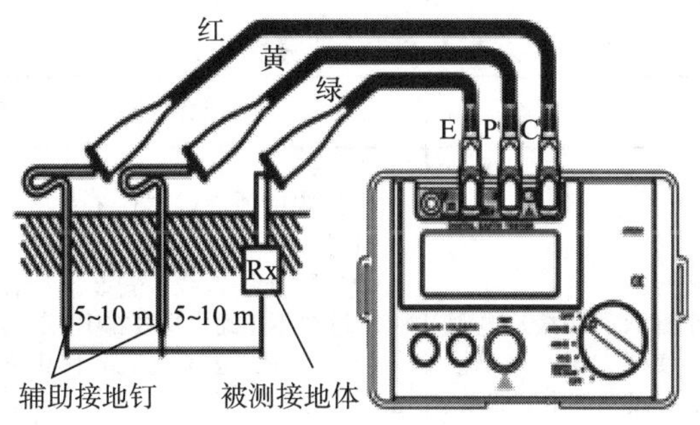

图 3-5-10　测试线连接

5. 选择量程

根据被测接地体接地电阻要求，将功能选择开关旋至对应挡位（接地电阻挡位有 40 Ω、400 Ω、4 000 Ω 三挡）。因所测接地电阻阻值小于 40 Ω，将功能选择开关旋至接地电阻 40 Ω 挡。注意一定要选择最佳的测量挡位，才能使测量结果更准确。

6. 测量接地电阻并读数

按下面板上的“TEST”键测试，LCD 显示屏显示接地电阻阻值，进行读数即可。图 3-5-11 所示接地电阻阻值为 18.18 Ω。

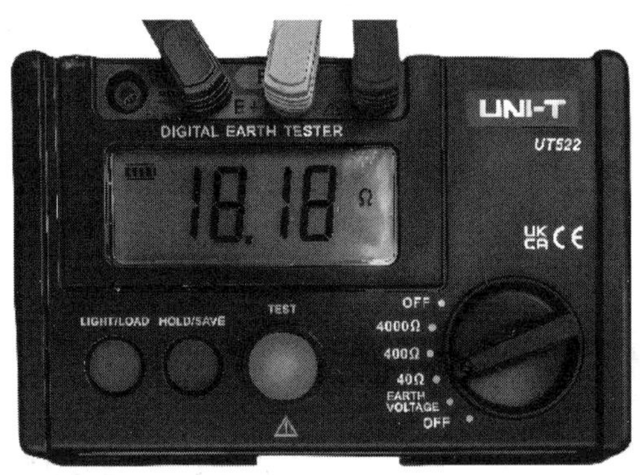

图 3-5-11　测量并读数

按“TEST”键时，按键上的状态指示灯会点亮，表示该接地电阻表处于测试状态。当测试线接触不良，辅助接地电阻或接地电阻过大，测试端开路时，LCD 显示屏都将显示“----Ω”。当被测接地电阻超出该挡位的测试范围时，LCD 显示屏将显示“OL”（超量程）。

7. 整理

测量完毕，关闭接地电阻表电源，拆除测试线，将接地钉拔出；同时将仪表、接地钉、测试线擦拭干净，整理好以便下次使用。

任务测评

对任务实施的完成情况进行检查，并将检查结果填入表 3-5-5。

表 3-5-5　评分标准

序号	主要内容	考核要求	评分标准	配分	扣分	得分
1	接地电阻表的使用	掌握数字式接地电阻表的使用方法，完成接地装置接地电阻的测量	（1）测试前准备工作不正确，每处扣 10 分 （2）断开接地线、安装接地钉、连接测试线不正确，每处扣 10 分 （3）数字式接地电阻表使用方法不正确，每处扣 20 分 （4）数字式接地电阻表读数错误，扣 10~20 分 （5）扣完为止	80		

续表

序号	主要内容	考核要求	评分标准	配分	扣分	得分
2	安全文明生产	劳动保护用品穿戴整齐；电工工具携带齐全；遵守操作规程；讲文明礼貌；按要求清理现场	（1）操作中违反安全文明生产考核要求的任何一项扣5分，扣完为止 （2）当考评员发现考生操作过程中有重大事故隐患时，要立即予以制止，并每次扣安全文明生产总分10分，扣完为止	20		
合计				100		
开始时间：			结束时间：			

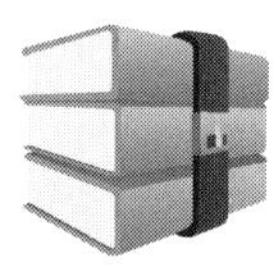

课题四　常用电子元器件的识别与检测

任务1　电阻器的识别与检测

学习目标

1. 熟悉电阻器的分类，认识常用的电阻器。
2. 掌握电阻器型号的识读方法。
3. 了解电阻器的主要参数，掌握电阻器参数的标注方法。
4. 能正确识读电阻器的参数，熟练使用万用表检测电阻器，正确判别其质量。

任务引入

电阻器是电路中的一种基本电子元件，利用各种材料对电流的阻碍作用制成，常用来稳定和调节电流、电压或作为负载等。对电阻器的识别与检测是维修电工工作中的一项基本技能。如在电路的装接中，需要根据任务要求选择正确规格型号的电阻器。又如在维修电子设备时，如果发现某电阻器表面有过热后烧焦的痕迹，怀疑该电阻器可能损坏，就需要检测该电阻器的质量。

本任务的内容是了解常见的电阻器种类及应用，并完成给定电阻器的参数识读和检测的训练。

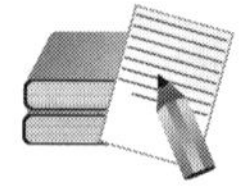

相关知识

一、电阻器的分类

电阻器的种类繁多，根据其工作特性及电路功能可分为固定电阻器、可变电阻器、敏感电阻器三大类。

1. 固定电阻器

固定电阻器是指其阻值固定、不可变化的电阻器，图形符号为“—□—”，文字符号为 R，常见的固定电阻器见表 4-1-1。

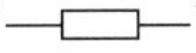

表 4-1-1　常见的固定电阻器

名称	外形及说明	名称	外形及说明
线绕电阻器	 噪声小、稳定可靠、精度高、能承受高温，但体积大、阻值较低。不适合在高频电路中使用，通常在大功率电路中作降压或负载用	碳膜电阻器	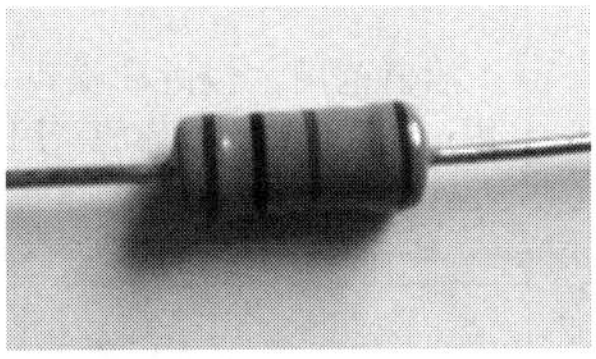 底色一般为米黄色，成本低、性能稳定、阻值范围大、温度系数和电压系数低，应用于民用低档电子产品中
金属氧化膜电阻器	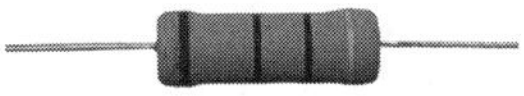 底色一般为灰色，抗氧化性和热稳定性优于金属膜电阻器，但阻值范围小，主要用来补充金属膜电阻器的大功率及低阻部分	水泥电阻器	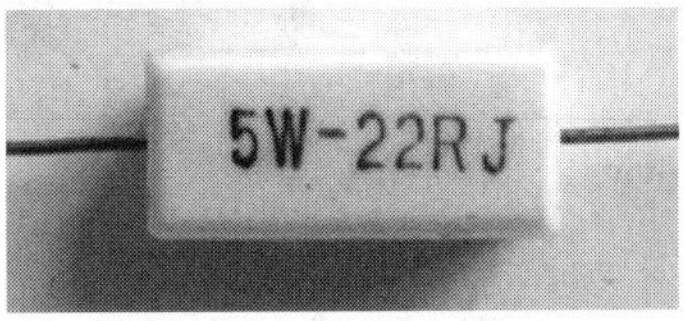 耐振、耐湿、耐热、散热良好、价格低，通常用于大功率、大电流的场合
金属膜电阻器	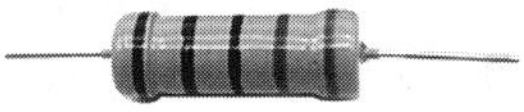 底色一般为天蓝色，耐热性、稳定性及电压系数均优于碳膜电阻器，精度较高，应用于要求较高的电子产品中	玻璃釉电阻器	 耐高温、耐潮湿、稳定、噪声小、阻值范围大，应用于高阻、低温度系数场合
贴片电阻器	 体积小，其形状分为矩形、圆柱形、异形三类，精度高、稳定性好、温度系数低，适用于自动化装配技术中	排电阻	 一种组合电阻，通常应用在数字电路上，如作为某个并行口的上拉或下拉电阻用

2. 可变电阻器

可变电阻器是指其阻值在一定范围内可以调整的电阻器，图形符号为“—↗—”。电位器是常见的可变电阻器，它由一个电阻体和一个转动或滑动系统组成，图形符号为“—□—”，文字符号为 RP。根据材料的不同，常见的电位器包括碳膜电位器、线绕电位器、玻璃釉电位器、有机实芯电位器等，具体见表 4-1-2。

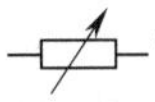

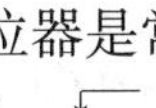

表 4-1-2　常见的电位器

名称	外形及说明	名称	外形及说明
碳膜电位器	 阻值范围大但滑动噪声大，由于其经济耐用，广泛应用于普通的家用电器中	玻璃釉电位器	 温度系数低、耐磨性好，常制成各种单圈及多圈微调、高压聚焦电位器
线绕电位器	 一般用于高精度或大功率的电路中，但其阻值范围小	有机实芯电位器	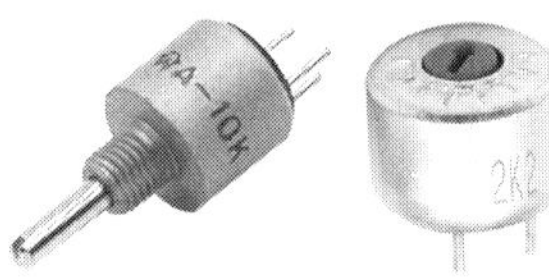 有较强的过负荷能力，但噪声大、温度系数高，在一些性能要求不高的电路中使用

3. 敏感电阻器

敏感电阻器是指阻值对温度、电压、湿度、光照、气体、压力等敏感的电阻器，在使用过程中通常需要查阅相关资料了解其特性，常见的敏感电阻器见表 4-1-3。

表 4-1-3　常见的敏感电阻器

名称	外形及说明
热敏电阻器	 由单晶、多晶等半导体材料制成，图形符号为“（θ）”。在工作温度范围内，阻值随温度上升而增加的是正温度系数（PTC）热敏电阻器；阻值随温度上升而减小的是负温度系数（NTC）热敏电阻器。热敏电阻器广泛应用于温度的测量、控制、补偿等场合 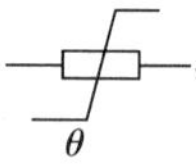
压敏电阻器	 利用半导体材料的非线性特性制成，图形符号为“（U）”。当端电压低于某一阈值时，压敏电阻器阻值很大，流过的电流几乎为 0；超过此阈值时，压敏电阻器的阻值会急剧变小，电流值随端电压的增大而急剧增加 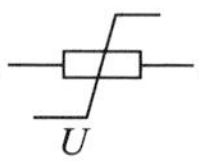

续表

名称	外形及说明
光敏电阻器	利用半导体的光电效应制成，阻值随入射光的强弱变化而改变，图形符号为“ ”。入射光强，阻值减小，入射光弱，阻值增大。光敏电阻器一般用于光的测量、光的控制和光电转换（将光的变化转换为电的变化）

二、电阻器的型号

电阻器的表面通常会标有数字或字母等符号对电阻器进行说明，如图4-1-1所示，这些标注一般包含了电阻器的型号（材料、分类）和主要参数两个部分内容。

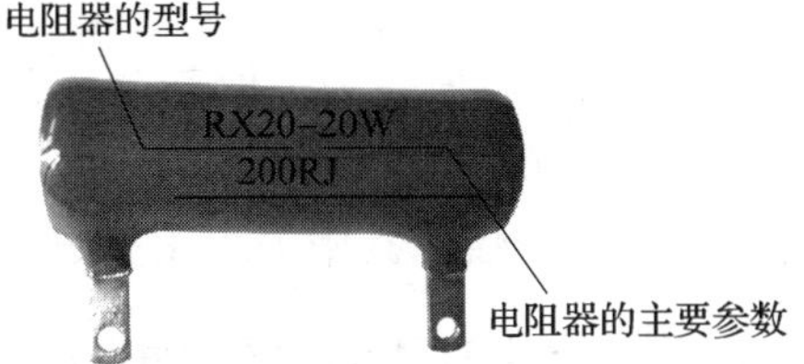

图4-1-1　电阻器的标注

电阻器的型号由4部分组成，如图4-1-2所示。

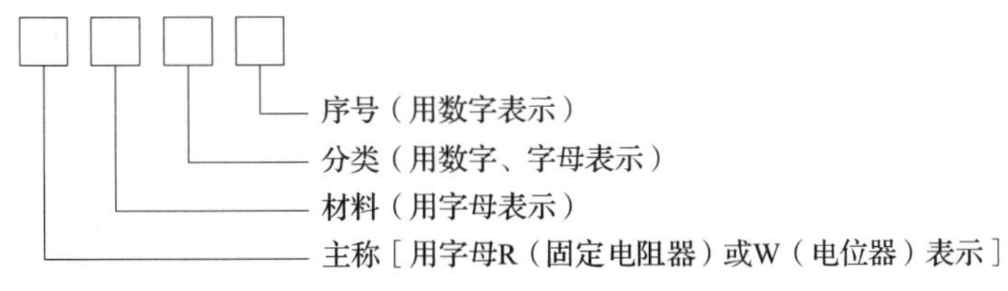

图4-1-2　电阻器的型号

第二部分表示材料的字母的含义：T（碳膜）、H（合成膜）、J（金属膜）、Y（氧化膜）、S（有机实芯）、N（无机实芯）、I（玻璃釉膜）、X（线绕）、C（沉积膜）、G（光敏）。

第三部分数字或字母表示分类，其含义见表4-1-4。

表4-1-4　表示分类的数字或字母的含义

1、2	3	4	5	7	8	9	G	T	X
普通	超高频	高阻	高温	精密	高压	特殊	高功率	可调	小型

电阻器的命名示例如图4-1-3所示，其中WX14表示普通线绕电位器。

图 4-1-3　电阻器的命名示例

一些体积较小的电阻，其命名一般在包装上做详细的说明。

三、电阻器的主要参数

1. 标称阻值

在电阻器表面标出的阻值称为标称阻值。为了便于在一定范围内选用，国家标准规定了一系列标称阻值，普通电阻器的标称阻值有 E6、E12、E24 系列，电阻器的标称阻值应符合表 4-1-5 中所列标称值乘 10^n 倍，其中 n 为正整数、负整数或零。

表 4-1-5　普通电阻器的标称阻值系列

系列	允许偏差	标称值
E24	±5%	1.0、1.1、1.2、1.3、1.5、1.6、1.8、2.0、2.2、2.4、2.7、3.0、3.3、3.6、3.9、4.3、4.7、5.1、5.6、6.2、6.8、7.5、8.2、9.1
E12	±10%	1.0、1.2、1.5、1.8、2.2、2.7、3.3、3.9、4.7、5.6、6.8、8.2
E6	±20%	1.0、1.5、2.2、3.3、4.7、6.8

2. 允许偏差

电阻器在大批量生产中，实际阻值并不能精确达到标称阻值，会有一定的误差。符合出厂标准的误差称为允许偏差，电阻实际的阻值偏差可通过以下公式计算：

$$\text{阻值偏差}=\frac{\text{实际阻值}-\text{标称阻值}}{\text{标称阻值}}\times 100\%$$

允许偏差通常可以直接标注或用罗马数字、字母、颜色表示，它们的对应关系见表 4-1-6。

表 4-1-6　常用的允许偏差表示方法之间的对应关系

标注方法	直接标注	罗马数字	字母	颜色
标注内容	±0.5%	—	D	绿
	±1%	—	F	棕
	±2%	—	G	红

续表

标注方法	直接标注	罗马数字	字母	颜色
标注内容	±5%	Ⅰ	J	金
	±10%	Ⅱ	K	银
	±20%	Ⅲ	M	无色

3. 额定功率

额定功率是指在规定的环境温度和湿度下，在长期连续负载而不损坏或基本不改变性能的情况下，电阻器上允许消耗的最大功率。在电路图中，表示电阻器额定功率的图形符号如图 4-1-4 所示。

图 4-1-4　电路图中表示电阻器额定功率的图形符号

四、电阻器参数的标注方法

1. 直标法

用阿拉伯数字、符号在电阻器表面直接标注标称阻值和允许偏差的标注方法称为直标法，直标法适合于体积较大的电阻器，识读示例如图 4-1-5 所示。

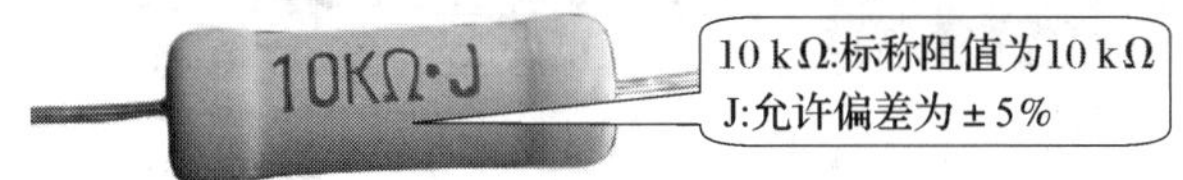

图 4-1-5　直标法识读示例

2. 文字符号法

文字符号法是用阿拉伯数字和文字符号来标注电阻器主要参数的方法，适合于体积较大的电阻器。文字符号的识读方法是：阻值的整数部分写在阻值单位标志符号的前面，小数部分写在后面。阻值单位标志符号：R（欧姆）、k（千欧）、M（兆欧），允许偏差用字母表示。识读示例如图 4-1-6 所示。

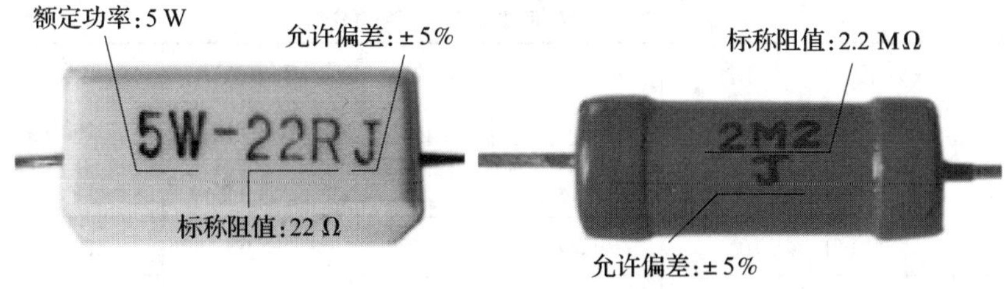

图 4-1-6　文字符号法识读示例

3. 色标法

色标法是用不同颜色的色环在电阻器表面标出标称阻值和允许偏差的方法。常用的色标法有两种：四环色标法和五环色标法。四环色标电阻的第一、二条色环表示有效值，第三条色环表示倍乘，最后一条色环表示允许偏差（通常为金色或银色）。五环色标电阻一般为精密电阻，从左至右第一、二、三条色环表示有效值，第四条色环表示倍乘，最后一条色环表示允许偏差。四环、五环色标电阻的识读方法如图 4-1-7 所示，色标法识读示例如图 4-1-8 所示，色标法中各颜色的含义见表 4-1-7。

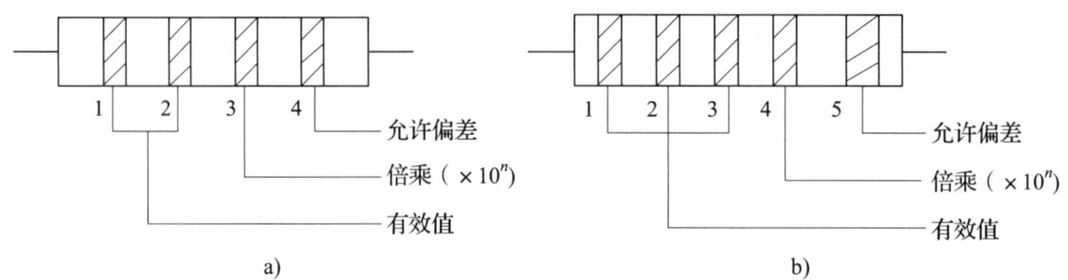

图 4-1-7　四环、五环色标电阻的识读方法
a）四环色标电阻　b）五环色标电阻

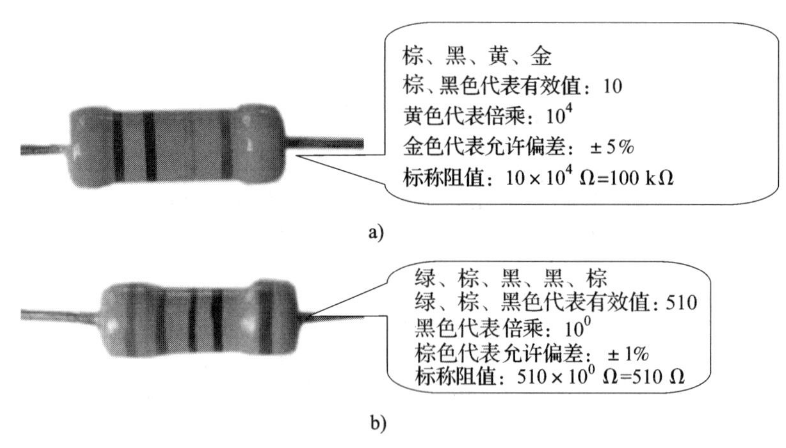

图 4-1-8　色标法识读示例
a）四环色标电阻　b）五环色标电阻

表 4-1-7　色标法中各颜色的含义

颜色	有效数字	倍乘	允许偏差	颜色	有效数字	倍乘	允许偏差
黑	0	10^0	—	黄	4	10^4	—
棕	1	10^1	±1%	绿	5	10^5	±0. 5%
红	2	10^2	±2%	蓝	6	10^6	±0. 25%
橙	3	10^3	—	紫	7	10^7	±0. 1%

续表

颜色	有效数字	倍乘	允许偏差	颜色	有效数字	倍乘	允许偏差
灰	8	10^8	—	银	—	10^{-2}	±10%
白	9	10^9	—	无色	—	—	±20%
金	—	10^{-1}	±5%				

色标法第一环确定规则如下：

（1）端部环是金色或银色一定为允许偏差环。

（2）黑、橙、黄、灰、白色不会表示允许偏差。

（3）允许偏差环距离其他环较远且色环较宽。

（4）四环色标电阻多为碳膜电阻，允许偏差环通常为金色和银色；五环色标电阻多为金属膜电阻，金属膜电阻的允许偏差大都为±1%，即最后的允许偏差环为棕色。

4. 数码法

数码法用三位阿拉伯数字表示标称阻值，前两位表示阻值的有效数字，第三位表示有效数字后面0的个数（倍乘）。数码法适合于体积较小的电阻器的标注，如微调电位器、贴片电阻器，数码法识读示例如图4-1-9所示。

图4-1-9　数码法识读示例

当标称阻值小于10 Ω时，标称阻值以“×R×”形式表示（×代表数字），将R看作小数点，数码法和文字符号法的区别是数码法不标注允许偏差。

任务实施

一、任务准备

实施本任务所需要的实训设备及工具材料见表4-1-8。

表 4-1-8　实训设备及工具材料

序号	名称	型号规格	数量	单位	备注
1	万用表	MF47 型	1	个	
2	固定电阻器	直标法标志	5	个	不同阻值
3	固定电阻器	文字符号法标志	5	个	不同阻值
4	固定电阻器	数码法标志	5	个	不同阻值
5	固定电阻器	四环色标法标志	5	个	不同阻值
6	固定电阻器	五环色标法标志	5	个	不同阻值
7	电位器		5	个	不同规格型号

二、电阻器的检测方法

1. 固定电阻器的检测方法

（1）选量程

根据电阻器的标称阻值选择合适挡位量程，使指针指在万用表电阻刻度线的中间区域（表盘满刻度的 1/3~2/3 范围内）。

（2）欧姆调零

将红、黑表笔短接后，调节欧姆调零旋钮使指针指向零位（假定机械调零已完成），如图 4-1-10 所示。

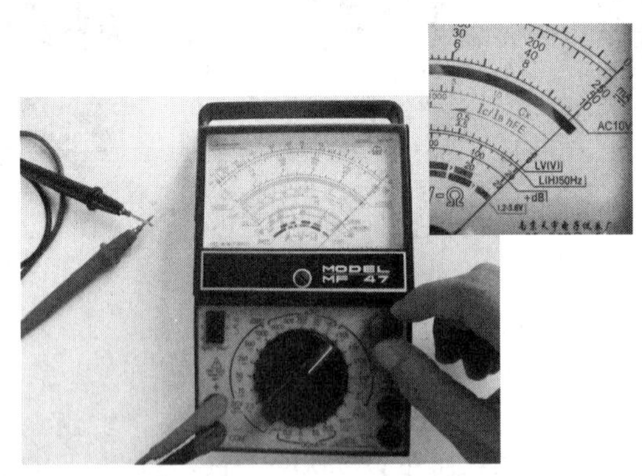

图 4-1-10　欧姆调零

（3）测量

将红、黑表笔分别搭接电阻器两引脚，如图 4-1-11a 所示。

（4）读数并计算阻值

计算电阻阻值的方法为：

$$电阻阻值=刻度数\times量程$$

如图 4-1-11b 所示，刻度数为 19，所选量程为×1 k，电阻器的阻值测量值为 19 kΩ。

（5）质量判别

将读出的测量阻值与标称阻值比较，若误差在允许偏差范围内则为合格，否则不合格。

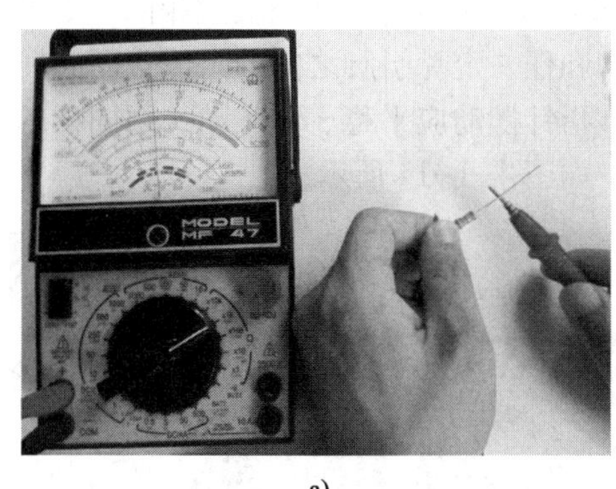

a)

b)

图 4-1-11　电阻器的测量

a）连接红、黑表笔　b）读数及计算阻值

操作提示

（1）测量电路中的电阻时应先切断电源，切不可带电测量。

（2）测量电路中的某个电阻时，最好断开其与线路的连接，避免其他元器件的并联影响测量值。

（3）模拟式万用表每次换量程都需要进行欧姆调零。

（4）测量时，双手不可碰到电阻引脚及表笔的金属部分，以免接入人体电阻，引起测量误差，如图 4-1-12 所示。

（5）读数时眼睛要正对万用表，以指针与反光镜中的影子重合为准。

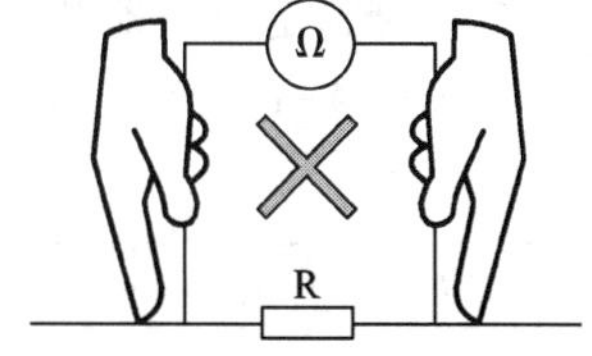

图 4-1-12　错误操作

2. 电位器的检测方法

电位器的图形符号如图 4-1-13 所示。图中 1、2 为定片引脚，3 为动片引脚，通常电位器两边引脚为定片引脚，中间引脚为动片引脚。两定片引脚之间的阻值为电位器的标称阻值。

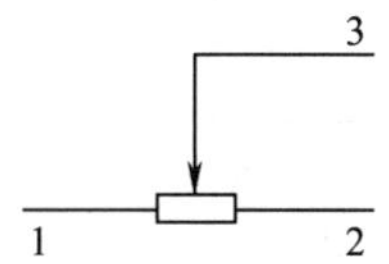

图 4-1-13　电位器的图形符号

电位器的检测方法如下：

（1）检查机械性能。转动转轴，检查转动是否灵活平滑，转动时动触点滑动产生的声音要小，手感要好，松紧要合适。

（2）检测电气性能。测量两定片引脚之间的阻值，应与标称阻值大致相同。如果阻值相差很大，则表明电位器已损坏。测量动片引脚和任一定片引脚之间的阻值，同时转动转轴，阻值应在 0 至标称阻值的范围内逐渐变化，指针摆动应平稳、无跳动，用同样的方法再测量动片引脚与另一个定片引脚之间的阻值，如图 4-1-14 所示。

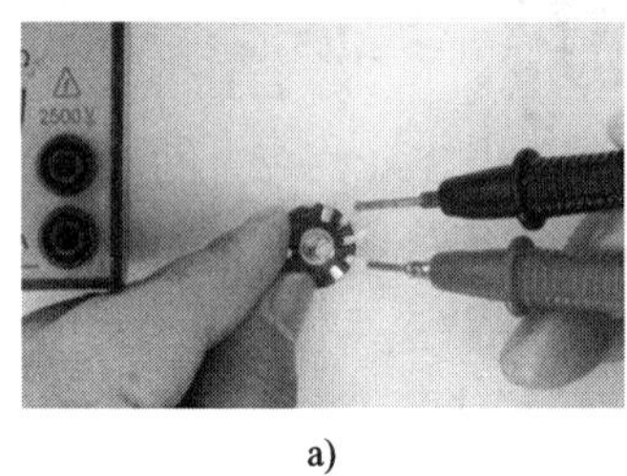

a)

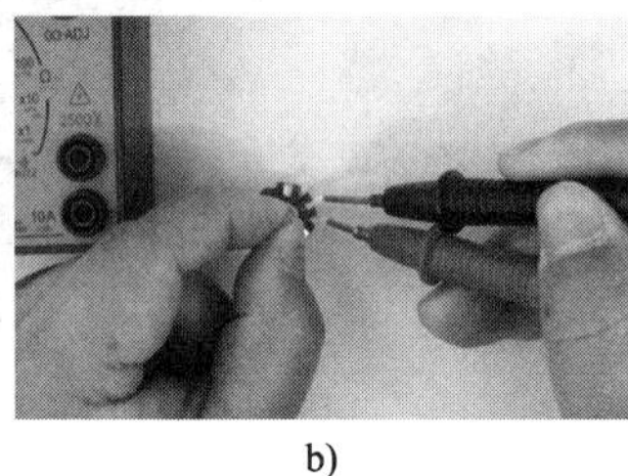

b)

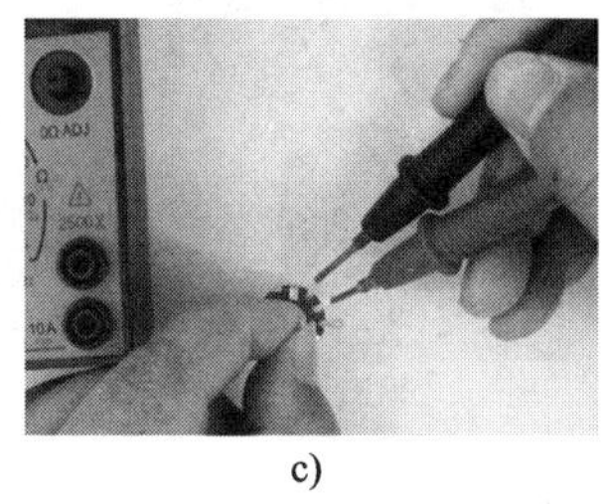

c)

图 4-1-14　检测电气性能

a）测量两定片引脚之间的阻值　b）测量动片引脚与任一定片引脚之间的阻值

c）测量动片引脚与另一定片引脚之间的阻值

如果万用表的指针在电位器的转动过程中有跳跃、抖动等现象，说明触点有接触不良的故障。

三、电阻器的识读、检测与记录

逐个对固定电阻器和电位器的主要参数进行识读，并测量其阻值，将识读和测量结果分别填入表 4-1-9 和表 4-1-10。

表 4-1-9　固定电阻器主要参数的识读与检测记录

标注方法	标注符号	标称阻值	允许偏差	测量阻值	质量判别
直标法					
文字符号法					

续表

标注方法	标注符号	标称阻值	允许偏差	测量阻值	质量判别
四环色标法					
五环色标法					
数码法					

表 4-1-10　电位器主要参数的识读与检测记录

标注符号	标称阻值	固定端阻值测量	允许偏差	引脚检测	质量判别

任务测评

对任务实施的完成情况进行检查，并将检查结果填入表 4-1-11。

表 4-1-11　评分标准

序号	主要内容	考核要求	评分标准	配分	扣分	得分
1	固定电阻器参数识读	正确识读固定电阻器的主要参数，并达到一定熟练程度（10 个/min）	（1）标称阻值识读不正确，每次扣 2 分 （2）允许偏差识读不正确，每次扣 2 分 （3）规定时间内少读一个扣 2 分 （4）扣完为止	40		

续表

序号	主要内容	考核要求	评分标准	配分	扣分	得分
2	固定电阻器检测与质量判别	正确使用万用表测量固定电阻器阻值，并判别其质量	（1）量程选择不合适，每次扣 2 分 （2）欧姆调零不正确，每次扣 2 分 （3）检测方法不正确，每次扣 2 分 （4）读数、计算阻值不正确，每次扣 3 分 （5）质量判别不正确，每次扣 2 分 （6）扣完为止	20		
3	电位器参数识读、检测与质量判别	正确识读电位器的主要参数，测量固定端阻值、检测引脚并判别其质量	（1）标称阻值识读不正确，每次扣 2 分 （2）允许偏差识读不正确，每次扣 2 分 （3）量程选择不合适，每次扣 2 分 （4）欧姆调零不正确，每次扣 2 分 （5）检测方法不正确，每次扣 2 分 （6）读数、计算阻值不正确，每次扣 3 分 （7）引脚判别不正确，每次扣 2 分 （8）质量判别不正确，每次扣 2 分 （9）扣完为止	30		
4	安全文明生产	劳动保护用品穿戴整齐；电工工具携带齐全；遵守操作规程；讲文明礼貌；按要求清理现场	（1）操作中违反安全文明生产考核要求的任何一项扣 2 分，扣完为止 （2）当考评员发现考生操作过程中有重大事故隐患时，要立即予以制止，并每次扣安全文明生产总分 5 分，扣完为止	10		
合计				100		
开始时间：			结束时间：			

任务 2　电容器的识别与检测

学习目标

1. 熟悉电容器的分类，认识常用的电容器。
2. 了解电容器的单位及符号和电容器的型号。
3. 掌握电容器的主要参数及标注方法。
4. 能正确识读电容器的参数，熟练使用万用表检测电容器，正确判别其质量和引脚极性。

任务引入

电容器在电力驱动系统及电子技术中有着广泛的应用。对电容器的识别和检测是维修电工的一项基本技能。在生产和生活中，电容器的故障也是电气设备维修中经常遇到的问题。例如，某台电风扇突然不能启动，排除电风扇电动机和调速开关的故障后，怀疑电容器可能损坏，就需要对电容器进行检测并判别其质量。

本任务的内容是了解常见的电容器种类及应用，并完成给定电容器的参数识读和检测的训练。

相关知识

一、电容器的分类

按照容量是否可变，电容器可分为固定电容器、可变电容器和微调电容器。

按照电介质类别的不同，电容器可分为有机介质电容器、无机介质电容器、电解电容器、液体电容器、气体电容器等。

按照用途的不同，电容器可分为低频旁路、高频旁路、滤波、耦合、调谐、高频耦合、低频耦合、分频电容器等。

常见电容器的外形及说明见表4-2-1。

表4-2-1　常见电容器的外形及说明

名称	外形及说明	名称	外形及说明
瓷介电容器	分高频和低频两类，高频瓷介电容器损耗小、稳定性好，适用于高频电路；低频瓷介电容器损耗大、稳定性差，应用于要求不高的低频电路	涤纶电容器	体积小、容量大、耐热耐湿、稳定性差，应用于对稳定性要求不高的低频电路中
独石电容器	温度性能和频率性能好，广泛应用于电子精密仪器及各种小型电子设备中作谐振、耦合、滤波、旁路等	云母电容器	介质损耗小、稳定性好、可靠性高、温度系数高，适用于高频电路中

续表

名称	外形及说明	名称	外形及说明
玻璃釉电容器	介电系数大、耐高温、损耗小、稳定性好，应用于脉冲、耦合、旁路等	铝电解电容器	体积小、容量大、损耗大、漏电大，常应用于电源滤波、低频耦合、去耦、旁路等
钽电解电容器	损耗、漏电及容量误差小于铝电解电容器，应用在要求高的电路中代替铝电解电容器	聚苯乙烯电容器	稳定、损耗低、体积较大，应用在对稳定性和损耗要求较高的电路中
聚丙烯电容器	性能与聚苯乙烯电容器相似，但体积小、稳定性略差，用于要求较高的电路中	安规电容器	包括X电容器和Y电容器，用于抑制干扰，电容器失效后，不会导致电击，不会危及人身安全
微调电容器	损耗较大、体积小，应用于收录机、电子仪器等电路中作电路补偿	空气可变电容器	损耗小、效率高，应用于电子仪器、广播电视设备等
薄膜可变电容器	调节方便、性能稳定、不易磨损，应用于收音机、电子仪器、高频信号发生器、通信电子设备等	贴片电容器	体积小，应用于自动化装配技术中

续表

名称	外形及说明	名称	外形及说明
电力电容器	并联电容器主要用于补偿电力系统感性负荷的无功功率，以提高功率因数、改善电压质量、降低线路损耗 电热电容器主要用于频率为 40～50 kHz 的感应加热电气系统中，用于提高功率因数或改善回路特性		脉冲电容器主要用于冲击电压发生器、冲击电流发生器、振荡电路、直流高压设备及整流滤波装置

二、电容器的单位及符号

电容器储存电荷的能力称为电容量，简称电容。

电容量的单位为法拉，用 F 表示。在实际应用中，法拉的单位太大，常用毫法（mF）、微法（μF）、纳法（nF）和皮法（pF）作单位，其换算公式如下：

$$1\ \text{mF}=10^{-3}\ \text{F}\qquad 1\ \mu\text{F}=10^{-6}\ \text{F}$$

$$1\ \text{nF}=10^{-9}\ \text{F}\qquad 1\ \text{pF}=10^{-12}\ \text{F}$$

电容器的图形符号如图 4-2-1 所示，文字符号为 C。

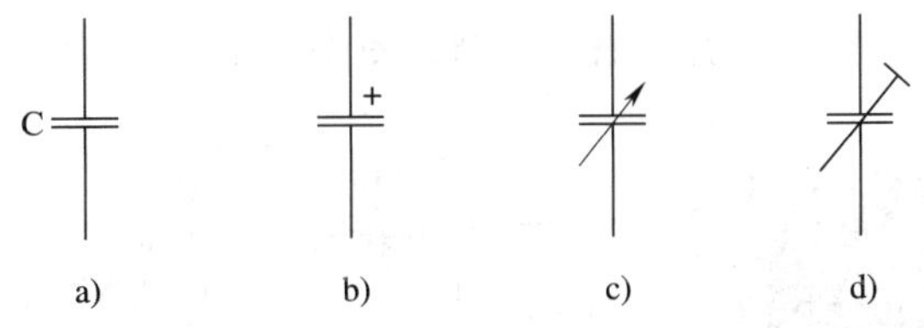

图 4-2-1　电容器的图形符号

a）固定电容器　b）电解电容器　c）可变电容器　d）微调电容器

三、电容器的型号

根据国家有关标准规定，电容器的型号一般由四部分组成，如图 4-2-2 所示。

电容器的介质材料及分类可查阅有关手册。例如，某电容器型号标注为 CD10，其含义如图 4-2-3 所示。

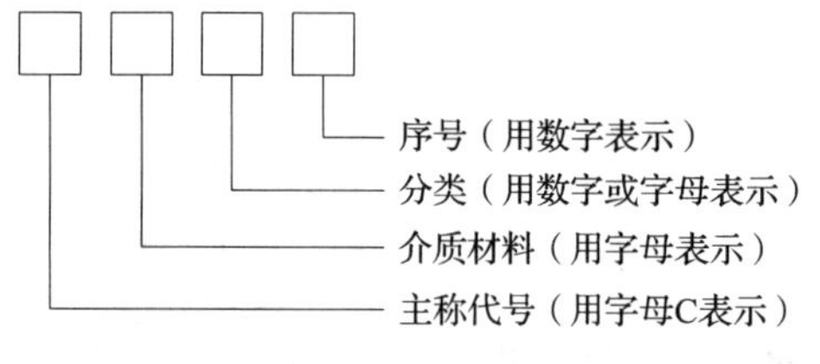

图 4-2-2　电容器的型号

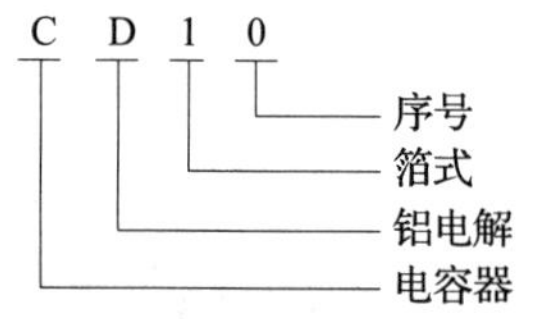

图 4-2-3　电容器型号标注示例

四、电容器的主要参数及标注方法

1. 电容器的主要参数

电容器的主要参数包括标称容量、允许偏差和额定电压。

（1）标称容量和允许偏差

电容器的外壳表面上所标出的容量值，称为电容器的标称容量。

标称容量也分为 E6、E12、E24 系列，与电阻标称系列相同，具体见表 4-1-5。允许偏差表示方法之间的对应关系同表 4-1-6。

（2）额定电压

额定电压是指在规定温度范围内，可以连续加在电容器上而不损坏电容器的最大直流电压或交流电压的峰值。如果电路故障造成加在电容器上的工作电压大于额定电压，电容器将被击穿。常用的固定电容器的额定电压有 6.3 V、10 V、16 V、25 V、50 V、63 V、100 V、400 V、630 V、2 500 V 等。

2. 电容器参数的标注方法

电容器参数的标注方法主要有直标法、文字符号法、数码法、色标法四种。其标注的方法和特点与电阻器相似。

（1）直标法

直标法适合体积较大的电容器，识读示例如图 4-2-4 所示。

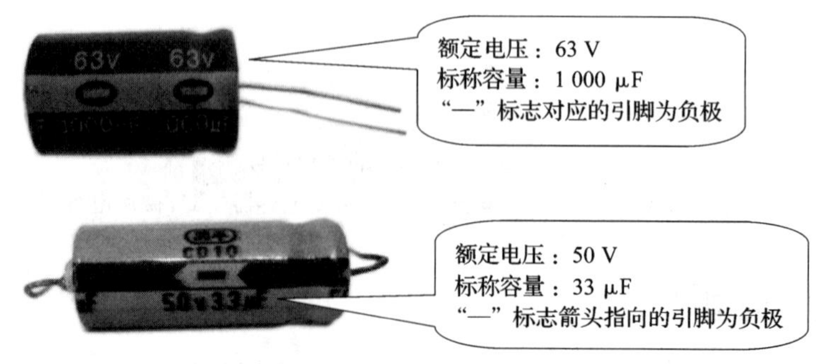

图 4-2-4　直标法识读示例

1）电解电容器有正、负极性之分，一般长引脚为正极，短引脚为负极，电容器的外壳上也有负极标志，如图 4-2-5 所示。

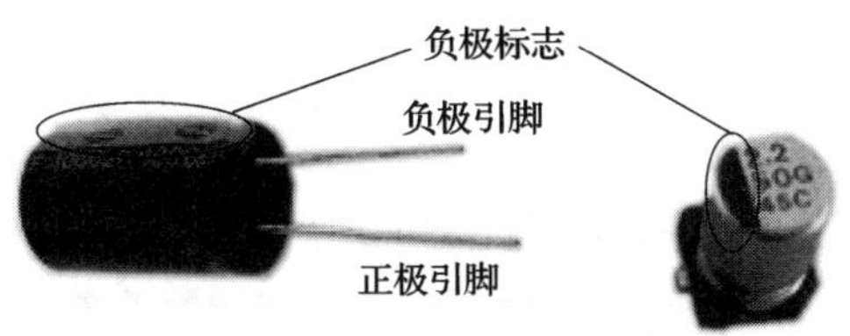

图 4-2-5　电容器的正、负极

2）当电容器上未标注单位且标注数值小于 1 时，容量单位为 μF。

（2）文字符号法

文字符号法的识读与电阻器相同，识读示例如图 4-2-6 所示。

图 4-2-6　文字符号法识读示例

（3）数码法

数码法一般用三位数字表示电容器容量的大小，其中第一、二位为有效值数字，第三位表示倍乘数，其单位为 pF，识读示例如图 4-2-7 所示。

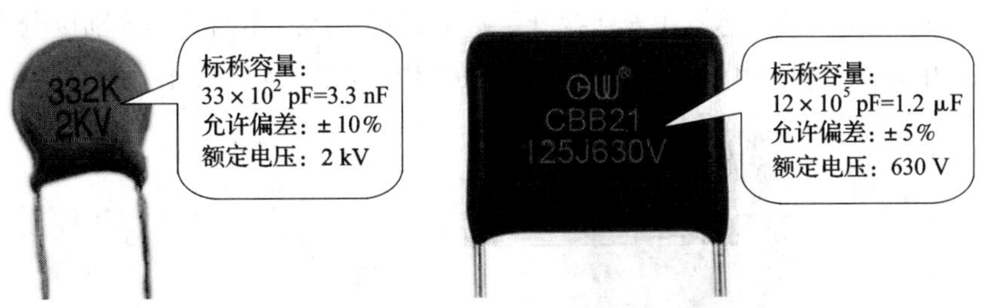

图 4-2-7　数码法识读示例

（4）色标法

电容器色标法原则上与电阻器色标法相同，其单位为 pF。电容器色标法识读示例如图 4-2-8 所示，其标称容量为 0. 047 μF、允许偏差为±5%。

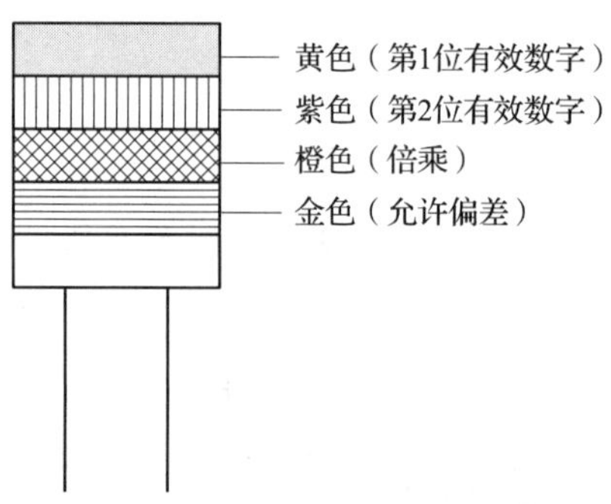

图 4-2-8　电容器色标法识读示例

任务实施

一、任务准备

实施本任务所需要的实训设备及工具材料见表 4-2-2。

表 4-2-2　实训设备及工具材料

序号	名称	型号规格	数量	单位	备注
1	万用表	MF47 型（模拟式）	1	个	
2		数字式	1	个	
3	固定电容器	小容量	5	个	质量好坏均可
4	电解电容器	不同容量	5	个	质量好坏均可

二、小容量电容器的检测

小容量（$5\ 000\ \text{pF}<C<1\ \mu\text{F}$）固定电容器的容量可以利用数字式万用表直接测量，测量方法如图 4-2-9 所示。首先将万用表转换开关置于 F 挡，然后用两表笔分别接电容器的两引脚，即可测得电容值。如果电容的测量值与标称容量相差太大，表示电容器漏电严重或失效。

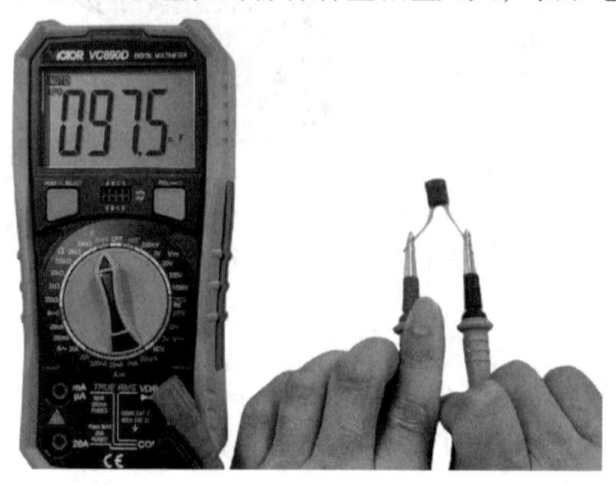

图 4-2-9　数字式万用表测量电容器容量

另外，可利用模拟式万用表测量电容器两引脚之间的漏电阻，根据指针摆动的情况可以判断电容器的质量，测量方法如图 4-2-10 所示。将万用表转换开关拨到 R×10 k 挡，欧姆调零后，将红、黑表笔分别接电容器的两引脚，观察表笔接通瞬间指针摆动情况，可根据摆动情况判断电容器的质量，判断方法见表 4-2-3。

图 4-2-10　模拟式万用表检测电容器的质量

表 4-2-3　小容量电容器的质量判断方法

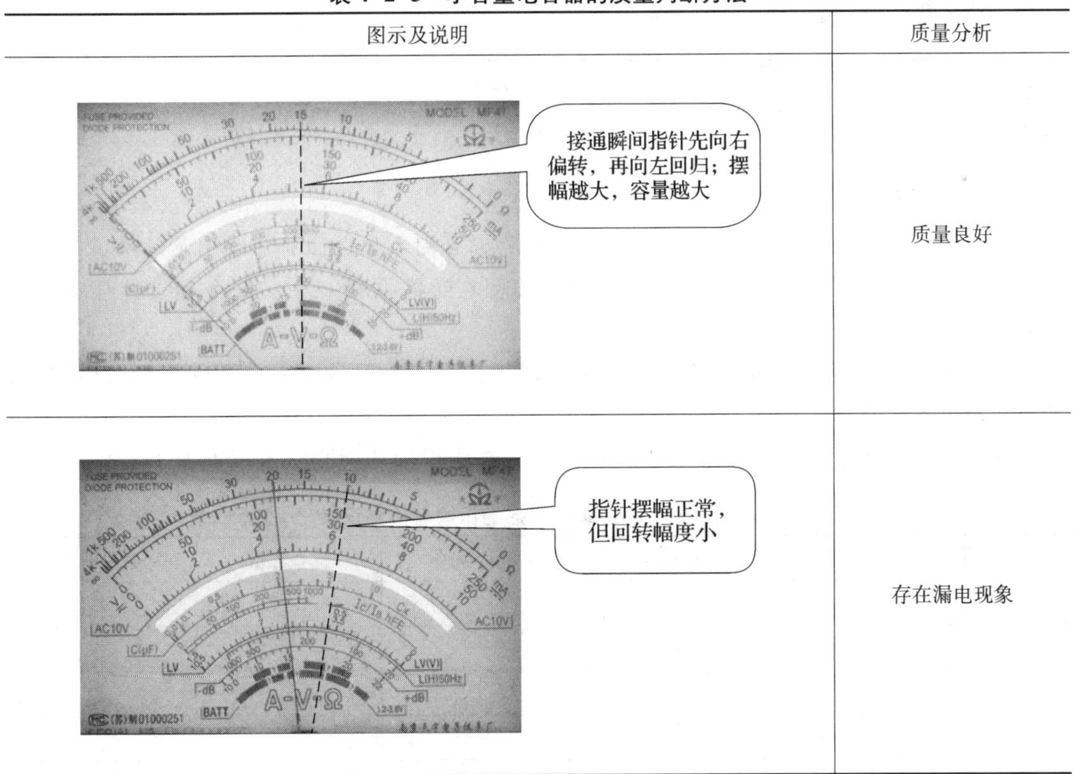

图示及说明	质量分析
接通瞬间指针先向右偏转，再向左回归；摆幅越大，容量越大	质量良好
指针摆幅正常，但回转幅度小	存在漏电现象

续表

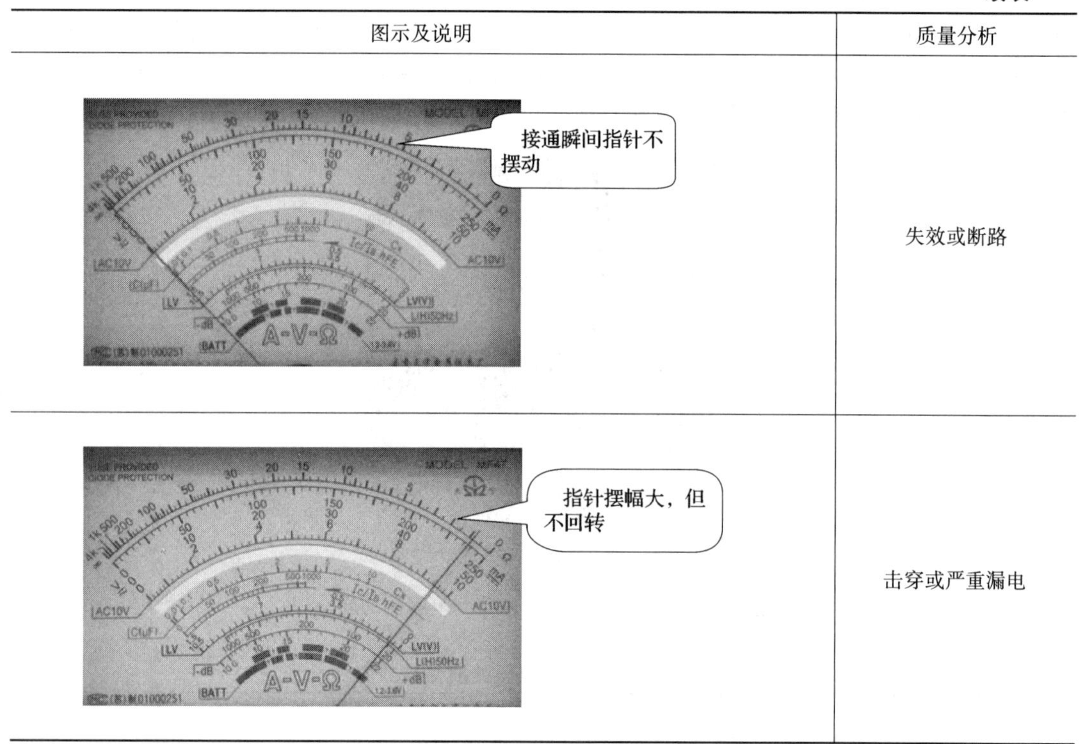

图示及说明	质量分析
接通瞬间指针不摆动	失效或断路
指针摆幅大，但不回转	击穿或严重漏电

1. 检测时，不能用手并接被测电容器两引脚，否则人体电阻将影响测量结果。

2. 如果未看清指针摆动情况，可将红、黑表笔互换再测一次，互换后指针摆动幅度会大些。

3. 对于容量为 5 000 pF 以下的小容量电容器，用万用表检测时无法看到指针的摆动，只能采用专用测量仪器检测。

逐个对小容量电容器进行参数识读和检测，并将识读和检测结果填入表 4-2-4。

表 4-2-4　小容量电容器的识读与检测记录

序号	标注符号	标称容量	允许偏差	测量容量	质量判别
1					
2					
3					
4					
5					

三、电解电容器的检测

电解电容器与普通固定电容器的不同主要体现在两个方面：一是电解电容器有正、负极之分；二是电解电容器的容量大（一般大于 1 μF），绝缘电阻小，漏电流大。其主要故障有击穿、漏电、失效、断路及爆炸（此故障是电解电容器的正、负极接反所致）。

1. 电解电容器的质量检测

电解电容器的质量检测方法见表 4-2-5。

表 4-2-5　电解电容器的质量检测方法

步骤	方法	图示及说明
1	选择量程、欧姆调零	 根据电解电容器的容量选择合适的量程，小于 10 μF 选用 R×10 k 挡；10~100 μF 选用 R×1 k 挡；大于 100 μF 选用 R×100 挡 例如，测量2.2 μF电解电容器选择R×10 k挡，并进行欧姆调零
2	短路放电	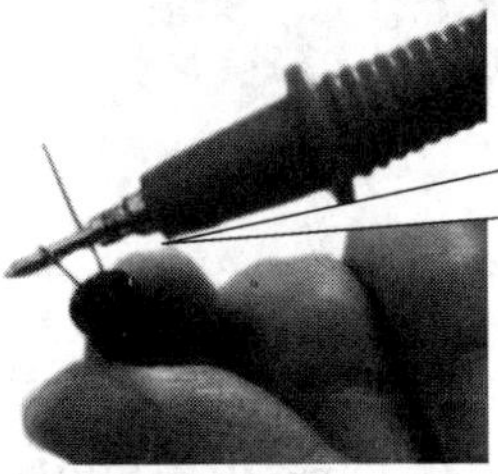 将待测电容器的两引脚短路，放掉电容器内残余的电荷（利用万用表表笔短接）
3	检测正向漏电阻	 将万用表的黑表笔接电解电容器的正极，红表笔接负极，检测正向漏电阻，指针应先向右大幅度摆动，然后再慢慢向左回归
4	质量分析	可以根据正向漏电阻测量情况和表 4-2-3 判断电解电容器的质量

2. 电解电容器的极性判别

对失去标注的电解电容器，可通过测量漏电阻判断其极性，方法见表 4-2-6。

表 4-2-6　电解电容器极性的判别方法

步骤	方法	图示及说明
1	准备	同电解电容器的质量检测，进行量程选择、欧姆调零、短路放电
2	第一次漏电阻测量	先假定某一引脚为正极，将其与万用表的黑表笔相接，另一引脚与万用表的红表笔相接，测量漏电阻，等指针稳定后记下测量值 R_1
3	第二次漏电阻测量	对换两表笔再次测量漏电阻，等指针稳定后记下测量值 R_2
4	极性判断	比较两次测量的漏电阻阻值（R_1 与 R_2），阻值较大的一次黑表笔所接的是电解电容器的正极

逐个对电解电容器进行参数识读和检测，并将识读和检测结果填入表 4-2-7。

表 4-2-7　电解电容器的识读与检测记录

序号	标注符号	标称容量	额定电压	质量判别	引脚极性判别
1					
2					
3					
4					
5					

任务测评

对任务实施的完成情况进行检查，并将检查结果填入表 4-2-8。

表 4-2-8　评分标准

序号	主要内容	考核要求	评分标准	配分	扣分	得分
1	小容量电容器的检测	正确识读小容量电容器的标注，正确检测小容量电容器的容量及质量	（1）标称容量、允许偏差识读不正确，每次扣 5 分 （2）不能正确使用数字式万用表测量电容器容量，每次扣 5 分 （3）不能正确使用模拟式万用表判断电容器质量，每次扣 8 分 （4）扣完为止	45		
2	电解电容器的检测	正确识读电解电容器的标注，判断电解电容器的质量及引脚极性	（1）标称容量、额定电压识读不正确，每次扣 5 分 （2）不能正确使用模拟式万用表判断电解电容器质量，每次扣 8 分 （3）不能正确使用模拟式万用表判断电解电容器引脚极性，每次扣 5 分 （4）扣完为止	45		
3	安全文明生产	劳动保护用品穿戴整齐；电工工具携带齐全；遵守操作规程；讲文明礼貌；按要求清理现场	（1）操作中违反安全文明生产考核要求的任何一项扣 2 分，扣完为止 （2）当考评员发现考生操作过程中有重大事故隐患时，要立即予以制止，并每次扣安全文明生产总分 5 分，扣完为止	10		
合计				100		
开始时间：			结束时间：			

任务 3　电感器的识别与检测

学习目标

1. 了解电感器和变压器，认识常见的电感器和变压器。
2. 掌握电感的单位及符号。
3. 掌握常见电感器和变压器的图形符号。

4. 掌握电感器和变压器的主要参数及标注方法。

5. 能正确识读电感器和变压器的参数，熟练使用万用表检测电感器和变压器，正确判别其质量。

任务引入

在照明线路的安装检修中，需要对线路中的多个元器件进行检测，其中就包括荧光灯的镇流器。例如，某一荧光灯不能正常发光，经检测发现电源供电、灯管和启辉器均正常，由此可以判断故障出现在镇流器上，需要对镇流器进行检测并判定其质量。电感式镇流器在交流电路中起着阻流、变压、传送信号等作用，被广泛应用于电子电路中的滤波器、调谐放大器、退耦电路等。除了镇流器，变压器也是一种特殊的电感器。

本任务的内容是了解常见的电感器种类及应用，并完成给定电感器的参数识读和检测的训练。

相关知识

一、电感器和变压器

电感器是利用电磁感应原理制成的，一般由磁芯和线圈组成（有些电感器没有磁芯）。利用自感作用制成的电感线圈通常称为电感器，文字符号为 L；利用互感作用制成的电感线圈通常称为变压器，文字符号为 T，一般由两个或两个以上线圈绕制而成。

电感器根据有无磁芯分为：空心电感器、有芯电感器。

根据工作频率分为：高频电感器、低频电感器。

根据封装形式分为：普通电感器、环氧树脂电感器、贴片电感器。

根据电感大小是否可调分为：固定电感器、可调电感器。

常见的电感器和变压器见表 4-3-1。

表 4-3-1 常见的电感器和变压器

名称	图示及说明	名称	图示及说明
空心电感器	电感器线圈中没有磁芯，容易自制，线圈匝数少，电感小，常应用在高频电路中	有芯电感器	电感器线圈中有磁芯，大大增加线圈的电感

续表

名称	图示及说明	名称	图示及说明
磁环电感器	 在铁氧体磁环上绕制线圈，可作为选频或滤波用	色码电感器	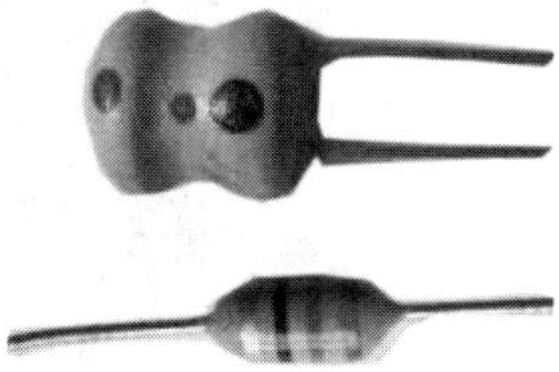 属于小型固定电感器，将线圈绕制在铁氧体基体上并封装，外壳上标注色环或色点表示电感大小
工字形电感器	 将线圈绕制在磁芯材料上，适合立式安装，常用在滤波、扼流等电路中	轴向电感器	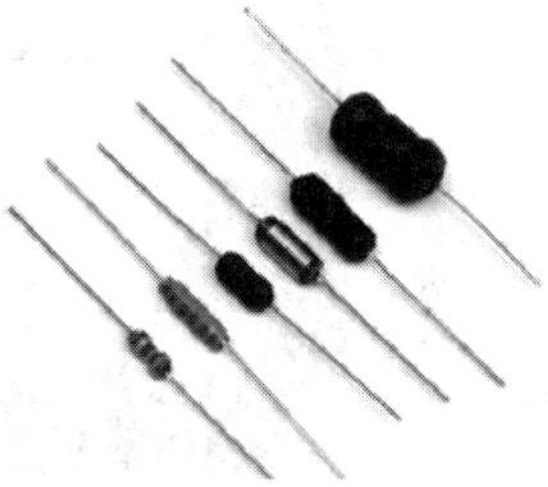 适合卧式安装，常用在滤波、扼流等电路中
贴片电感器	 小型化，适合用在自动化装配生产中	可调电感器	 电感大小可以调节，主要作为振荡电路、频率补偿线圈

续表

<table>
<tr><th>名称</th><th>图示及说明</th><th>名称</th><th>图示及说明</th></tr>
<tr><td rowspan="3">电源
变压器</td><td rowspan="3">E形变压器

环形变压器

R形变压器

E 形变压器为最常见的变压器，其磁路中的气隙较大，效率较低，噪声较大，但成本低。环形变压器效率高，铁芯无气隙，磁干扰较小，振动噪声较小。R 形变压器与 E 形和环形变压器相比，工作性能更强，不会产生噪声，可靠性更高</td><td>音频
变压器</td><td>音频输入、输出变压器</td></tr>
<tr><td>中频
变压器</td><td>属于可调磁芯变压器，俗称“中周”，应用在收音机中</td></tr>
<tr><td>高频信号
变压器</td><td>磁棒天线线圈，由两相邻而又相互独立的一次（初级）、二次（次级）绕组套在同一磁棒上构成，主要作为收音机的天线线圈</td></tr>
<tr><td>脉冲
变压器</td><td colspan="3">
可控硅触发变压器，一方面可以传递触发脉冲，另一方面可以在强弱电之间起到可靠的隔离作用

开关电源变压器，工作在脉冲状态下，工作频率高、效率高、体积小、功耗小</td></tr>
</table>

二、电感的单位及符号

电感器抗拒电流变化的能力可以用电感来描述，它反映了电流以 1 A/s 的变化速率通过电感器时，所能产生的感应电动势的大小。电感的大小与线圈结构有关，线圈绕的匝数越多，电感越大。在同样匝数的情况下，线圈加了磁芯或铁芯后，电感会增大。

电感的基本单位是亨利，用字母 H 表示。比亨利（H）小的单位有毫亨（mH）、微亨（μH），其换算公式如下：

$$1\ \text{H} = 10^3\ \text{mH} = 10^6\ \mu\text{H}$$

三、电感器和变压器的图形符号

常见电感器和变压器的图形符号如图 4-3-1 所示。

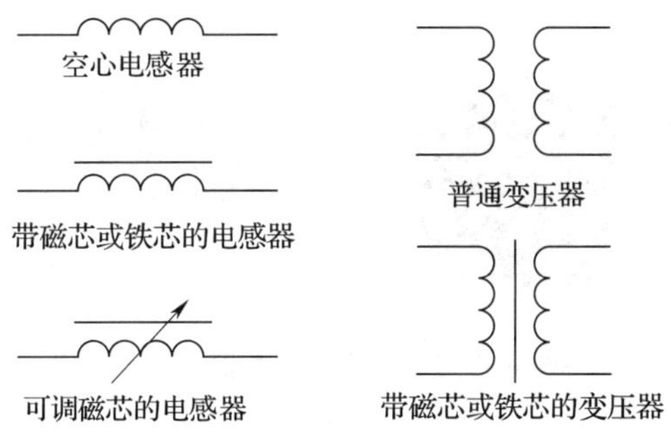

图 4-3-1　常见电感器和变压器的图形符号

四、电感器和变压器的主要参数及标注方法

1. 电感器的主要参数

（1）标称电感

电感器的外壳表面上标出的电感值，称为电感器的标称电感。

（2）允许偏差

电感器允许偏差的含义和表示方法与电阻器相似。

（3）品质因数

品质因数 Q 用来表示线圈储存能量损耗率的大小，主要在谐振电路中有严格的要求。Q 值越大，说明线圈的能量损耗率越小，效率越高。

（4）额定电流

电感器的额定电流是指电感线圈在正常工作时允许通过的最大工作电流。

（5）固有电容

电感器固有电容是指线圈绕组的匝与匝间、多层绕组的层与层间存在的分布电容。

2. 电感器参数的标注方法

电感器一般会标注出标称电感、允许偏差等参数。标注的方法有直标法、文字符号法、数码法、色标法，识读方法与电阻器参数的识读基本相同，默认单位为微亨（μH）。

（1）直标法

直标法是在小型固定电感线圈的外壳上直接用文字符号标出其标称电感、允许偏差等参数，识读示例如图 4-3-2 所示。

图 4-3-2　直标法识读示例

（2）文字符号法

文字符号法的识读与电阻器相同，识读示例如图 4-3-3 所示。

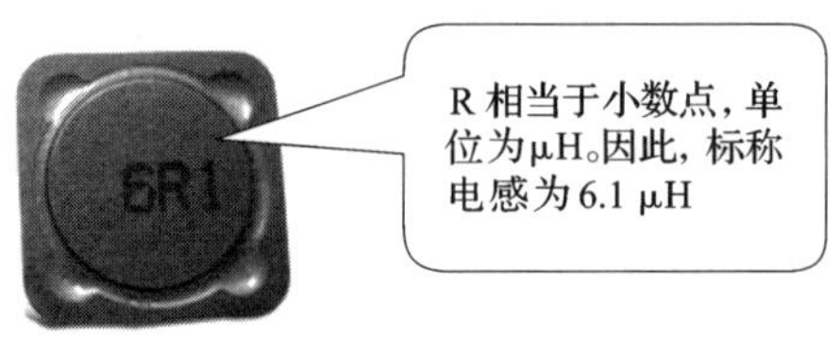

图 4-3-3　文字符号法识读示例

（3）数码法

用三位数字表示，前两位表示电感值的有效数字，第三位数字表示倍乘（10^n），小数点用 R 表示，单位为 μH，识读示例如图 4-3-4 所示。

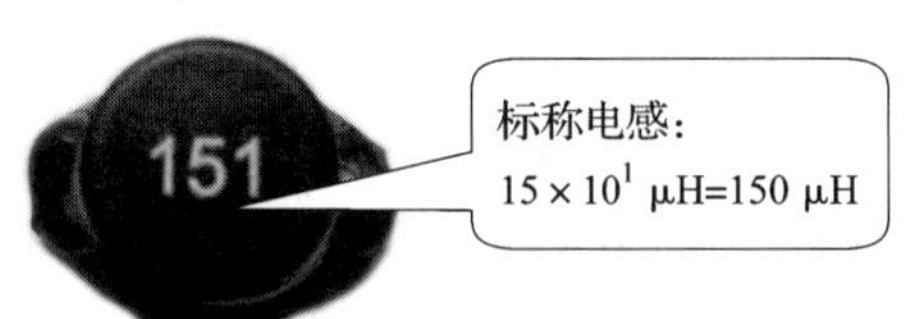

图 4-3-4　数码法识读示例

（4）色标法

电感器色标法的识读原则上与电阻器色标法相同，识读示例如图 4-3-5 所示。

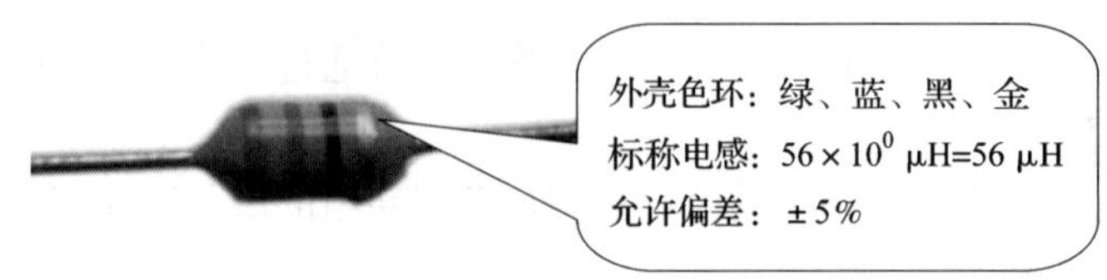

图 4-3-5　色标法识读示例

3. 变压器的主要参数及标注方法

变压器上一般会有铭牌，标注出变压器的型号、输入电压、输出电压、功率等参数，如图 4-3-6 所示。

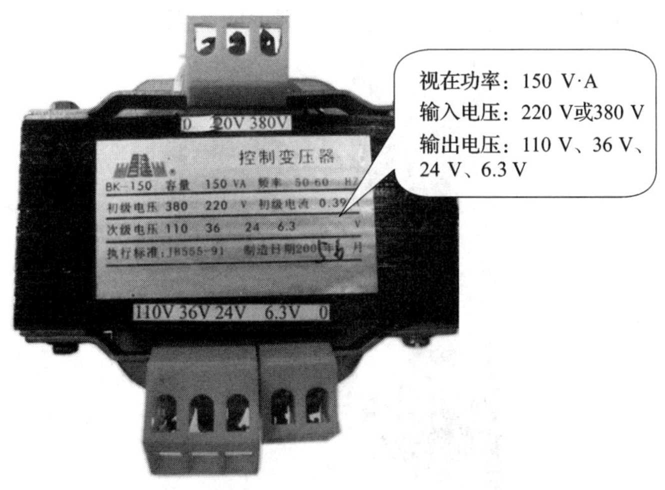

图 4-3-6　变压器的铭牌标注示例

任务实施

一、任务准备

实施本任务所需要的实训设备及工具材料见表 4-3-2。

表 4-3-2　实训设备及工具材料

序号	名称	型号规格	数量	单位	备注
1	万用表	MF47 型（模拟式）	1	个	
2		数字式	1	个	
3	电感器		5	个	不同规格和标注方法，质量好坏均可
4	变压器	常用电源变压器	1	个	质量好坏均可

二、电感器和变压器的检测方法

电感器的电感需要用专门的仪表检测，也可以利用万用表初步判断其质量。

1. 电感器的质量判定

镇流器作为一种电感器，可以通过外观检查、直流电阻测量来判定其质量。

（1）外观检查

查看线圈引线是否断裂、脱焊，绝缘材料是否烧焦，表面是否破损等。

（2）直流电阻测量

通过万用表测量线圈阻值来判断其质量好坏，即检测电感器是否有短路、断路或绝缘不良等情况，如图 4-3-7 所示。通常电感线圈的直流电阻很小。当测得线圈电阻无穷大时，表明线圈内部或引出端已断线；如果为 0，则说明线圈内部短路。

图 4-3-7　用万用表测量镇流器的直流电阻

对于匝数很少的线圈，电阻只有零点几欧姆，模拟式万用表难以测出精确阻值，一般只能通过测量通断来判断其质量好坏。

2. 电源变压器的简单检测

电源变压器使用前或经过修理后，都应进行检测，常用的检测方法如下（以电源变压器 220 V/18 V/9 V 为例）：

（1）外观检查

外观检查就是根据变压器外观有无异常情况判断其质量的好坏，如线圈引线是否断线、脱焊，线圈外层的绝缘材料是否烧焦变色，是否有机械损伤和表面破损，铁芯插装及紧固情况是否良好等，如图 4-3-8 所示。

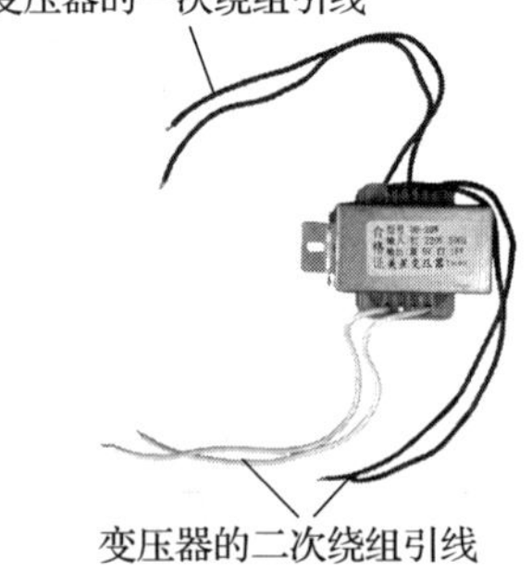

图 4-3-8　变压器外观检查

（2）线圈的断路、短路检测

用数字式万用表进行线圈的断路、短路检测。电源降压变压器一次绕组匝数较多，阻值较大；二级绕组匝数较少，阻值较小。测量时，需要根据变压器绕组的阻值选择合适的量程，本例中选择 200 Ω 量程。变压器一次绕组和二次绕组的检测如图 4-3-9 所示。若测量结果远大于正常值，说明线圈接触不良或有断路故障；若远小于正常值或为 0，说明线圈有短路故障（主要指同绕组各匝之间短路）。对于中、高频变压器的局部短路，要使用专用测试仪器判断。

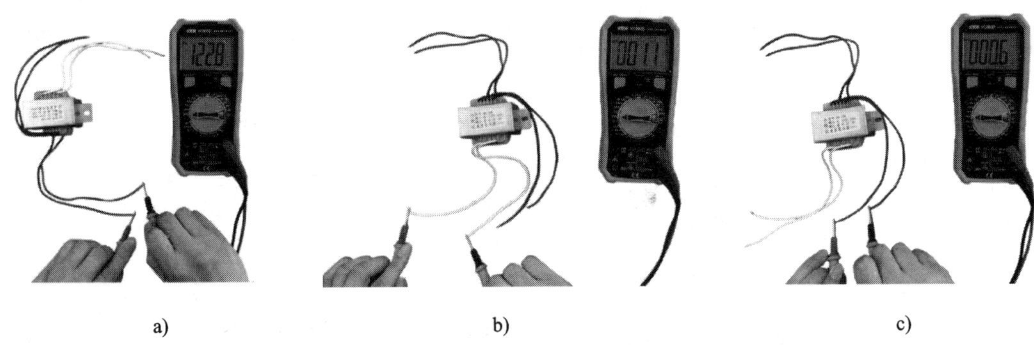

a)　　b)　　c)

图 4-3-9　变压器的检测
a）一次绕组的检测　b）二次绕组（18 V）的检测　c）二次绕组（9 V）的检测

三、电感器和变压器的识读、检测与记录

对电感器和变压器进行识读与检测，并将结果填入表 4-3-3。

表 4-3-3　电感器和变压器的识读与检测记录

<table>
<tr><td>分类</td><td>标注符号</td><td>标称电感</td><td>允许偏差</td><td>直流电阻</td><td>质量判别</td></tr>
<tr><td rowspan="5">电感器</td><td></td><td></td><td></td><td></td><td></td></tr>
<tr><td></td><td></td><td></td><td></td><td></td></tr>
<tr><td></td><td></td><td></td><td></td><td></td></tr>
<tr><td></td><td></td><td></td><td></td><td></td></tr>
<tr><td></td><td></td><td></td><td></td><td></td></tr>
<tr><td rowspan="2">变压器</td><td colspan="2">变压器标注参数</td><td colspan="2">测量结果</td><td>质量判别</td></tr>
<tr><td colspan="2"></td><td colspan="2">一次绕组直流阻值：
二次绕组直流阻值：</td><td></td></tr>
</table>

任务测评

对任务实施的完成情况进行检查，并将检查结果填入表 4-3-4。

表 4-3-4　评分标准

序号	主要内容	考核要求	评分标准	配分	扣分	得分
1	电感器的识读与检测	正确识读电感器的参数，正确检测电感器的直流电阻并判断其质量	（1）标称电感、允许偏差识读不正确，每次扣 5 分 （2）不能正确使用万用表测量电感器直流电阻并判断其质量，每次扣 5 分 （3）扣完为止	45		

续表

序号	主要内容	考核要求	评分标准	配分	扣分	得分
2	变压器的识读与检测	正确识读变压器的参数，正确检测变压器一次、二次绕组的直流电阻并判断其质量	（1）变压器参数识读不正确，每次扣5分 （2）不能正确检测变压器一次、二次绕组的直流电阻，每次扣8分 （3）扣完为止	45		
3	安全文明生产	劳动保护用品穿戴整齐；电工工具携带齐全；遵守操作规程；讲文明礼貌；按要求清理现场	（1）操作中违反安全文明生产考核要求的任何一项扣2分，扣完为止 （2）当考评员发现考生操作过程中有重大事故隐患时，要立即予以制止，并每次扣安全文明生产总分5分，扣完为止	10		
合计				100		
开始时间：			结束时间：			

任务4　常用分立半导体元器件的识别与检测

学习目标

1. 了解常见二极管、三极管、晶闸管的外形、特点及应用。
2. 能正确判断二极管正、负极性及其质量。
3. 能正确判断三极管类型、引脚及其质量。
4. 能正确判断单向晶闸管引脚及其导电特性。

任务引入

二极管、三极管、晶闸管等半导体元器件在电力、电子线路中有着广泛的应用。例如，较为常见的调光台灯中就常采用整流二极管、晶闸管等元器件。而整流二极管、晶闸管的故障率相对较高，实际工作中常会遇到检测、更换损坏元器件的任务。作为维修电工，必须掌握其识别、检测方法，以便顺利完成电气设备的安装、维修工作。

本任务的内容是了解常见的二极管、三极管、晶闸管等半导体元器件的种类及应用，并完成给定元器件的识别与检测训练。

相关知识

一、常见的二极管

二极管是由一个 P 型半导体和一个 N 型半导体形成的 PN 结，在 PN 结两端引出两个电极引线，再加上管壳密封制成。P 区引出的电极为二极管的正极（或阳极），N 区引出的电极为二极管的负极（或阴极），二极管结构示意图如图 4-4-1 所示。

二极管的图形符号为“—▷|—”，在电路中用 V 或 VD 表示。它最重要的特性就是单向导电性，即电路中的电流只能从二极管的正极流入，从负极流出，如图 4-4-2 所示。二极管导通后两端的电压基本保持不变（锗管约为 0.3 V，硅管约为 0.7 V）。

图 4-4-1　二极管结构示意图

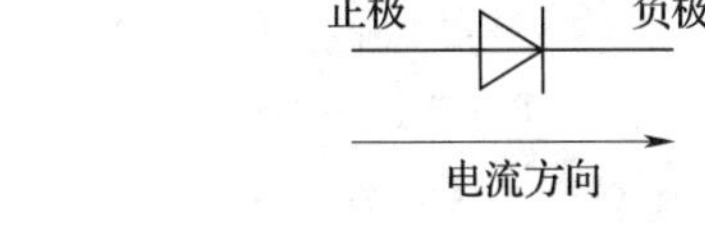

图 4-4-2　二极管的图形符号及单向导电性

根据材料的不同，二极管可分为锗材料二极管和硅材料二极管。按制作工艺，可分为点接触型、面接触型和平面型二极管，点接触型二极管主要用于高频、检波电路中，面接触型二极管常用作整流元件，平面型二极管常用于大功率整流电路中。按包装材料，分为玻璃外壳、塑封、金属外壳等二极管。按用途，分为整流、检波、开关、稳压、贴片、发光二极管等。常见二极管的外形及说明见表 4-4-1。

表 4-4-1　常见二极管的外形及说明

名称	外形及说明	名称	外形及说明
整流二极管	利用二极管的单向导电性对交流电进行整流。常见的整流二极管有塑封和螺栓型	稳压二极管	利用 PN 结反向击穿时电压基本不随电流变化的特点实现稳压，一般由硅材料制成，常用于稳压电路中，图形符号为“—▷|—”

续表

名称	外形及说明	名称	外形及说明
开关二极管	导通和截止速度快，广泛应用于开关及自动控制电路中	检波二极管	通常结电容小、高频特性好，主要用于高频检波电路中
发光二极管	分为单色和多色两种，能发出不同颜色的光，主要用于指示、显示电路中，图形符号为“”	贴片二极管	小型化，适用于自动化装配技术中

二、常见的三极管

在一块极薄的硅或锗基片上通过一定的工艺制作出两个 PN 结就构成了三层半导体，从三层半导体上各引出一根引线就是三极管的三个电极，再将其封装在管壳中就制成了三极管。三个电极分别称为发射极 e、基极 b、集电极 c，对应的每层半导体分别称为发射区、基区和集电区。发射区和基区交界的 PN 结称为发射结，集电区和基区交界的 PN 结称为集电结。根据基片是 N 型半导体还是 P 型半导体，三极管有 NPN 型和 PNP 型两种类型，其结构及图形符号如图 4-4-3 所示。

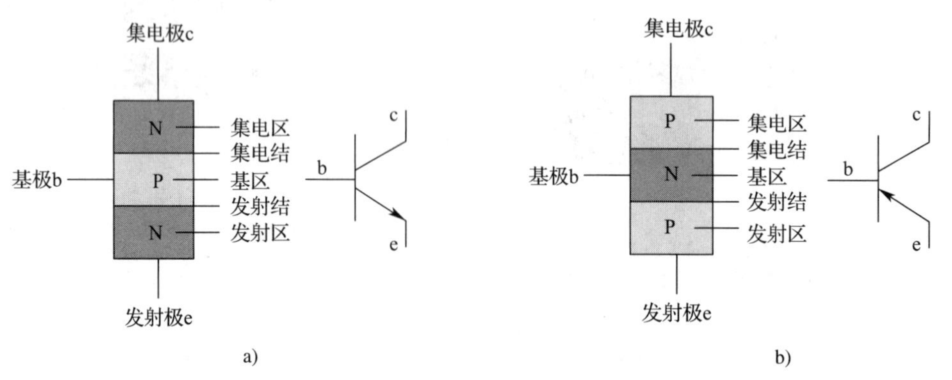

图 4-4-3　三极管结构及图形符号
a）NPN 型三极管　b）PNP 型三极管

三极管具有电流放大作用，其实质是三极管能以基极电流微小的变化量来控制集电极电流较大的变化量。基极电流最小，发射极电流最大（集电极电流与基极电流之和），集电极电流是基极电流的β倍（β为三极管的共射极交流电流放大系数）。

根据功率的不同，三极管分为小功率、中功率、大功率三极管；根据频率的不同，分为低频三极管和高频三极管；根据封装形式的不同，分为表面封装、塑料封装、金属封装三极管。常见三极管的外形及说明见表 4-4-2。

表 4-4-2　常见三极管的外形及说明

名称	外形及说明	名称	外形及说明
塑料封装小功率三极管	电子电路中应用最多的三极管，主要用于放大信号，作为各种控制电路中的控制元器件	塑料封装大功率三极管	主要用于驱动电路和激励电路中，因为功率较大，三极管容易发热，需要附加散热片
金属封装大功率三极管	输出功率较大、体积较大，一般需要安装散热片。金属封装的外壳为三极管的集电极	金属封装高频三极管	特征频率大于 3 MHz，金属外壳可以起屏蔽作用，多用于高频放大、振荡电路中
达林顿三极管	达林顿三极管又称为达林顿复合管，内部由两个输出功率不等的三极管按一定接线规律复合而成，主要作为功率放大和电源调整管	贴片三极管	小型化，适用于自动化装配技术中

三、常见的晶闸管

晶闸管俗称可控硅，常用的晶闸管有单向晶闸管（普通晶闸管）、双向晶闸管、可关断晶闸管、快速晶闸管等。单向晶闸管由四层半导体和三端引线构成，有三个 PN 结，由最外层的 P 层和 N 层分别引出阳极 A 和阴极 K，中间的 P 层引出门极 G。单向晶闸管的结构及图形符号如图 4-4-4 所示。

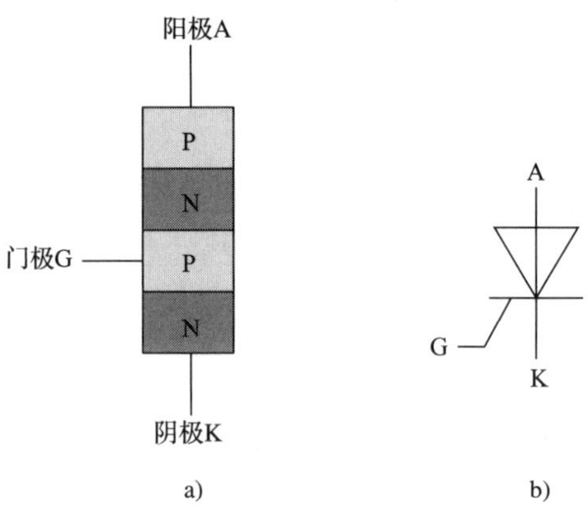

图 4-4-4　单向晶闸管的结构及图形符号
a）结构　b）图形符号

当单向晶闸管的阳极与阴极之间加正向电压，同时门极与阴极之间加正向触发电压时，方可被触发导通。单向晶闸管一旦导通，门极失去控制作用，只有当阳极电流减小到小于维持电流或阳极电压减小到零（或反向）时，晶闸管关断。

常见晶闸管的外形及说明见表 4-4-3。

表 4-4-3　常见晶闸管的外形及说明

名称	外形及说明
单向晶闸管	广泛应用于可控整流、交流调压、逆变器和开关电源电路中
双向晶闸管	主电极T2 控制级G 主电极T1 双向晶闸管 T1 与 T2 之间无论加正向电压还是反向电压，施加触发电压后都可以导通。一般用于调节电压、电流或交流无触点开关电路中

续表

名称	外形及说明
可关断晶闸管	可关断晶闸管又称为门控晶闸管，主要特点是当门极加足够大的负触发信号时晶闸管能自行关断
快速晶闸管	可以在 400 Hz 以上频率电路中工作，其导通时间为 4~8 μs，关断时间为 10~60 μs，主要用于较高频率的整流、斩波、逆变和变频电路中

任务实施

一、任务准备

实施本任务所需要的实训设备及工具材料见表 4-4-4。

表 4-4-4　实训设备及工具材料

序号	名称	型号规格	数量	单位	备注
1	万用表	MF47 型（模拟式）	1	个	
2	二极管		5	个	不同规格，质量好坏均可
3	三极管		5	个	不同规格，质量好坏均可
4	单向晶闸管		2	个	不同规格，质量好坏均可

二、二极管正、负极性及质量判别

从外形、标注等可以识别出二极管的正、负极性，外壳上标有色圈的表示负极；有些二极管外壳画有图形符号，其正、负极性与图形符号所示的正、负极性一致；螺栓型并装有散热器的二极管，其外壳是正极；有些二极管引脚长短不同，相对较长的引脚为正极，较短的引脚为负极。二极管正、负极性的外观分辨如图 4-4-5 所示。

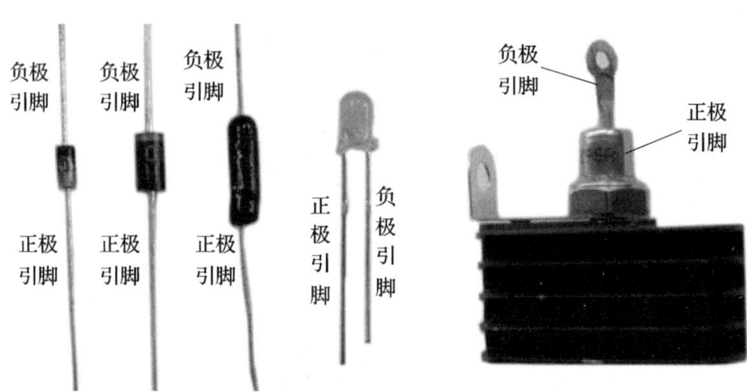

图 4-4-5　二极管正、负极性的外观分辨

当符号或极性不清楚时，可依据二极管的单向导电性来判断它的极性。具体方法是用模拟式万用表 R×100 或 R×1 k 挡，用红、黑表笔同时接触二极管的两引脚，然后再对调表笔重新测量，在所测阻值较小的那次测量中，黑表笔所接的是二极管的正极，红表笔所接的是二极管的负极。

若测量过程中正向阻值（黑表笔接正极、红表笔接负极）和反向阻值（红表笔接正极、黑表笔接负极）均为∞，说明二极管内部开路；若均较小，说明二极管内部短路。若正、反向电阻相差较小，则说明二极管单向导电性能变差。

根据二极管正、负极性及质量判别方法完成 5 个二极管的检测任务，并将检测、判别结果填入表 4-4-5。

表 4-4-5　二极管极性判别与检测记录

序号	极性判别（外观）	正向阻值	反向阻值	极性判别（万用表）	质量判别
1					
2					
3					
4					
5					

三、三极管类型、引脚及质量判别

三极管类型及引脚可以根据三极管上的标注或查阅相关手册获得相关信息来判别。对于塑料封装和金属封装的三极管，其三个引脚的分布有一定规律，可以根据这一规律分辨三个电极。常见塑料封装和金属封装三极管的引脚分布如图 4-4-6 所示。

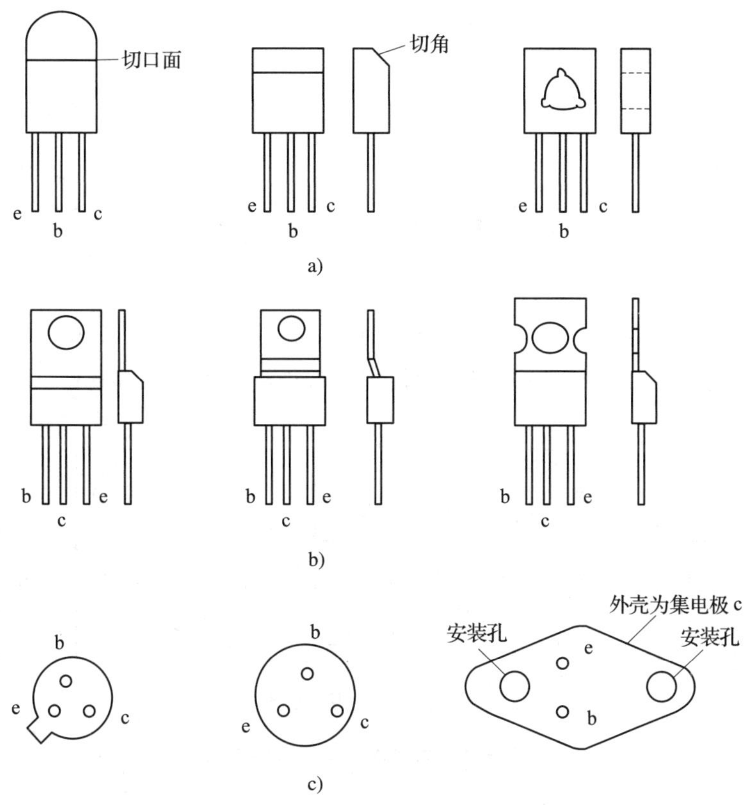

图 4-4-6　常见塑料封装和金属封装三极管的引脚分布
a）塑料封装三极管　b）塑料封装带散热片三极管　c）金属封装三极管

利用万用表可以判别三极管的类型、引脚及质量，其方法如下：

1. 类型及基极的判别

对于 PNP 型三极管，c、e 极分别为其内部的两个 PN 结的正极，b 极为它们共同的负极；对于 NPN 型三极管，c、e 极分别为其内部的两个 PN 结的负极，b 极为它们共同的正极，根据这一特点可以利用模拟式万用表电阻挡进行型号及基极的判别。具体方法为：利用万用表 R×100 或 R×1 k 挡进行多次测试，直至出现一表笔固定接其中一个引脚而另一表笔分别接其余两引脚测得阻值均较小，可以判定表笔固定所接引脚为基极；若该引脚所接是黑表笔，则此三极管为 NPN 型；若为红表笔，则此三极管为 PNP 型，如图 4-4-7 所示。

2. 集电极和发射极的判别

同样，利用万用表 R×100 或 R×1 k 挡进行测试，具体方法如下：

对于 NPN 型三极管，假定其余的两引脚中任一引脚为集电极，另一引脚为发射极，黑表笔接假定的集电极，红表笔接假定的发射极，同时用手捏住假定的集电极和已测出的基极（不能短接），记下此时阻值；再做相反假设，以同样的方法测试并记下阻值。比较两次读数，阻值较小的一次黑表笔所接为集电极，另一引脚为发射极，如图 4-4-8 所示。

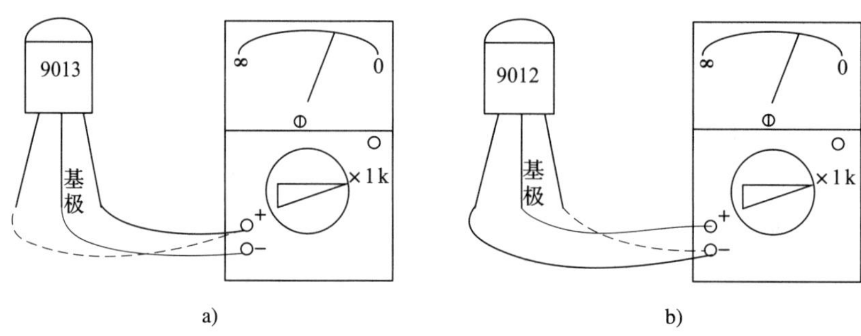

图 4-4-7　三极管型号及基极的判别

a）NPN 型三极管　b）PNP 型三极管

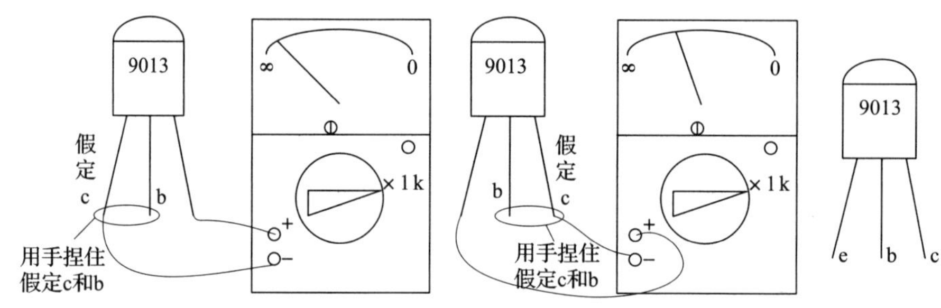

图 4-4-8　集电极和发射极的判别

对于 PNP 型三极管，假定其余的两引脚中任一引脚为集电极，另一引脚为发射极，红表笔接假定的集电极，黑表笔接假定的发射极，同时用手捏住假定的集电极和已测出的基极（不能短接），记下此时阻值；再做相反假设，以同样的方法测试并记下阻值。比较两次读数，阻值较小的一次红表笔所接为集电极，另一引脚为发射极。

3. 三极管质量的判别

根据 PN 结的单向导电性，可以检测三极管内各极间 PN 结正、反向电阻，如果相差较大，说明三极管基本正常；如果正、反向电阻都很大，说明三极管内部有断路或 PN 结性能不好；如果正、反向电阻都很小，说明三极管极间短路或击穿。

根据三极管类型、引脚及质量判别方法，完成 5 个三极管的检测任务，并将检测判别结果填入表 4-4-6。

表 4-4-6　三极管判别与检测记录

序号	外观标注	类型	引脚判别	质量判别
1				
2				
3				
4				
5				

四、单向晶闸管检测

1. 单向晶闸管引脚判别

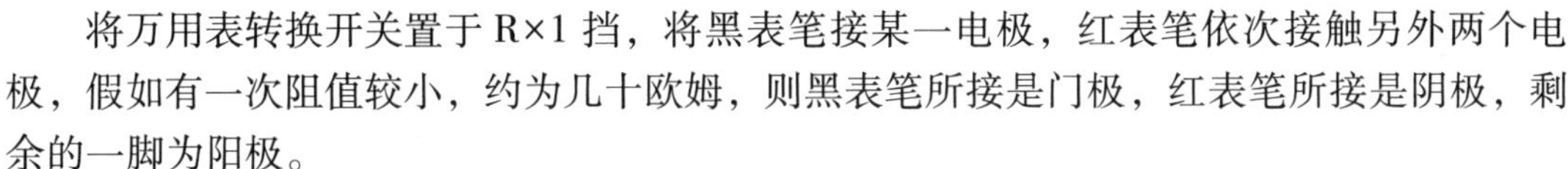

将万用表转换开关置于 R×1 挡，将黑表笔接某一电极，红表笔依次接触另外两个电极，假如有一次阻值较小，约为几十欧姆，则黑表笔所接是门极，红表笔所接是阴极，剩余的一脚为阳极。

2. 单向晶闸管导电特性检测

当单向晶闸管阳极与阴极之间加正向电压，同时门极与阴极之间加正向触发电压时，晶闸管导通，且撤去门极触发电压后仍能维持导通。

将万用表转换开关置 R×1 挡，黑表笔接阳极，红表笔接阴极，此时电阻为∞。用接阳极的黑表笔同时碰触门极（见图 4-4-9a），看到指针偏向小阻值方向（几十欧左右），这时让黑表笔离开门极（见图 4-4-9b，注意移动过程中黑表笔不能脱离阳极），指针指示值仍保持不变。

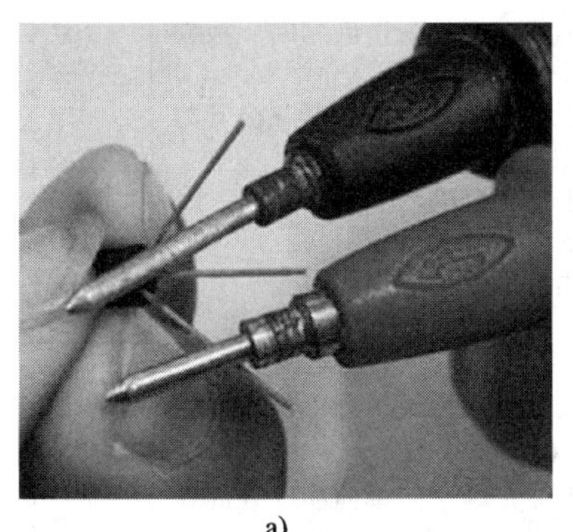

a)

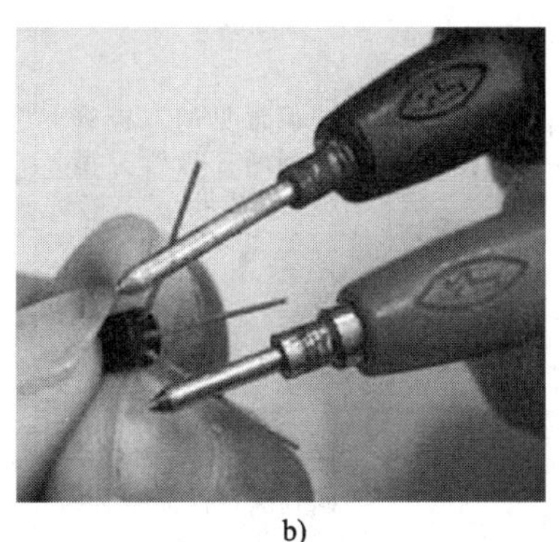

b)

图 4-4-9　单向晶闸管导电特性检测

a）黑表笔同时碰触阳极和门极　b）黑表笔碰触阳极、离开门极

根据单向晶闸管引脚及导电特性检测方法，完成 2 个单向晶闸管的检测任务，并将检测判别结果填入表 4-4-7。

表 4-4-7　单向晶闸管判别与检测记录

序号	外观标注	引脚判别	导电特性检测
1			
2			

任务测评

对任务实施的完成情况进行检查，并将检查结果填入表 4-4-8。

表 4-4-8　评分标准

序号	主要内容	考核要求	评分标准	配分	扣分	得分
1	二极管的检测	认识常见的二极管，正确判断二极管正、负极性及其质量	（1）不能根据外观正确判断二极管正、负极性，每次扣 5 分 （2）不能利用万用表判断二极管的正、负极性，每次扣 5 分 （3）不能正确判断二极管质量，每次扣 5 分 （4）扣完为止	25		
2	三极管的检测	认识常见的三极管，正确判断三极管类型、引脚及其质量	（1）不能根据外观正确判断三极管引脚，每次扣 5 分 （2）不能利用万用表判断三极管的类型、引脚，每次扣 10 分 （3）不能正确判断三极管质量，每次扣 5 分 （4）扣完为止	45		
3	单向晶闸管的检测	认识常见的晶闸管，正确判断单向晶闸管引脚及其导电特性	（1）不能利用万用表判断单向晶闸管引脚，每次扣 5 分 （2）不能正确判断单向晶闸管的导电特性，每次扣 5 分 （3）扣完为止	20		
4	安全文明生产	劳动保护用品穿戴整齐；电工工具携带齐全；遵守操作规程；讲文明礼貌；按要求清理现场	（1）操作中违反安全文明生产考核要求的任何一项扣 2 分，扣完为止 （2）当考评员发现考生操作过程中有重大事故隐患时，要立即予以制止，并每次扣安全文明生产总分 5 分，扣完为止	10		
合计				100		
开始时间：			结束时间：			

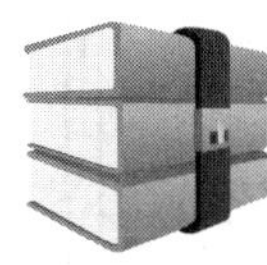

课题五　室内照明线路的安装与维修

任务1　室内照明线路识读

学习目标

1. 掌握电气照明平面图中元器件及线路的表示方法。
2. 能正确识读电气照明平面图。

任务引入

识读照明平面图时，首先要了解照明平面图中各图形符号的含义，明确配电方式、外设导线规格和配线方式、照明灯具安装位置和安装方式等相关信息，才能为今后按图施工奠定基础。

某办公楼第6层需要进行照明线路安装改造，设计部门提供了照明平面图，作为施工人员必须正确识读照明平面图，明确施工要求，进而完成下一步施工任务。本任务的内容是完成对相关图样的识读，理解图样所表达的内容和要求。

图5-1-1所示为该办公楼第6层电气照明平面图，图5-1-2所示是其供电概略图和有关说明，负荷统计见表5-1-1。

具体施工要求及说明如下：

1. 该层层高4 m，净高3.88 m，楼面为预制混凝土板，抹厚80 mm水泥浆。
2. 导线及配线方式：电源引自第5层，总线BLX-2×10-MT25-WC；分干线（1～3）BLV-2×6-PC20-WC；各支线BLVV-2×2.5-FPC15-WC。
3. 配电箱型号为XM_{1-16}，并按供电概略图接线。
4. 本施工图采用的电气图形符号含义见《电气简图用图形符号　第11部分：建筑安装平面布置图》（GB/T 4728.11—2022），建筑图形符号含义见《建筑制图标准》（GB/T 50104—2010）、《建筑电气制图标准》（GB/T 50786—2012）。

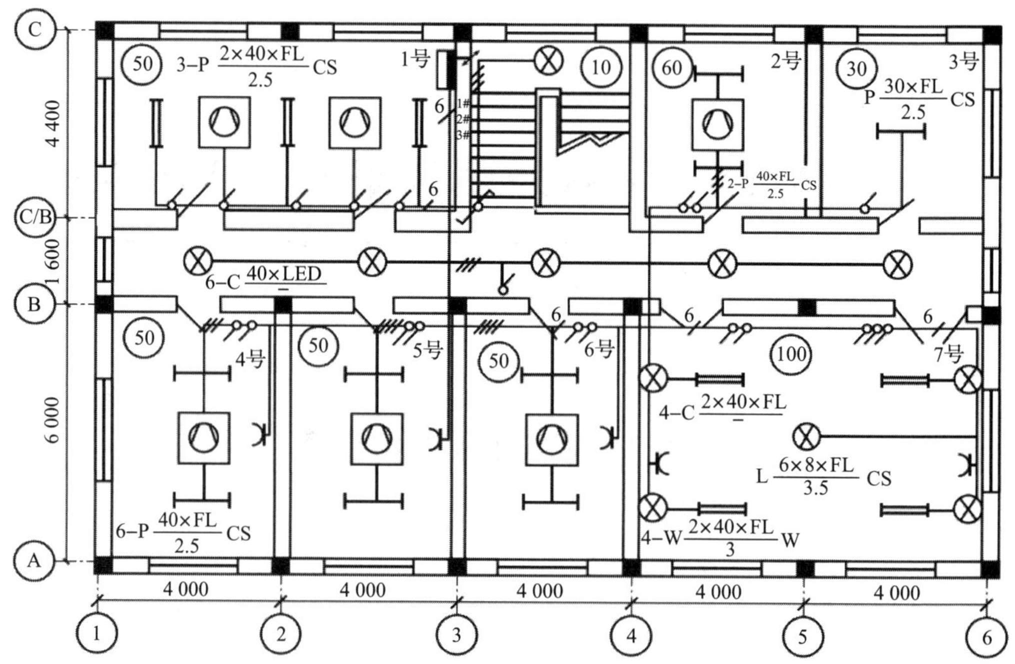

图 5-1-1　某办公楼第 6 层电气照明平面图

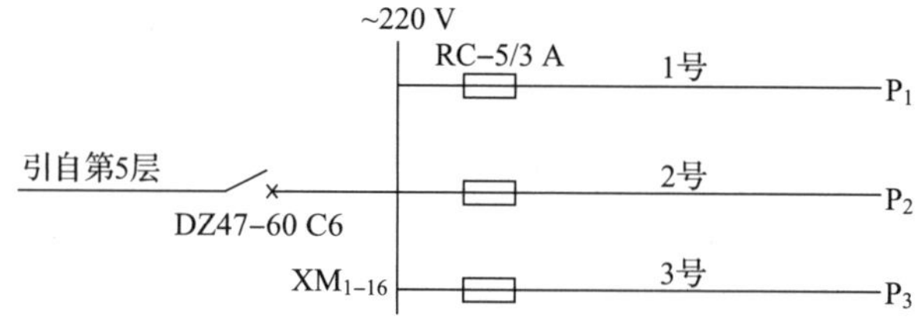

图 5-1-2　某办公楼第 6 层供电概略图和有关说明

表 5-1-1　负荷统计

线路编号	供电场所	负荷统计			
		灯具（个）	电扇（个）	插座（个）	计算负荷（kW）
1 号	1 号房间、走廊、楼道	9	2	0	0. 41
2 号	4、5、6 号房间	6	3	3	0. 42
3 号	2、3、7 号房间	12	1	2	0. 47

相关知识

一、照明平面图常用图形符号（见表 5-1-2）

表 5-1-2　照明平面图常用图形符号

名称	图形符号	名称	图形符号	名称	图形符号
插座，一般符号		开关，一般符号		灯，一般符号	
带保护极的插座		单极拉线开关		投光灯，一般符号	
多个插座		单极开关		荧光灯，一般符号	
带保护极和单极开关的插座		双极开关		双管荧光灯	
单相二、三极插座		双控单极开关		三管荧光灯	
电度表	Wh	调光器		风扇；风机	

二、照明线路及灯具的表示方法

1. 照明线路的表示方法

（1）线路功能的表示方法（见表 5-1-3）

表 5-1-3　线路功能的表示方法（部分）

线路功能	文字符号		备注
	单字母	双字母	
控制线路	W	WC	
直流线路	W	WD	
照明线路	W	WL	
电力线路	W	WP	
应急照明线路	W	WE	或 WEL
电话线路	W	WF	
广播线路	W	WB	或 WS
电视线路	W	WV	或 TV
插座线路	W	WX	

（2）线路敷设方式的表示方法（见表 5-1-4）

表 5-1-4　线路敷设方式的表示方法（部分）

敷设方式	文字符号	敷设方式	文字符号	敷设方式	文字符号
穿钢导管敷设	SC	穿塑料波纹电线管敷设	KPC	钢索敷设	M
穿普通碳素钢电线套管敷设	MT	电缆托盘敷设	CT	直埋敷设	DB
穿可挠金属电线保护套管敷设	CP	电缆梯架敷设	CL	电缆沟敷设	TC
穿硬塑料导管敷设	PC	金属槽盒敷设	MR	电缆排管敷设	CE
穿阻燃半硬塑料导管敷设	FPC	塑料槽盒敷设	PR		

（3）线路敷设部位的表示方法（见表 5-1-5）

表 5-1-5　线路敷设部位的表示方法（部分）

敷设部位	文字符号	敷设部位	文字符号	敷设部位	文字符号
沿或跨梁敷设	AB	沿墙面敷设	WS	暗敷设在柱内	CLC
沿或跨柱敷设	AC	沿屋面敷设	RS	暗敷设在墙内	WC
沿吊顶或顶板面敷设	CE	暗敷设在顶板内	CC	暗敷设在地板或地面下	FC
吊顶内敷设	SCE	暗敷设在梁内	BC		

（4）同一线路导线根数的表示

同一线路只要走向相同，无论导线的根数是多少，在平面图上均可用一根线条表示，其根数用短斜线或单斜线加数字（3 根以上）表示，如图 5-1-3 所示。

（5）照明线路的表示

照明线路在平面图上采用图线和文字符号相结合的方法表示线路的走向，导线的型号、规格、根数、长度，线路配线方式，线路用途等。照明线路标注的一般格式如下：

$$a-b-c\times d-e-f$$

其中　a——线路编号或用途；

b——导线型号；

c——导线根数；

d——导线截面积，mm^2；

e——导线敷设方式；

f——导线敷设部位。

图 5-1-4 所示为照明线路在平面图中的表示方法，线路符号 WL 1-BV-2×1. 5-PC-WC 的含义是：第 1 号照明分支线（WL1）；导线型号是铜芯聚氯乙烯绝缘电线，共有 2 根导线，导线截面积为 1. 5 mm^2；导线敷设方式为穿硬塑料导管敷设；敷设部位为暗敷在墙内。

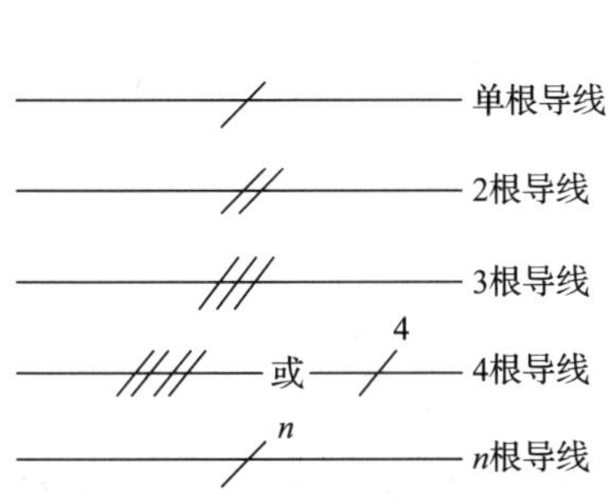

图 5-1-3　导线根数的表示方法

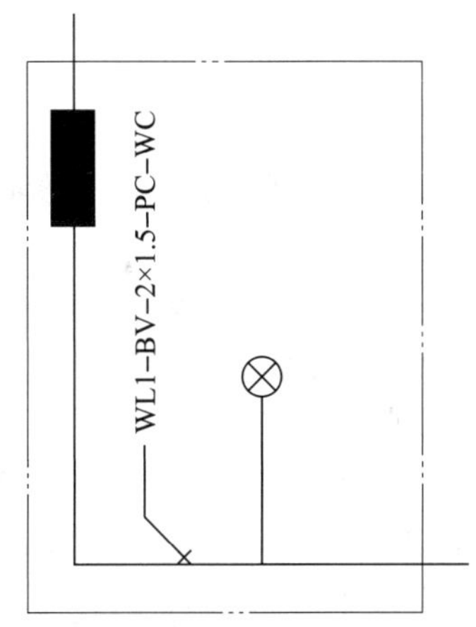

图 5-1-4　照明线路在平面图中的表示方法

2. 照明器具的表示方法

照明器具采用图形符号和文字标注相结合的方法表示。文字标注的内容通常包括电光源种类、灯具类型、安装方式、灯具数量、额定功率等。

（1）电光源种类（见表 5-1-6）

表 5-1-6　电光源种类

名称	文字符号	名称	文字符号
氖灯	Ne	电发光灯	EL
氙灯	Xe	弧发光灯	ARC
钠灯	Na	荧光灯	FL
汞灯	Hg	红外线灯	IR
碘钨灯	I	紫外线灯	UV
白炽灯	IN	发光二极管	LED

（2）灯具安装方式（见表 5-1-7）

表 5-1-7　灯具安装方式

安装方式	文字符号	安装方式	文字符号	安装方式	文字符号
线吊式	SW	吸顶式	C	支架上安装	S
链吊式	CS	嵌入式	R	柱上安装	CL
管吊式	DS	吊顶内安装	CR	座装	HM
壁装式	W	墙壁内安装	WR		

（3）灯具标注的一般格式

灯具标注的一般格式如下：

$$a - b\frac{c \times d \times L}{e}f$$

其中　a——某场所同类型照明器具的数量；

b——灯具型号；

c——每盏灯具的光源数量；

d——光源安装容量，W；

L——光源种类；

e——安装高度，m，“-”表示吸顶安装；

f——安装方式。

例如，$3\text{-}P\frac{2\times40\times FL}{2.5}CS$ 表示该场所安装 3 盏荧光灯，灯具型号是 P 系列，每盏灯具内装 2 个功率为 40 W 的荧光灯，安装高度为 2.5 m，采用链吊式方法安装。

任务实施

一、任务准备

实施本任务需要的实训材料为 2 张电气照明平面图。

二、电气照明平面图识读

1. 办公楼电气照明平面图识读

对图 5-1-1 所示的电气照明平面图的识读如下：

（1）基本图表示的非电信息

为了确切地表示线路和灯具的布置，图中用细实线简略地绘制出了建筑物墙体、门窗、楼梯、承重梁柱的平面结构。用定位轴线 1～6 和 A、B、C/B、C 及尺寸线表示了各部分的尺寸关系。在施工说明中交代了楼层结构，从而提供了照明线路和设备安装时需要考虑的有关土建资料。

（2）电源

由图 5-1-2 所示的供电概略图可知，该楼层电源引自第 5 层，单相 220 V，经照明配电箱 XM_{1-16} 分成三路分干线，送至各场所。

（3）照明线路

采用三种规格的线路，线路的文字标注在施工要求中说明，避免了在图上标注，以使图面清晰。

（4）照明设备

图 5-1-1 中的照明设备有灯具、开关、插座等，照明灯有荧光灯、LED 灯等，灯具的安装方式有链吊式、壁装式、吸顶式等，例如：

$$4 - W\frac{2 \times 40 \times FL}{3}W\text{(7 号房间)}$$

表示该房间有 4 盏荧光灯，灯具型号为 W 系列，每盏灯内装有 2 个 40 W 灯管，安装高度为 3 m，壁装式安装。

$$6 - C\frac{40 \times LED}{-}(\text{走廊及楼道})$$

表示走廊及楼道有 6 盏 LED 灯，灯具型号为 C 系列，每盏灯内装有 1 个 40 W 灯管，吸顶式安装。

（5）照度

照度指被照明物体表面单位面积所接收的光通量，单位为勒克斯（lx），在电气照明平面图中用符号ⓝ表示。各照明场所的照度在图 5-1-1 中均已表示，如 1 号房间照度为 50 lx，走廊及楼道照度为 10 lx。

（6）安装位置

由图 5-1-1 中定位轴线和标注的有关尺寸可直接确定设备、线路管线安装位置。例如，配电箱的位置在定位轴线 C、3 交点（+C3）附近。

2. 电气照明平面图识读补充练习

在识读图 5-1-1 的基础上，独立完成对图 5-1-5 所示电气照明平面图的识读，并对其内容做简要说明。

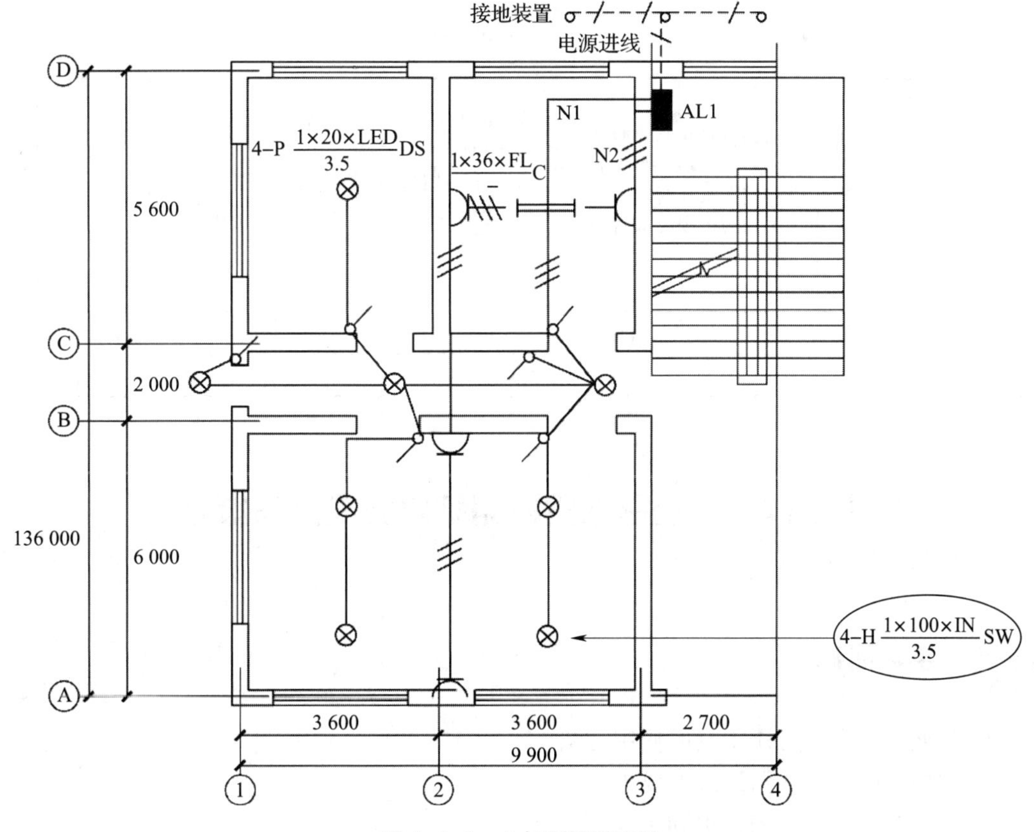

图 5-1-5　电气照明平面图

任务测评

对任务实施的完成情况进行检查，并将结果填入表 5-1-8。

表 5-1-8　评分标准

序号	主要内容	考核要求	评分标准	配分	扣分	得分
1	电气照明平面图的识读	识读图 5-1-1 所示的某办公楼第 6 层电气照明平面图	（1）不能正确识读电源线分配的相关信息，每处扣 5 分 （2）不能正确识读平面图中配线、控制要求及图形符号，每处扣 5 分 （3）不能正确识读各房间照明设备相关信息，每处扣 5 分 （4）扣完为止	45		
		识读图 5-1-5 所示的电气照明平面图	（1）不能正确识读电源线分配的相关信息，每处扣 5 分 （2）不能正确识读平面图中配线、控制要求及图形符号，每处扣 5 分 （3）不能正确识读各房间照明设备相关信息，每处扣 5 分 （4）扣完为止	45		
2	安全文明生产	劳动保护用品穿戴整齐；电工工具携带齐全；遵守操作规程；讲文明礼貌；按要求清理现场	（1）操作中违反安全文明生产考核要求的任何一项扣 2 分，扣完为止 （2）当考评员发现考生操作过程中有重大事故隐患时，要立即予以制止，并每次扣安全文明生产总分 5 分，扣完为止	10		
合计				100		
开始时间：			结束时间：			

任务 2　单控白炽灯照明线路的安装与维修

学习目标

1. 掌握线路安装常用工具的使用方法。
2. 掌握室内照明线路配线的要求。
3. 掌握护套线配线的要求和步骤。

4. 了解白炽灯照明线路元器件，掌握其安装连接要求。

5. 掌握照明线路安装的基本要求。

6. 了解单控白炽灯照明线路原理，能正确完成单控白炽灯照明线路的安装和常见故障检修。

任务引入

在照明线路中，用一个单控开关来控制照明灯具的亮灭的控制线路称为单控照明线路，是照明线路中应用最广泛的一种基本线路，适用于分散就近控制。

某公司仓库需安装白炽灯作临时照明用，线路采用护套线敷设，临时照明线路安装平面图如图 5-2-1 所示。

本任务的内容是完成该线路的安装及线路相关故障的检修练习。

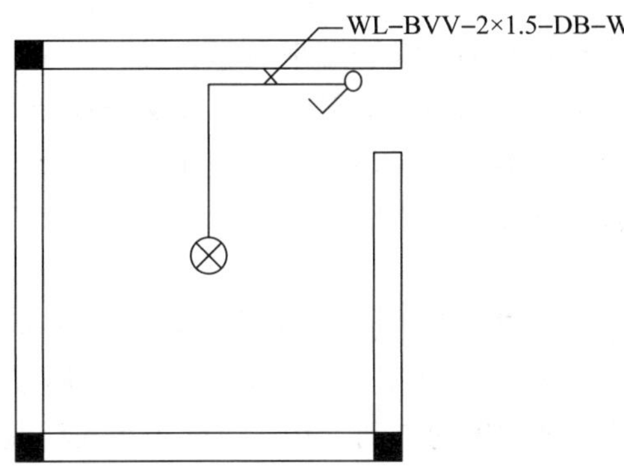

图 5-2-1　临时照明线路安装平面图

相关知识

一、线路安装常用工具

1. 螺钉旋具

螺钉旋具由手柄和金属杆组成，主要用来紧固和拆卸螺钉。螺钉旋具的手柄通常分为木柄、塑料柄、橡胶柄。根据金属杆顶端形状的不同，螺钉旋具一般分为一字形、十字形等。使用小型号螺钉旋具时，一般用食指顶住手柄末端，拇指和中指夹住手柄旋动，如图 5-2-2a 所示；使用大型号螺钉旋具时，一般用手掌顶住手柄末端，拇指、食指和中指夹住手柄旋动，如图 5-2-2b 所示；使用金属杆较长的螺钉旋具时，一般用左手握住金属杆的中间部分，右手压紧并旋转，以防螺钉旋具滑脱，此时左手不得放在螺钉周围，以免螺钉旋具滑出将手划破，如图 5-2-2c 所示。

无论使用何种螺钉旋具，使用时应将刀口对准螺钉凹槽，开始拧松或最后拧紧时都要用力将螺钉旋具压紧后再旋转。

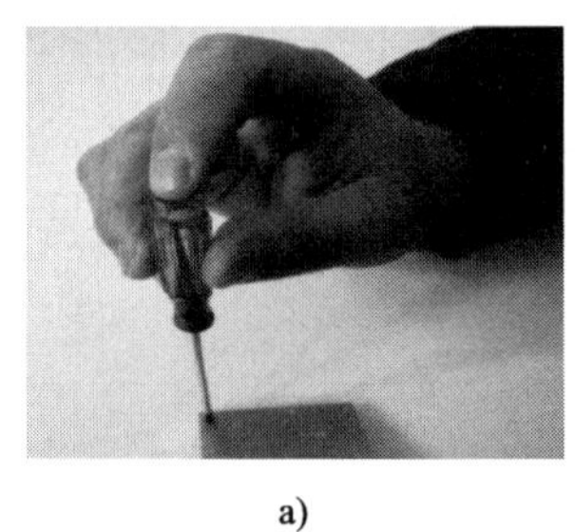
a)

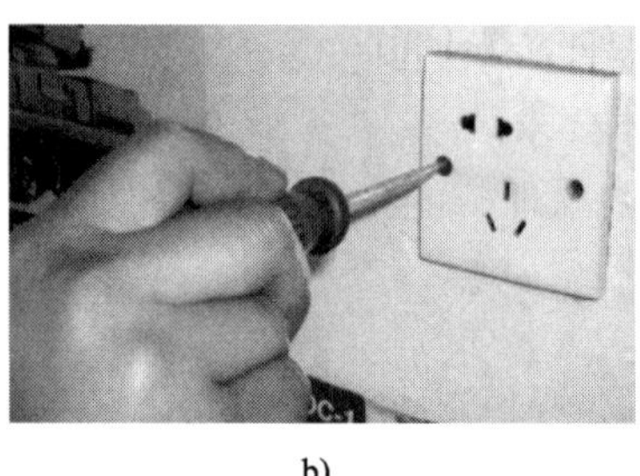
b)

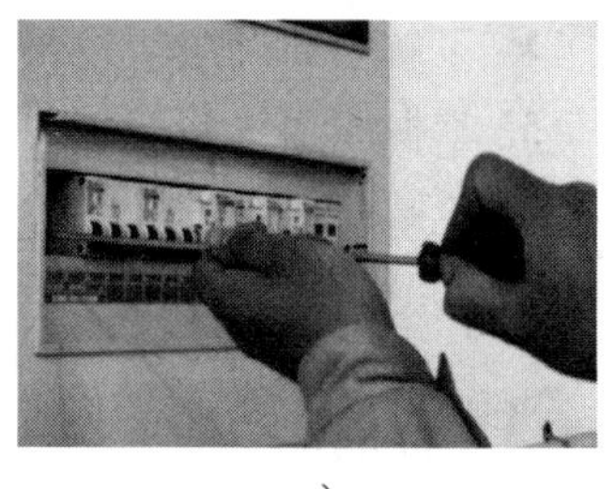
c)

图 5-2-2　螺钉旋具的使用

a）小型号螺钉旋具的使用　b）大型号螺钉旋具的使用　c）金属杆较长的螺钉旋具的使用

（1）应选择与螺钉尺寸相适应的旋具，否则易损坏螺钉凹槽。

（2）电工不可使用金属杆直通的螺钉旋具，否则容易造成触电事故。

（3）使用螺钉旋具紧固和拆卸带电的螺钉时，应在金属杆上套绝缘套管，手不得触及旋具的金属杆，以免发生触电事故。

2. 钻孔工具

常用的钻孔工具有手电钻（见图 5-2-3a）、冲击钻（见图 5-2-3b）、电锤（见图 5-2-3c）。手电钻是一种靠旋转钻孔的手持式电动工具，主要用于在金属、木材、塑料等材料上钻孔；冲击钻是一种既能转动又带冲击的电动工具，主要用于在混凝土砖墙或类似材料上钻孔；电锤也是一种既能旋转又带冲击的电动工具，它比冲击钻的冲击力大，适用于混凝土、砖石等硬质建筑材料的钻孔，代替手工凿孔操作，可大大减轻劳动强度。

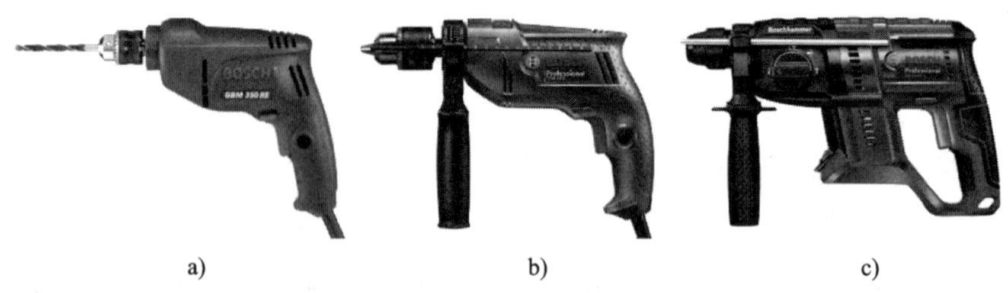

a)　b)　c)

图 5-2-3　钻孔工具

a）手电钻　b）冲击钻　c）电锤

（1）冲击钻的使用方法

使用冲击钻钻孔固定元器件的方法如图 5-2-4 所示。

1）钻孔前可先在确定钻孔位置的圆心处打冲眼，选用的钻头应比膨胀管大一规格，钻孔时钻头应与墙体垂直，如图 5-2-4a 所示。

2）开始钻孔，钻孔时要经常性地移出钻头清除钻屑，如图 5-2-4b 所示。

3）插入膨胀管，膨胀管端部应与墙面齐平，如图 5-2-4c 所示。

4）固定元器件，如图 5-2-4d 所示。

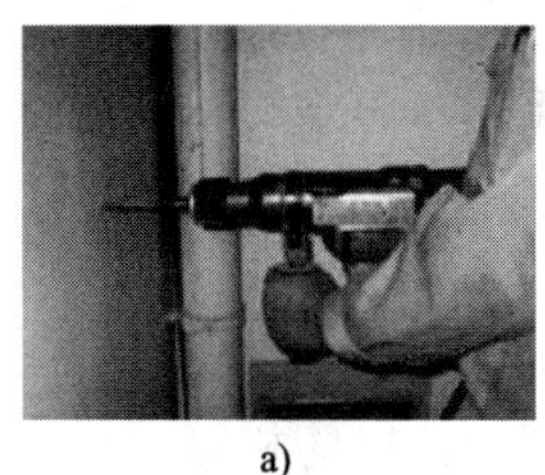
a)

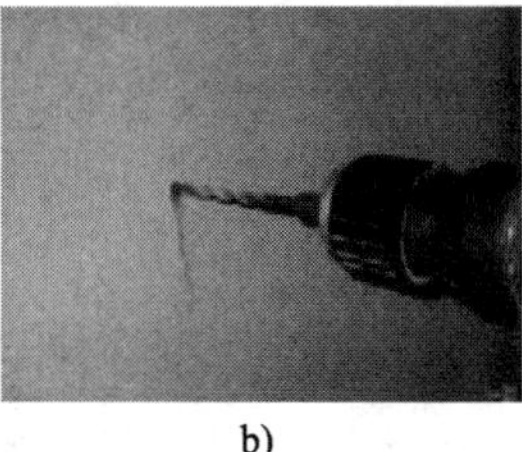
b)

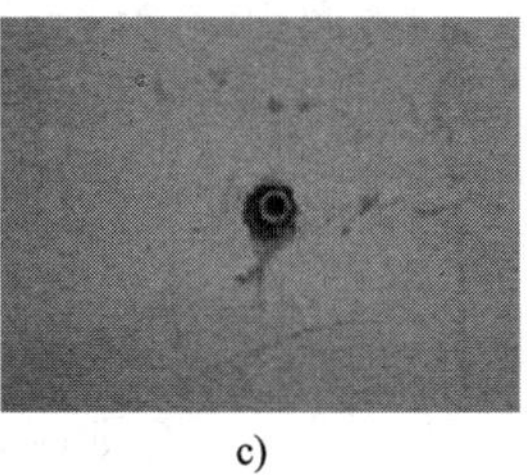
c)

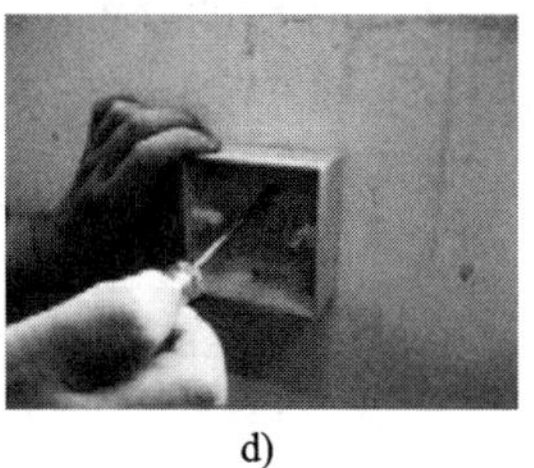
d)

图 5-2-4　冲击钻钻孔固定元器件的方法
a）在钻孔位置的圆心处打冲眼　b）移出钻头清除钻屑　c）插入膨胀管　d）固定元器件

1）使用前应首先检查电线绝缘是否良好，并使钻孔工具外壳接地。

2）装夹钻头应用力适当，使用前应先空转，确认运转正常后方可使用。

3）在潮湿环境中使用冲击钻时，必须站在绝缘垫或干燥的木板上进行操作。

4）若使用时发现漏电、振动异常、升温过高或有异响，应及时检查修理。

（2）电锤的使用方法

以电锤在混凝土墙面上钻孔为例，电锤的使用方法如下：

1）使用前应空转 1 min，检查电锤各部分的状态，确认传动灵活无障碍后，装上钻头开始工作。

2）装上钻头后，最好先将钻头顶在工作面上再开钻，避免空打而使锤头受冲击影响。装钻头时，只要将钻杆插进锤头孔，锤头槽内圆柱自动挂住钻杆便可工作。若要更换钻头，将弹簧套轻轻往后一拉，钻头即可拔出。

3）电锤可以向各个方向钻孔。向下钻孔时，只要双手紧握两个手柄，不需向下用力，向其他方向钻孔时只要稍许加力即可，用力过大对钻孔速度、钻头寿命等都有害无益。

4）辅助手柄上的定位杆是在对钻孔深度有一定要求的情况下使用的，安装膨胀螺栓时，可用定位杆来控制钻孔的深度。

5）在操作过程中，如有不正常的声音和现象，应立即停机并切断电源检查。若连续使用时间太长，电锤过热，也应停机，让其在空气中自行冷却后再使用，切不可用水喷浇冷却。

二、室内照明线路配线的要求

室内配线方式分为明敷和暗敷两种。照明配线装置或导线直接沿墙、梁、柱等表面明露安装或敷设的，称为明敷；导线利用线管等配线装置埋设于墙壁、梁、板等实体结构内部或吊顶棚内的，称为暗敷。

室内照明线路配线的一般要求如下：

1. 所使用导线的额定电压应大于线路的工作电压；导线的绝缘应符合线路安装方式和敷设环境的要求；导线的截面积应能满足供电和机械强度的要求。

2. 配线时应尽量避免导线有接头，如果无法避免，则应对接头采用压接或焊接方式，以确保线头质量。线管和线槽内的导线严禁有接头，如有需要应将接头放在接线盒或灯头盒内。

3. 明敷线路在建筑物内应水平或垂直敷设。水平敷设时导线距地面不小于 2.5 m，垂直敷设时导线距地面不小于 1.8 m，否则应将导线穿在钢管内加以保护，以防机械损伤。配线位置应便于检查和维修。

4. 当导线穿过楼板或墙壁时，一定要按要求加穿管保护，保护套管应伸出墙面不小于 10 mm。通过伸缩缝时，导线敷设应有松弛。若采用硬管敷设，可设补偿盒。

5. 导线与导线交叉时，交叉处应套绝缘管。管内电气管线和配电设备与其他管道间的最小距离可查阅电工手册。

三、护套线配线的要求和步骤

护套线敷设的施工方法简单，维修方便，线路外形整齐美观，造价较低，目前已广泛应用在采用室内明敷的住宅楼、办公室等建筑物内。但护套线截面积小，不宜应用在大容量电路中。常用钢精轧片、塑料卡钉等作为导线的支持物，护套线的固定如图 5-2-5 所示。

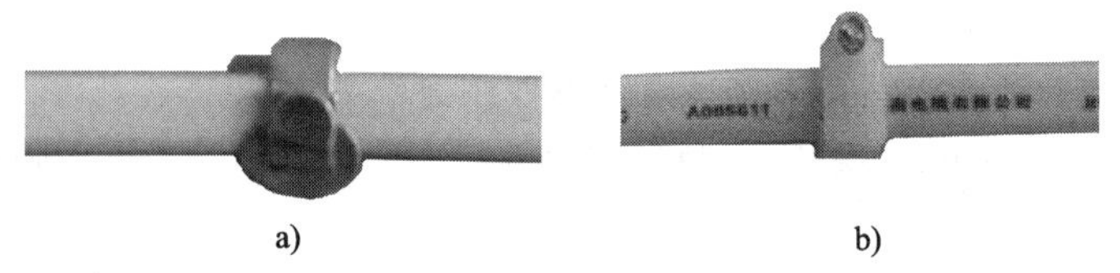

a)　　b)

图 5-2-5　护套线的固定

a）钢精轧片固定　b）塑料卡钉固定

1. 护套线配线的一般要求

（1）室内使用塑料护套线配线时，规定铜芯截面积不得小于 0.5 mm^2，铝芯截面积不得小于 1.5 mm^2；室外使用塑料护套线配线时，规定铜芯截面积不得小于 1.0 mm^2，铝芯截面积不得小于 2.5 mm^2。

（2）护套线不可在线路上直接连接，可通过瓷头接头、接线盒或借用其他电器的接线桩来连接线头，护套层应引入盒内或器具内。

（3）护套线明配时，线卡的固定点间距应根据导线截面积的大小而定，一般为 150~200 mm，导线应平直，不应有松弛、扭绞和曲折的现象。护套线弯曲时，不应损伤护套和线芯的绝缘层，弯曲半径不应小于导线外径的 3 倍。

（4）护套线的终端、转弯和进入电气器具、接线盒处，均应固定线卡，线卡与终端、转弯终点、电气器具或接线盒边缘的距离为 50~100 mm。两根护套线相互交叉时，交叉处要用四个塑料卡钉固定，护套线应尽量避免交叉。护套线进入木台、转弯和交叉处的固定线卡如图 5-2-6 所示。

a)

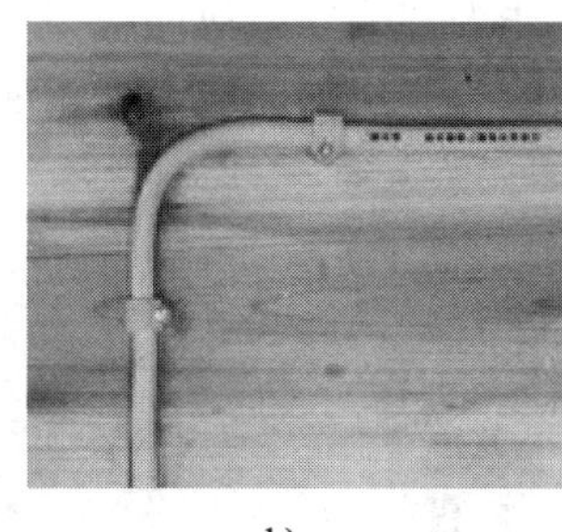
b)

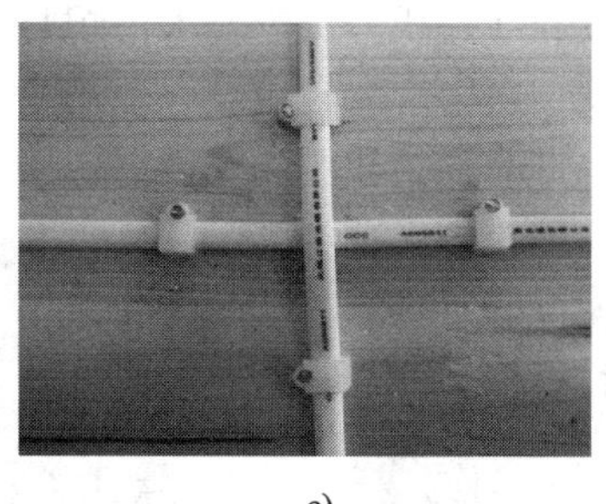
c)

图 5-2-6　护套线进入木台、转弯和交叉处的固定线卡
a）护套线进入木台　b）护套线转弯　c）两根护套线交叉

（5）塑料护套线与接地导体及不发热管道紧贴或交叉时，应加绝缘管保护；敷设在易受机械损伤的场所时，应用钢管保护。

2. 护套线配线的步骤

（1）划线定位

根据施工要求先确定线路的走向和各个元器件的安装位置，然后用弹线袋划线，同时对一些盒箱（如配电箱、木台、开关盒、接线盒）进行固定，如图 5-2-7 所示。

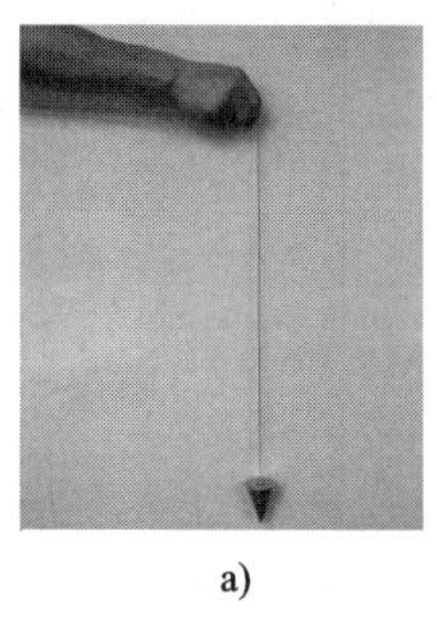
a)

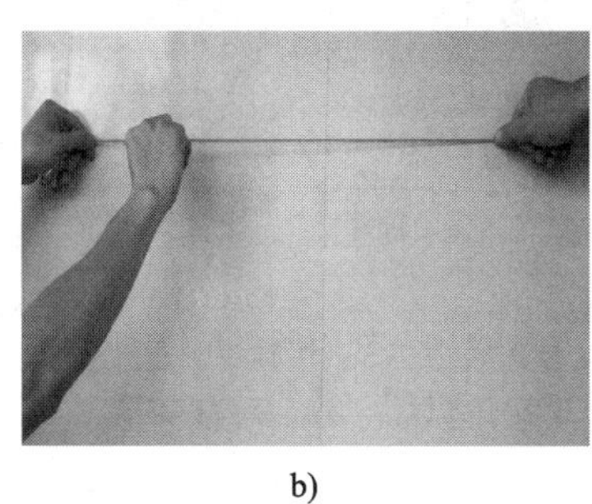
b)

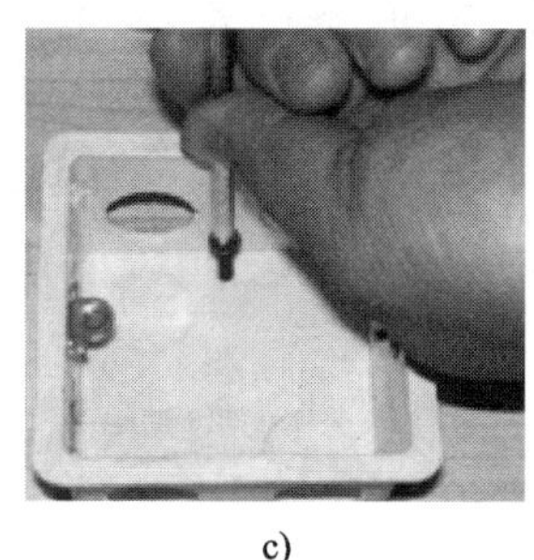
c)

图 5-2-7　划线定位
a）垂直划线　b）水平划线　c）紧固接线盒

（2）敷设护套线

将护套线按需要放出一定的长度，用钢丝钳将其剪断，然后敷设。如果线路较长，可一人放线，另一人敷设，注意不可使导线产生扭曲，放出的导线不得在地上拉拽，以免损伤导线护套层。将导线一端固定，用干净纱团包住护套线来回拖勒，直至导线挺直，护套线的敷设必须横平竖直。敷设时，先勒直收紧护套线再固定线卡，如图 5-2-8 所示。

四、白炽灯照明线路元器件

1. 白炽灯及灯座

白炽灯是第一代的电光源。由于白炽灯的发光无须其他电气元件的配合且光线比较柔和，所以它是较为常见的照明光源之一。当电流通过白炽灯灯丝时，白炽灯发出连续的可见光和红外线。由于输入白炽灯的电能大部分变成热能辐射掉，因此，白炽灯的发光效率较低，使用寿命较短，一般用于室内照明或局部照明。常用的白炽灯有螺口白炽灯和卡口白炽灯两种，如图 5-2-9 所示。

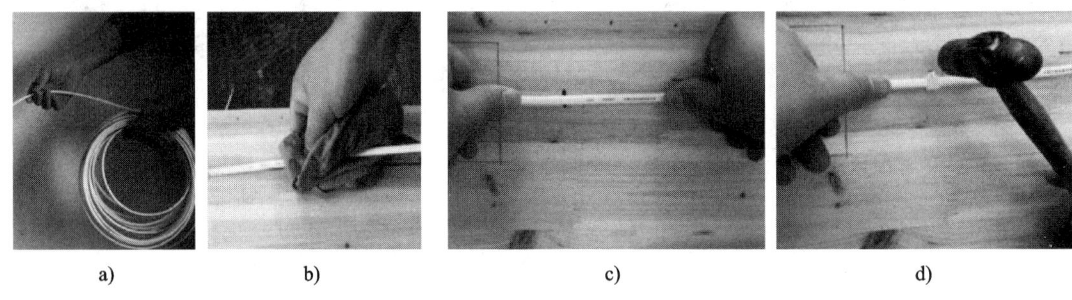

a) b) c) d)

图 5-2-8 敷设护套线

a）放线 b）勒直护套线 c）敷设 d）固定

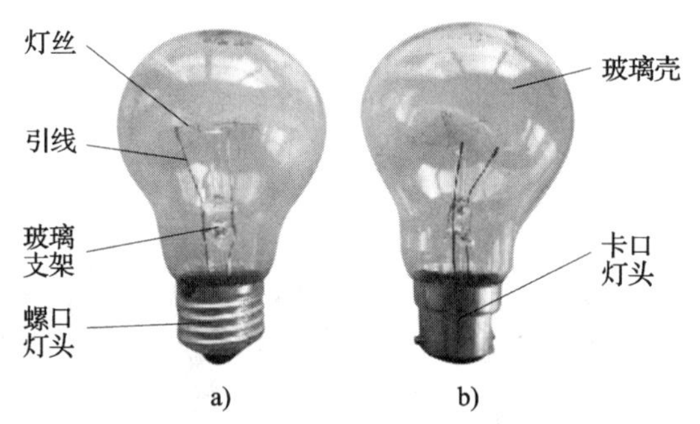

a) b)

图 5-2-9 常用的白炽灯

a）螺口白炽灯 b）卡口白炽灯

用于安装螺口和卡口白炽灯的灯座如图 5-2-10 所示。

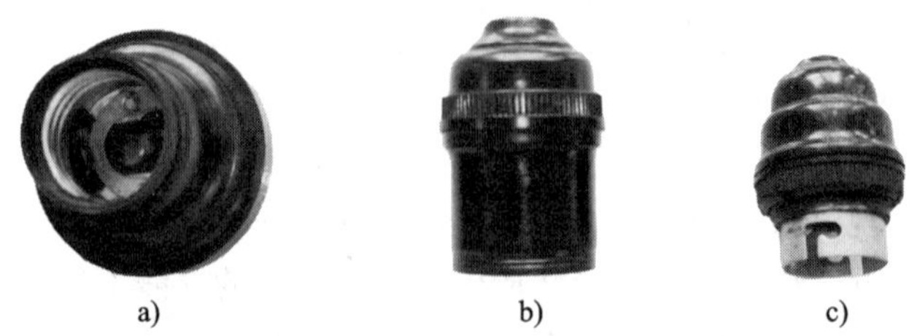

a) b) c)

图 5-2-10 常用的白炽灯灯座

a）螺口平灯座 b）螺口吊灯座 c）卡口吊灯座

2. 开关

开关的作用是接通和断开电路，常见的开关有拉线开关、扳动开关、翘板开关、钮子开关等。现代家庭照明线路中主要使用翘板开关，如图 5-2-11 所示。

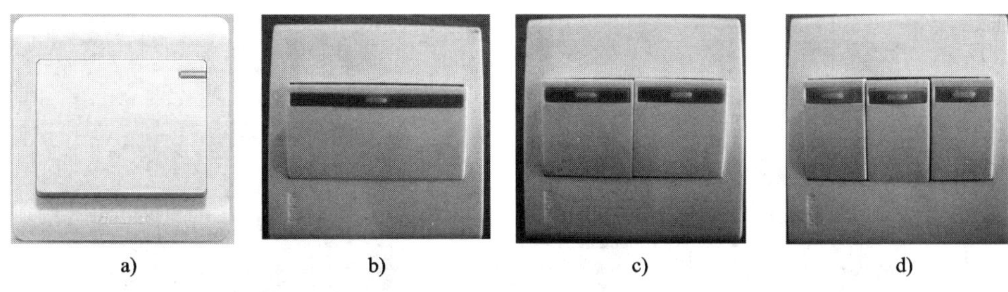

图 5-2-11　翘板开关

a）单联单控开关　b）单联双控开关　c）双联双控开关　d）三联双控开关

“联”又称为“位”，指一个面板上开关功能模块的数量。单联就是有一个开关，双联就是有两个开关。

“控”即一个开关选择性地控制线路的数量。单控指只能控制一条线路的通断，单控开关有两个接线端，单联单控开关的接线端如图 5-2-12a 所示；双控指能控制两条线路的通断，但两条线路不会同时开启，也不会同时断开，双控开关有三个接线端，中间为公共接线端，上、下两个为开关控制接线端，单联双控开关的接线端如图 5-2-12b 所示。

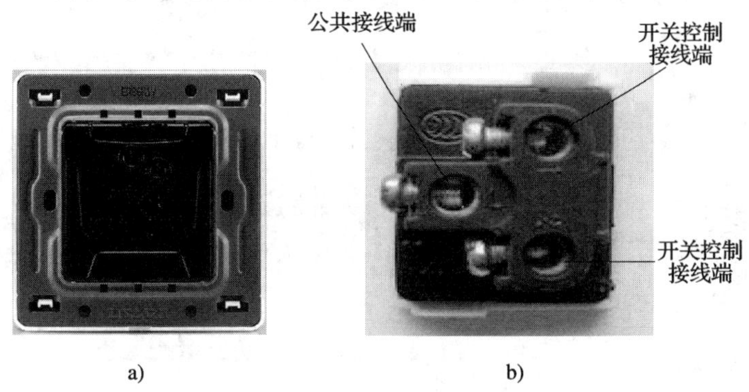

图 5-2-12　单联单控开关与单联双控开关的接线端

a）单联单控开关　b）单联双控开关

双控开关可以作为单控开关使用，使用时选择公共接线端和任意一个开关控制接线端即可。

3. 漏电保护装置

低压配电系统中装设漏电保护装置是防止触电事故发生的有效措施，也可以防止因漏电而引发的电气火灾及设备损坏事故。家庭照明系统中常用的漏电保护装置一般为电流型漏电保护断路器（RCD），具有漏电、过载、短路保护功能，一般分为单极、二极、三极、四极，如图 5-2-13 所示。

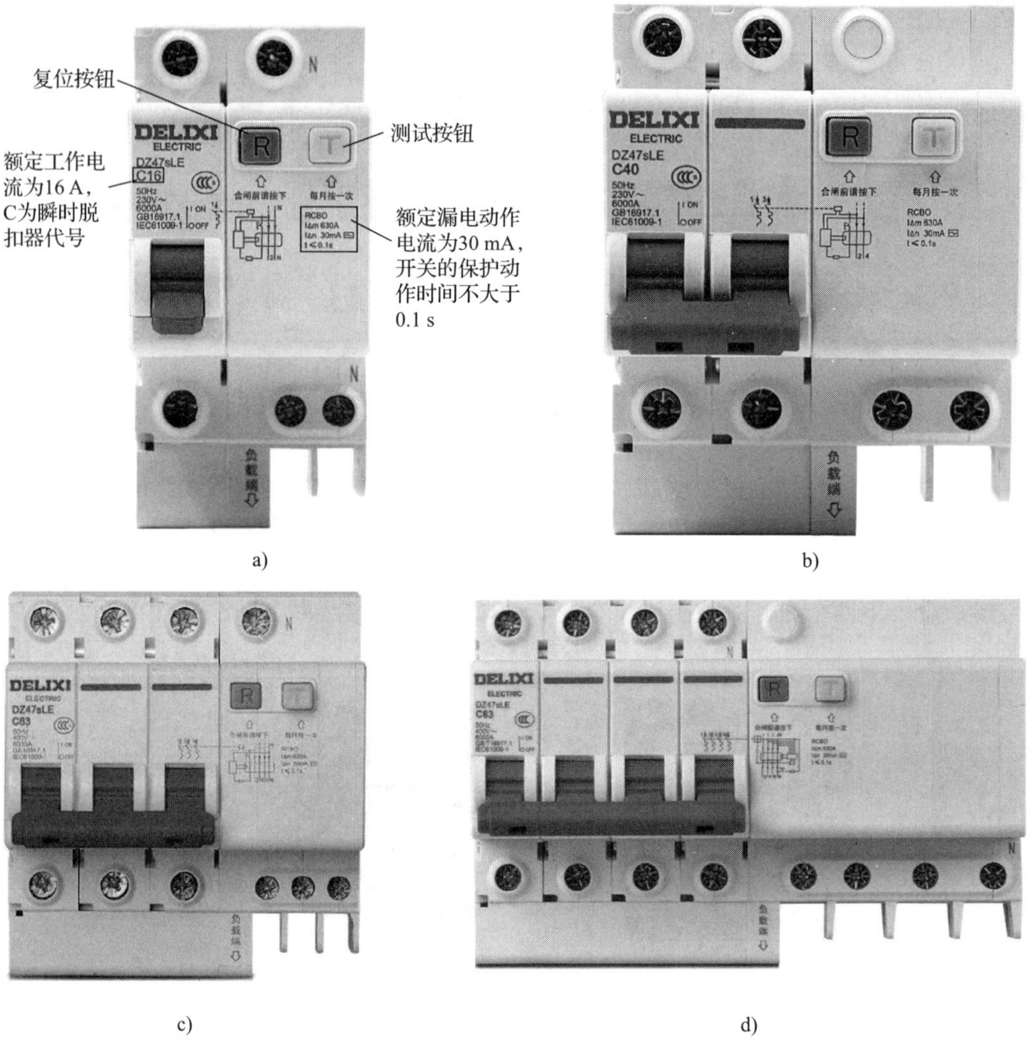

复位按钮

测试按钮

额定工作电流为16 A，C为瞬时脱扣器代号

额定漏电动作电流为30 mA，开关的保护动作时间不大于0.1 s

a)

b)

c)

d)

图 5-2-13　漏电保护断路器

a）单极　b）二极　c）三极　d）四极

（1）“极”是指漏电保护断路器在保护时能同时断开导线的根数，单相 220 V 电源供电的电气设备应选用单极二线式或二极二线式漏电保护断路器。

（2）漏电保护装置的额定值应能满足被保护供电线路的安全运行要求。

五、照明线路安装的基本要求

根据配线方式、厂房结构、环境条件及对照明的要求的不同，照明灯具的安装方式有吸顶式、壁式、嵌入式、悬吊式等几种，不论采用何种方式，都必须遵守以下基本原则：

1. 灯具安装的高度，室外一般不低于 3 m，室内一般不低于 2.5 m，如遇特殊情况不能满足要求时，可采取相应的保护措施或改用安全电压供电。

2. 灯具安装应牢固，当灯具质量超过 1 kg 时，必须固定在预埋的吊钩上。

3. 灯具固定时，不应因灯具自重而使导线受力。

4. 灯架及管内不允许有接头。

5. 导线的分支及连接处应便于检查。

6. 导线在引入灯具处应有绝缘物保护，以免磨损导线的绝缘，也不应使其受到灯具的作用力。

7. 必须接地或接零的灯具外壳应有专门的螺栓和标志，并和地线（零线）良好连接。

8. 室内照明开关一般安装在门边或其他便于操作的位置，拉线开关一般应离地 2~3 m，暗装翘板开关一般离地约 1.3 m，与门框的距离一般为 150~200 mm。

9. 明装插座一般应离地约 1.4 m。暗装插座一般应离地约 300 mm，同一场所暗装的插座高度应大致相同，其高度差一般应不大于 5 mm；多个插座成排安装时，其高度差应不大于 2 mm。

六、单控白炽灯照明线路原理分析

单控白炽灯照明线路原理如图 5-2-14 所示。接通电源并合上漏电保护装置后，白炽灯 EL 的点亮和熄灭由开关 SA 控制。合上开关 SA，有电流流过白炽灯 EL，白炽灯点亮；断开开关 SA，白炽灯熄灭。

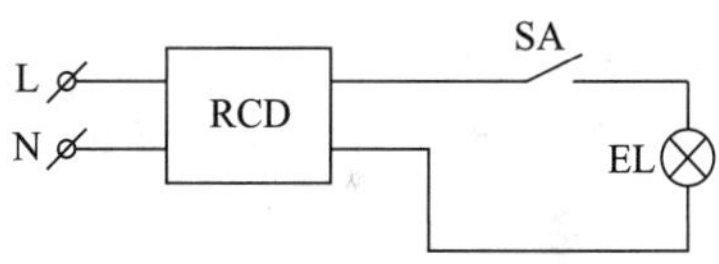

图 5-2-14　单控白炽灯照明线路原理

任务实施

一、任务准备

实施本任务所需要的实训设备及工具材料见表 5-2-1。

表 5-2-1　实训设备及工具材料

序号	名称	数量	单位	备注
1	万用表	1	个	
2	常用电工工具	1	套	不同类型、规格
3	漏电保护断路器	1	个	配导轨
4	单控开关	1	个	
5	接线盒	1	个	
6	螺口平灯座	1	个	
7	螺口白炽灯	1	个	

续表

序号	名称	数量	单位	备注
8	塑料圆木	1	个	
9	护套线	5	m	配线卡
10	绝缘胶布	0.5	m	

二、单控白炽灯照明线路的安装

1. 划线定位

根据单控白炽灯照明线路平面图和安装要求划出走线路径，确定电源、开关、灯座的位置，并利用工具固定开关盒等元器件。

安装时，开关盒距地面高度应为约 1.3 m，与门框的距离一般为 150~200 mm。

2. 敷设护套线

具体方法见本任务相关知识。

护套线的敷设要做到横平竖直，护套线的转弯、夹持应符合技术要求。

3. 元器件的安装与连接

（1）开关的安装与连接

剥去护套层，去除零线的绝缘层，将零线直接连接后进行绝缘恢复处理，如图 5-2-15a 所示。剥去相线的绝缘层 10 mm 左右，连接至开关的接线桩，如图 5-2-15b 所示。

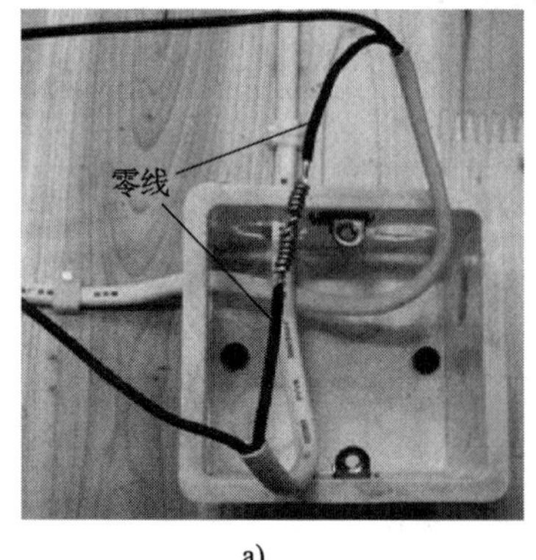

a)

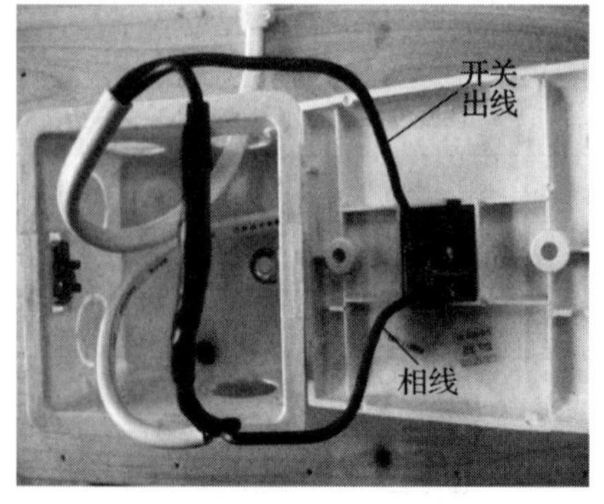

b)

图 5-2-15 开关的连接

a）零线直接连接 b）相线接开关接线桩

1）开关必须串联在相线上，这样当开关断开时，灯头及电气设备上不带电，以保证检修的安全。

2）绝缘层不能去除太长，安装后接线桩处不要露铜。

（2）灯座的安装与连接

在圆木上钻好穿线孔和固定孔，切除护套线进入缺口，剥去护套线的护套层，将绝缘线穿入穿线孔并固定圆木，最后将导线与灯座接线桩连接，如图5-2-16所示。

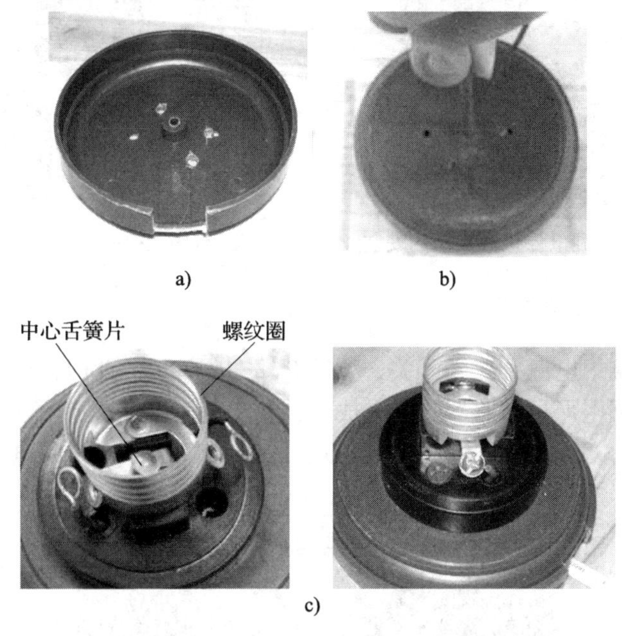

图5-2-16　灯座的安装与连接

a）圆木的处理　b）固定圆木　c）导线与灯座接线桩连接

操作提示

1）螺口平灯座有两个接线桩，来自开关的受控相线必须连接到中心舌簧片的接线桩上，零线连接到螺纹圈接线桩上。

2）导线的压接圈应顺时针弯曲，保证拧紧时不会使其松开。

（3）漏电保护断路器的安装与连接

漏电保护断路器的安装如图5-2-17所示，单极二线式漏电保护断路器上有“N”标志，表示此接线端接零线（黑线），连接时连接处不要露出导线铜芯，也不能压绝缘皮。

4. 短路检查和通电试验

通电之前除了应根据原理图检查接线外，还要进行短路检查。

（1）短路检查

不接负载（不拧接白炽灯），将万用表转换开关置于 R×1 挡，将两表笔分别置于漏电保护断路器的出线端上进行检测，如图 5-2-18 所示。拨动开关，万用表指针应不偏转，阻值为无穷大，如有偏转应检查是否接错。

图 5-2-17　漏电保护断路器的安装

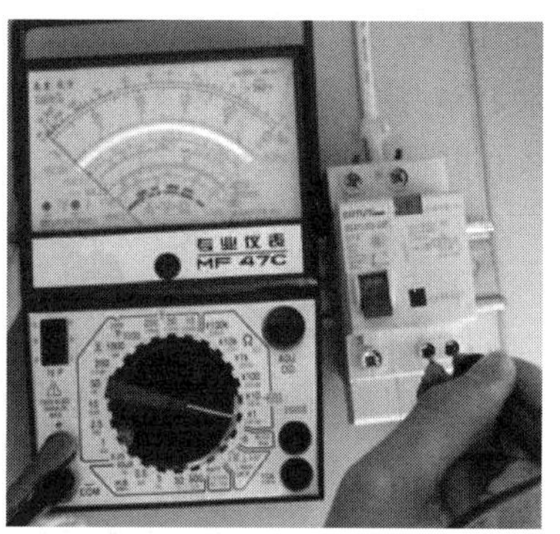

图 5-2-18　短路检查

（2）通电试验

安装白炽灯后接上电源，拨动开关，如图 5-2-19 所示，此时白炽灯应能在开关的控制下点亮和熄灭。漏电保护断路器安装完成后，要反复试验三次（开关合上应不动作，按试验按钮应动作），以检查其可靠性和灵敏度，若三次试验合格，漏电保护断路器方可投入使用。

图 5-2-19　单控白炽灯照明线路通电试验

三、白炽灯照明线路的故障检修

1. 故障检修的步骤

照明线路在运行中会因为各种原因出现一些故障，如线路老化、电气设备故障等。照明线路的检修可分为三个步骤：

（1）了解故障现象

维修时首先应了解故障现象，这是保证整个维修工作顺利进行的前提。了解故障现象可通过询问当事人、观察故障现场等方式完成。

（2）故障现象分析

根据故障现象，利用电气原理图及布置图进行分析，确定可能造成故障的大致原因，为检修提供方案。

（3）检修

通过适当的检测方法，如用验电笔、万用表等工具检测确定故障点，针对故障元器件或线路进行维修或更换。

2. 线路故障的检修方法

（1）断路故障检修

线路出现断路故障会导致照明灯具等不能正常工作。当所有灯具及用电设备都无法正常工作时，应检查进户线及配电装置。当某一支路上所有用电设备无法正常工作时，应检查这一支路公共的相线及零线。当某一灯具无法正常工作时，应检查控制这一灯具的相线及零线。

检修时可使用验电笔或万用表来判断故障部位。正常情况下验电笔检测相线时氖泡应发光，测零线时不发光。接通电源后，检测相线各连接点均应正常发光，如果某连接点不发光，应检查该点与前一点之间的连接情况，如图 5-2-20 所示。检测零线时，闭合某一照明灯具开关，如果检测某点时氖泡发光，则从灯具的零线往电源方向逐段检测，直至找到氖泡不发光点，即为零线断线故障点。

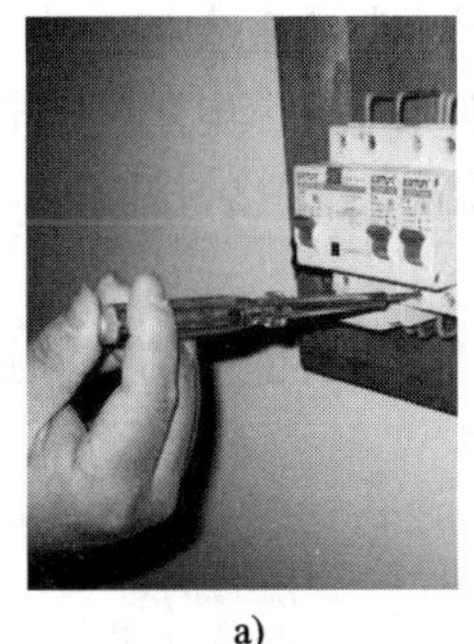
a)

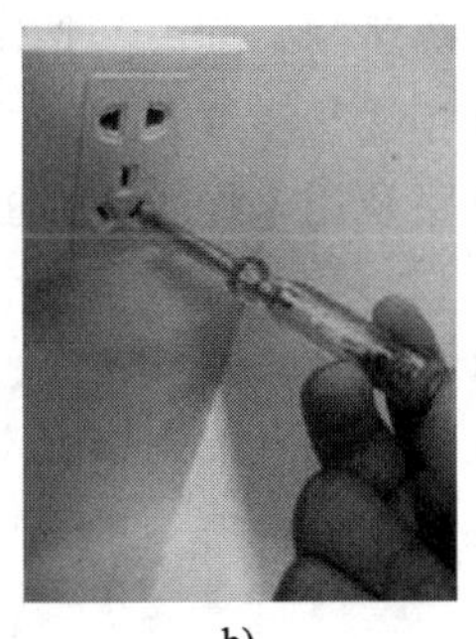
b)

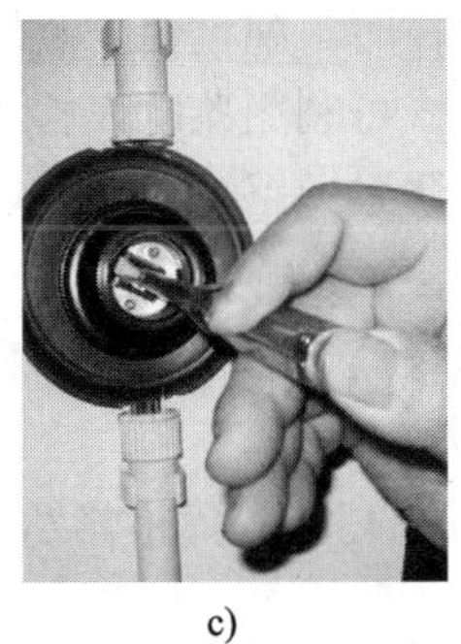
c)

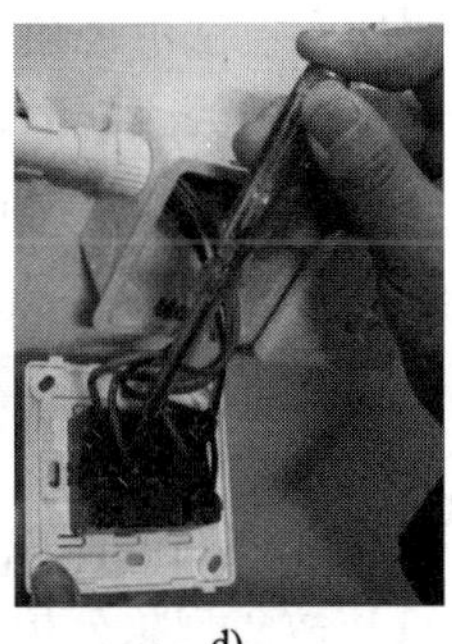
d)

图 5-2-20　用验电笔检测相线

a）检测漏电保护断路器　b）检测插座　c）检测灯座　d）检测开关

用万用表检测线路时，将转换开关置于交流电压挡 250 V，接通电源并闭合开关，测量漏电保护断路器输出端、插座、灯座接线桩电压，都应指示为 220 V，如图 5-2-21 所示。

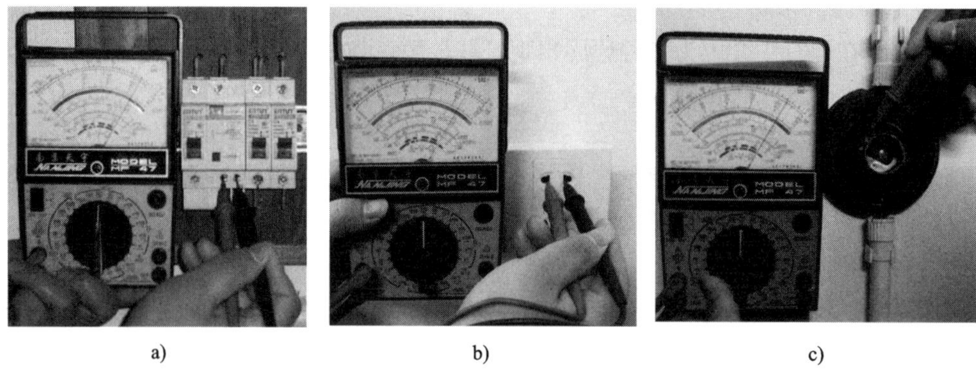

a)　　b)　　c)

图 5-2-21　用万用表检测线路

a）检测漏电保护断路器输出电压　b）检测插座电压　c）检测灯座两接线端电压

（2）短路故障检修

若发生线路短路故障，会出现保护装置跳闸的现象。采用绝缘导线的线路，线路本身发生短路的可能性不高，多为用电设备、开关装置及保护装置内部发生短路。如用电设备内部短路、插头内部碰线、螺口灯座中心舌簧片歪斜碰及螺口等都会造成内部短路的故障。

当线路出现短路故障时，应断开室内各分支开关及支路上所有用电设备，闭合总开关后依次合上各分支开关，若某一支路开关合上后出现跳闸说明该支路有短路故障，应检查该支路线路并排除故障。若合上各分支开关后无跳闸情况，再依次接通各支路用电设备，若某一用电设备接通电源瞬间出现跳闸情况则说明该用电设备及控制回路存在短路现象，应检查并排除故障。

（3）漏电故障检修

当线路有漏电现象存在时，漏电保护装置会跳闸。漏电的情况可能是相线与零线之间或者相线与地线之间漏电，可利用兆欧表检测相线与零线及地线之间的绝缘电阻来判断是否漏电。检查时应依次检测主回路、各分支电路及用电设备，判断漏电位置后排除故障。

3. 灯具的检修方法

灯具故障的原因多为灯具与灯座接触不良或灯具及附件损坏，可采用替换的方法进行检修。

4. 照明线路中白炽灯不亮的故障检修示例

（1）故障现象分析

根据电气原理图分析，造成白炽灯不亮的故障位置应为灯泡、控制开关及相关线路，通常灯泡钨丝烧断的可能性最大。

（2）故障检修

检查灯泡：可直接观察灯泡中钨丝，如果烧断应更换同一电压等级的灯泡。

检查开关：带电操作时可用验电笔分别检测控制开关进、出桩头，开关闭合时验电笔均应发光，如检测一端时验电笔发光，检测另一端时不发光，说明开关损坏，应更换开关。注意验电笔在使用前应在带电的导体上进行测试。

检查灯座：螺口灯座一般故障为中心舌簧片接触不良，可用小旋具将中心舌簧片往上拨动一下，如图 5-2-22 所示。

图 5-2-22　中心舌簧片的检修

检查线路：在上述检查都正常的情况下，应检查线路是否存在故障。根据原理图及线路的走向，用验电笔逐点检查。正常情况下，在相线的各点处验电笔均应发光，在零线的各点处均不发光。若测试情况与上述不符，说明该段线路有故障。通常导线在中间断裂的可能性很小，故障一般出现在导线与导线的连接处，或利用开关、插座等桩头进行并头处，这些位置应重点检查。

5. 白炽灯照明线路的常见故障及检修方法（见表 5-2-2）

表 5-2-2　白炽灯照明线路的常见故障及检修方法

故障现象	产生原因	检修方法
灯泡不亮	1. 灯泡钨丝烧断 2. 灯座或开关接线松动或接触不良 3. 线路中有断路故障	1. 更换新灯泡 2. 检查灯座和开关的接线并修复 3. 用验电笔检查线路的断路处并修复
开关合上后漏电保护装置自动关闭	1. 灯座内两线头短路 2. 螺口灯座内中心舌簧片与螺旋铜圈相碰短路 3. 线路中发生短路或漏电 4. 用电量超过容量	1. 检查灯座内两线头并修复 2. 检查灯座并校准中心舌簧片 3. 检查导线绝缘是否老化或损坏并修复 4. 减小负载
灯泡忽亮忽灭	1. 灯丝烧断，受振动后忽接忽断 2. 灯座或开关接线松动 3. 电源电压不稳	1. 更换灯泡 2. 检查灯座和开关并修复 3. 检查电源电压

任务测评

对任务实施的完成情况进行检查，并将检查结果填入表 5-2-3。

表 5-2-3　评分标准

序号	主要内容	考核要求	评分标准	配分	扣分	得分
1	固定元器件	位置正确，元器件不松动	（1）划线定位不符合要求，扣 10 分 （2）元器件松动，每处扣 2 分 （3）扣完为止	20		

续表

序号	主要内容	考核要求	评分标准	配分	扣分	得分
2	单控白炽灯照明线路安装	正确安装单控白炽灯照明线路	（1）护套线配线不符合要求，每处扣 2 分 （2）接线柱露铜，每处扣 2 分 （3）开关、灯头接线错误，每处扣 10 分 （4）扣完为止	40		
3	通电调试	正确通电调试、排故	通电不成功，每次扣 10 分	30		
4	安全文明生产	劳动保护用品穿戴整齐；电工工具携带齐全；遵守操作规程；讲文明礼貌；按要求清理现场	（1）操作中违反安全文明生产考核要求的任何一项扣 2 分，扣完为止 （2）当考评员发现考生操作过程中有重大事故隐患时，要立即予以制止，并每次扣安全文明生产总分 5 分，扣完为止	10		
合计				100		
开始时间：			结束时间：			

任务 3　双控荧光灯照明线路的安装与维修

学习目标

1. 掌握塑料线槽配线的步骤。
2. 了解荧光灯照明线路相关元器件，理解双控荧光灯照明线路原理。
3. 能正确完成双控荧光灯照明线路的安装和常见故障的检修。

任务引入

在照明线路中，用两个双控开关在不同地点控制照明灯具亮灭的控制线路称为双控照明线路，适用于两地控制。荧光灯的发光效率远远高于白炽灯，因此应用较普遍，一般用于室内照明，如办公室、教室、商场等场所。

某公司办公室需安装荧光灯照明线路，要求能在两地控制。线路采用线槽配线，其照明线路平面图如图 5-3-1 所示。

本任务的内容是完成该线路的安装及线路相关故障的检修练习。

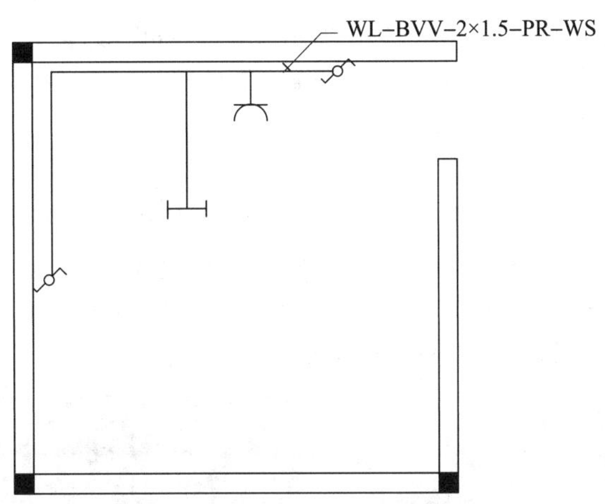

图 5-3-1　两地控制荧光灯照明线路平面图

相关知识

一、塑料线槽配线

塑料线槽（阻燃型）配线适用于办公室、生活间等干燥房屋内的照明线路，也适合工程改造更换线路以及弱电线路吊顶内暗敷，通常在墙体抹灰粉刷后进行布线。线槽的种类很多，应根据不同的应用场合合理选用，如一般室内照明等线路选用 PVC 矩形截面的线槽；如果用于地面布线应采用带弧形截面的线槽；用于电气控制一般采用带隔栅的线槽。常见的线槽如图 5-3-2 所示。

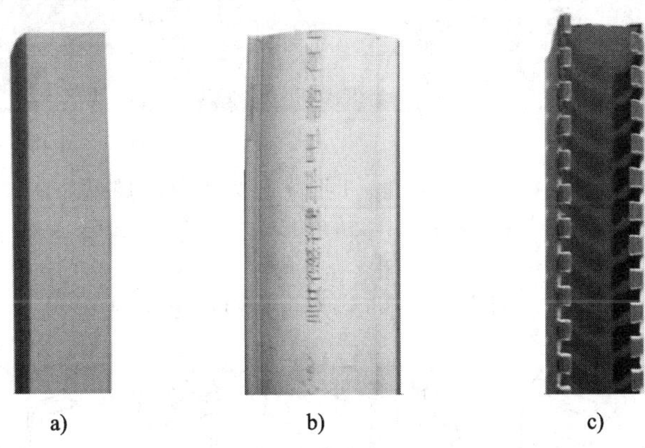

a)　　b)　　c)

图 5-3-2　常见的线槽

a）矩形线槽　b）弧形线槽　c）隔栅线槽

塑料线槽配线的步骤如下：

1. 定位划线

根据施工图的要求，先在建筑物上确定并标明照明器具、插座、控制电路、配电板等电气设备的位置，并按图样上电路的走向画出线槽的敷设线路。为使线路安装整齐、美观，塑料线槽应尽量沿房屋的线脚、横梁、墙角等处敷设，并与用电设备的进线口对正、与建筑物的线条平行或垂直。

2. 固定线槽底板

安装时根据划线把线槽底板截成合适长度，在线槽内钻孔后固定线槽底板和明装盒，在混凝土结构墙面上可先凿眼安装木榫或膨胀管，然后固定。通常以距线槽底板的两端约 40 mm 处为固定点，配线路径两个固定点之间的距离一般不大于 500 mm，如图 5-3-3 所示，线槽底板在敷设进入明装接线盒时直接插入明装盒内。

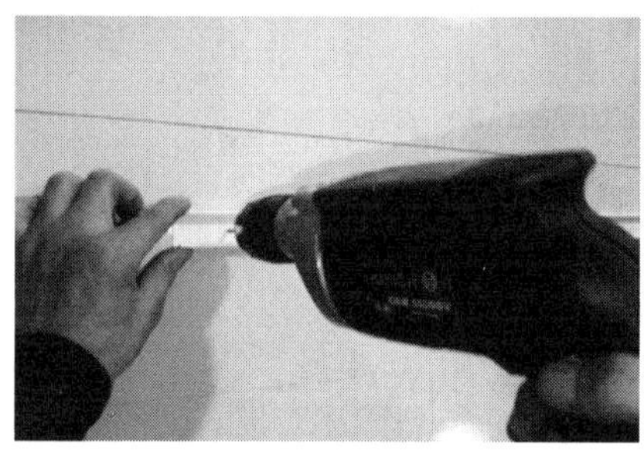

图 5-3-3　固定线槽底板

加长、转角、T 形分支线槽底板的敷设方法如图 5-3-4 所示。拼接要保证线槽对准，拼接紧密，走线顺畅。

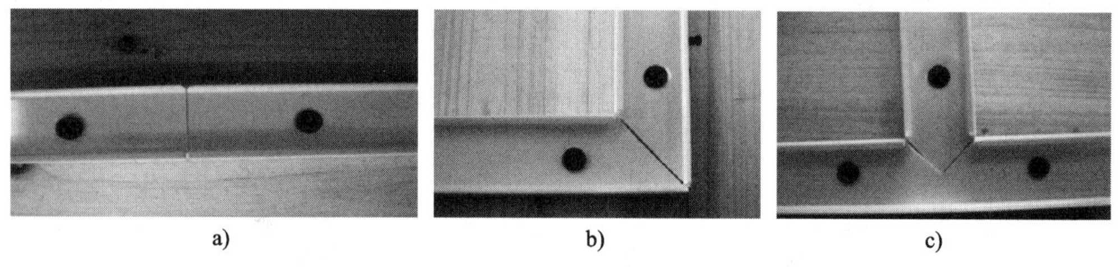

a)　b)　c)

图 5-3-4　加长、转角、T 形分支线槽底板的敷设方法
a）加长　b）转角　c）T 形分支

转角、分支处的盖板可以利用图 5-3-5 所示的附件来完成敷设。

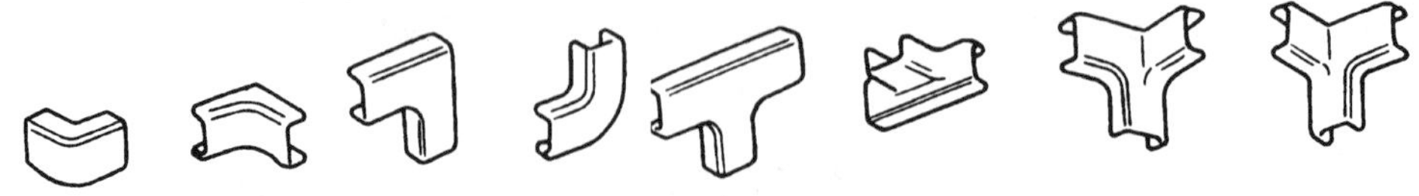

图 5-3-5　附件

3. 敷设导线

线槽配线应为绝缘线，铜导线截面积应不小于 0.5 mm^2，铝导线截面积应不小于 1.5 mm^2，线槽内不允许有导线接头，线槽内导线总截面积（包括绝缘层）一般为线槽内截面积的

60%左右。导线敷设到灯具、开关、插座等接头处，要留出 100 mm 左右线头，用作接线。在配电箱和集中控制的开关板等处，应按实际需要留足长度，并在线端做好统一标记，以便接线时识别。

4. 固定线槽盖板

边敷线边将线槽盖板固定在底板上，如图 5-3-6 所示。

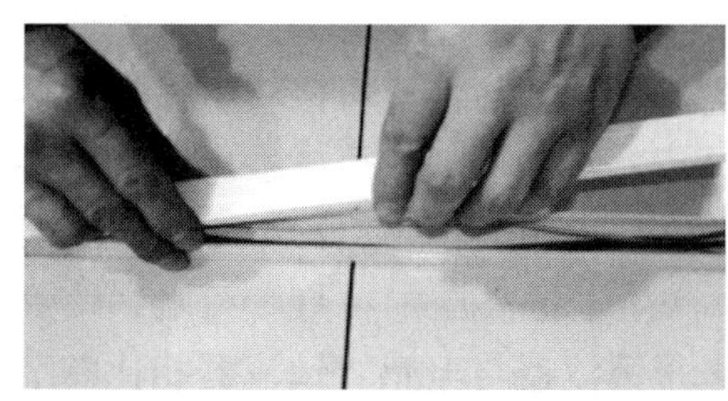

图 5-3-6　固定线槽盖板

二、荧光灯照明线路元器件

1. 荧光灯

（1）荧光灯及其组件

荧光灯又称为日光灯，它利用汞蒸气在外加电压作用下产生弧光放电发出可见光和紫外线，紫外线又激励管内壁的荧光粉而发出大量可见光。荧光灯主要由灯管、电感式镇流器和启辉器组成，如图 5-3-7 所示。

灯管由玻璃管、灯丝和灯丝引出脚等组成。玻璃管内抽成真空并充入少量汞、氩等惰性气体，管壁涂有荧光粉，灯丝上涂有电子粉。

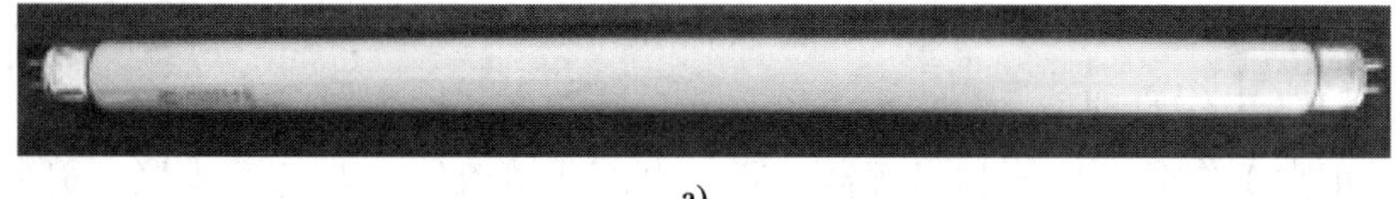

a)

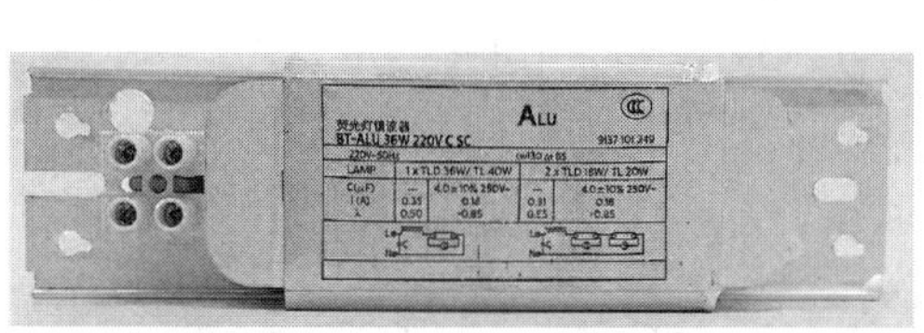

b)

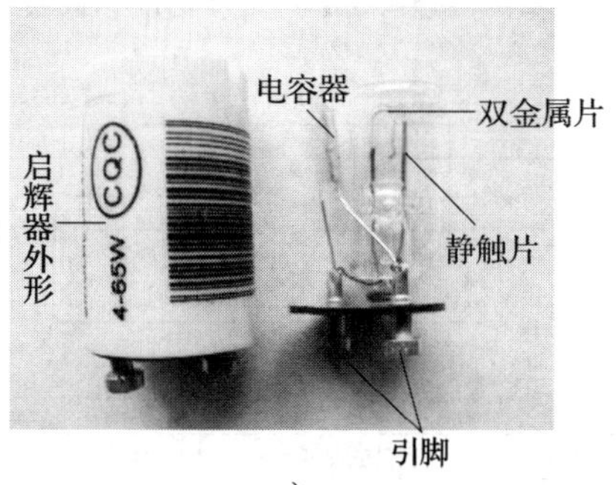

c)

图 5-3-7　荧光灯的组成

a）灯管　b）电感式镇流器　c）启辉器

电感式镇流器是带铁芯的电感线圈，启辉器断开瞬间，镇流器产生的自感电动势与电源电压叠加后使荧光灯灯管内汞蒸气放电，荧光灯点亮后，它又可以限制灯管电流。

启辉器用来启燃荧光灯，其密封玻璃壳内装有双金属片和静触片，并充有惰性气体（氖气）。当电压低时，启辉器处于断开状态，当电压高于 150 V 时，启辉器两极周围氖气会产生辉光放电。启辉器的两端通常并联一个电容器，用以消除对无线电设备的干扰和预热灯丝。

现代荧光灯越来越多地使用电子镇流器，它轻便小巧，甚至可以将电子镇流器与灯管等集成在一起，同时，电子镇流器通常可以兼具启辉器功能，故可省去单独的启辉器，其外形及接线如图 5-3-8 所示。电子镇流器利用内部振荡电路产生 20~60 kHz 的谐振电流流过灯丝，同时在 LC 串联谐振电路中电容器上产生谐振高压加在灯管两端，使灯管内部汞蒸气形成弧光放电，激发管壁荧光粉发光。电子镇流器与电感式镇流器相比有节能、无闪烁、灯管寿命长、噪声低、功率因数高等优点。

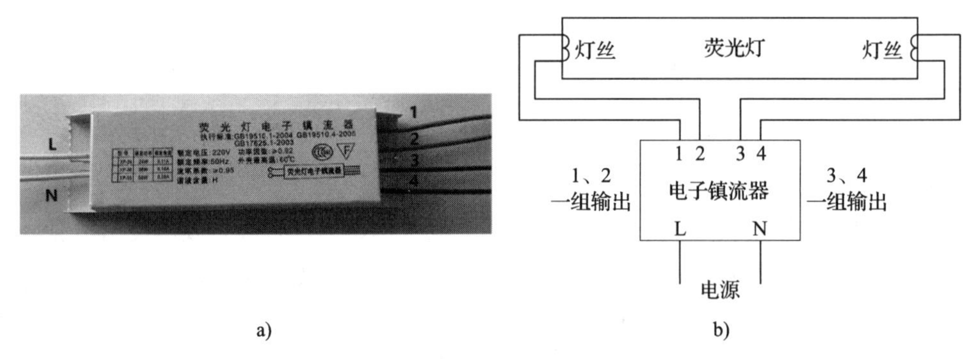

图 5-3-8　荧光灯电子镇流器

a）外形图　b）接线图

（2）荧光灯的工作原理

当荧光灯正常工作时，灯管和启辉器并联，电感式镇流器则与灯管串联，开关接在相线上。其工作原理如图 5-3-9 所示，主要分为启辉放电过程和启动后工作过程。

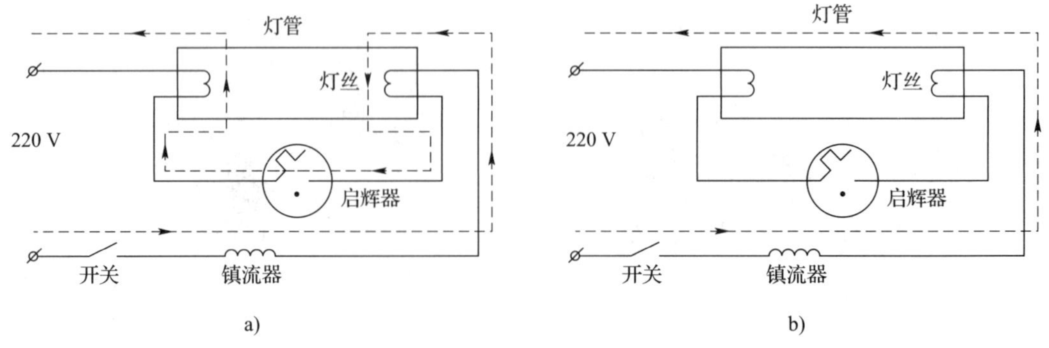

图 5-3-9　荧光灯工作原理

a）启辉放电过程　b）启动后工作过程

当开关刚接通时，荧光灯还未通电，启辉器内部双金属片与静触片之间的氖气在较高电压下辉光放电，放电电流一方面产生足够的热量使双金属片变形，另一方面放电电流流经灯管的两个灯丝，对灯丝进行预热。

当变形的双金属片碰触到静触片后，辉光放电停止，热量消失，双金属片复位并离开静触片，电路中电流突然中断，镇流器两端产生很高的感应电动势与电源电压一起加在灯管两端，使灯管内的汞蒸气电离，并产生紫外线激发管壁上的荧光粉发光。

荧光灯点亮后两端的电压迅速减小，不足以再使启辉器内发生辉光放电，这时即使拿掉启辉器，荧光灯仍会正常发光。

2. 插座

插座有明装和暗装之分，按其基本结构的不同分为单相双极双孔、单相三极三孔、三相四极四孔插座等，常见的插座如图 5-3-10 所示。对于固定单相插座而言，一般都是左孔接零线（N），右孔接相线（L），上孔接地线，简称“左零右火上接地”。

a)

b)

c)

图 5-3-10　常见的插座
a）单相双极双孔插座　b）单相三极三孔插座　c）三相四极四孔插座

三、双控荧光灯照明线路原理分析

双控荧光灯照明线路原理图如图 5-3-11 所示。

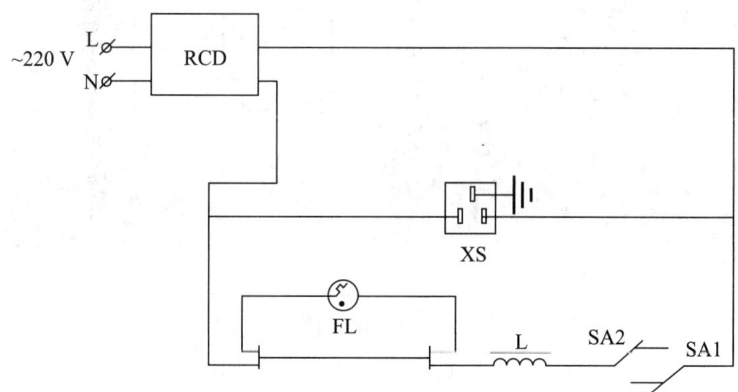

图 5-3-11　双控荧光灯照明线路原理图

接通电源，合上漏电保护装置后，荧光灯的点亮和熄灭由开关 SA1 和 SA2 共同控制。合上开关 SA1 或 SA2，荧光灯点亮；断开开关 SA1 或 SA2，荧光灯熄灭。

任务实施

一、任务准备

实施本任务所需要的实训设备及工具材料见表 5-3-1。

表 5-3-1　实训设备及工具材料

序号	名称	数量	单位	备注
1	万用表	1	个	
2	常用电工工具	1	套	不同类型、规格
3	漏电保护断路器	1	个	配导轨
4	双控开关	2	个	
5	接线盒	3	个	
6	荧光灯组件	1	套	
7	单相五孔插座	1	个	
8	线槽	8	m	配线卡
9	绝缘胶布	0.5	m	

二、双控荧光灯照明线路的安装

1. 划线定位、固定线槽底板

划线定位、固定线槽底板分别如图 5-3-12a、图 5-3-12b 所示。

a)

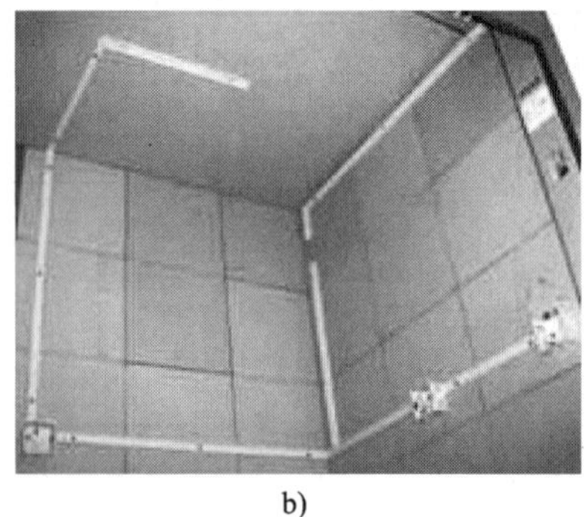

b)

图 5-3-12　划线定位、固定线槽底板
a）划线定位　b）固定线槽底板

2. 敷设导线

根据线路图、位置图确定线槽内导线根数，双控荧光灯照明线路配线如图 5-3-13 所

示。选取不同颜色导线敷设以示区别，相线为红色，零线为蓝色，地线为黄/绿双色，双控开关之间连接线为黑色。一边敷设导线，一边固定线槽盖板。

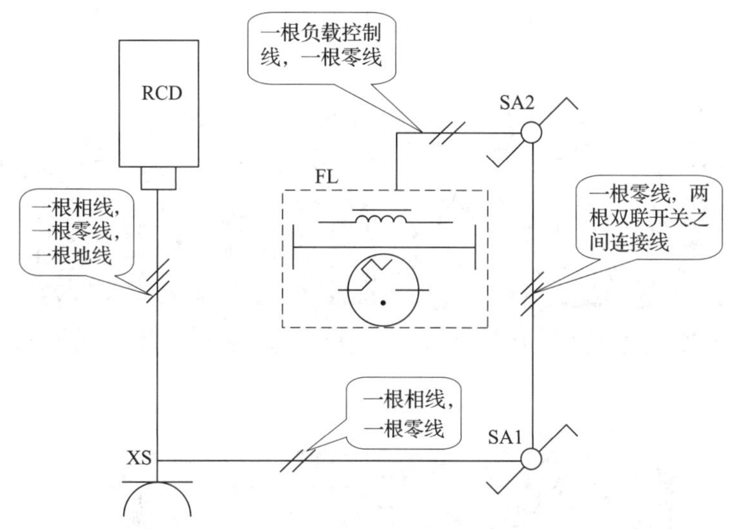

图 5-3-13　双控荧光灯照明线路配线

3. 元器件的安装与连接

（1）插座的安装与连接

单相五孔插座的安装如图 5-3-14 所示，需要将连接在同一接线端的两根导线相互绞合在一起，然后按照“左零右火上接地”的原则分别接入对应的接线桩，最后安装插座面板。

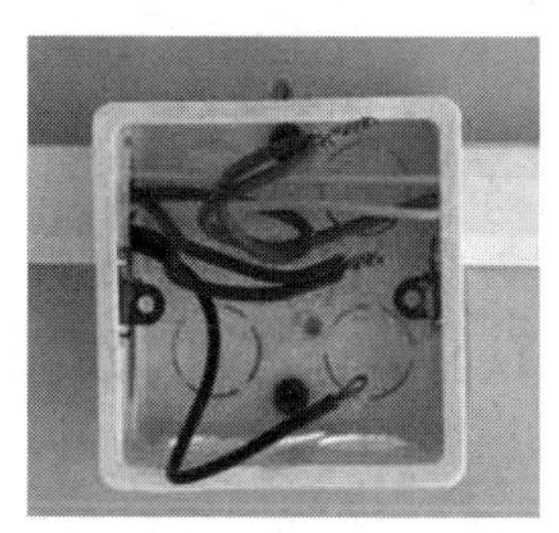 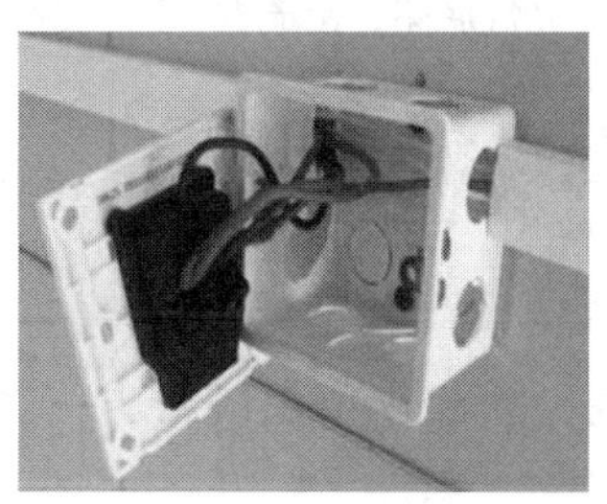 

图 5-3-14　单相五孔插座的安装

（2）开关的安装

将单联双控开关接入电路中，相线和负载控制线必须接公共接线端，如图 5-3-15 所示，接好线后固定开关面板。

（3）荧光灯的安装

1）将荧光灯底座、镇流器固定，将负载控制线接入镇流器接线桩，如图 5-3-16a 所示。

2）将启辉器座上两个接线桩分别与两个灯座中的各一个接线桩连接；零线与一个灯

座余下的一个接线桩连接，镇流器余下的接线桩与另一个灯座中余下的一个接线桩连接。安装启辉器，装好盖板。

3）安装灯管，将灯管一端插入灯座，并将另一端压入，使两灯脚呈水平状，如图 5-3-16b 所示。

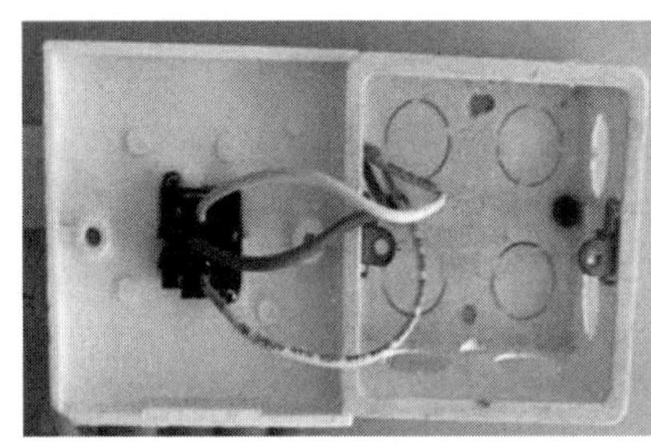
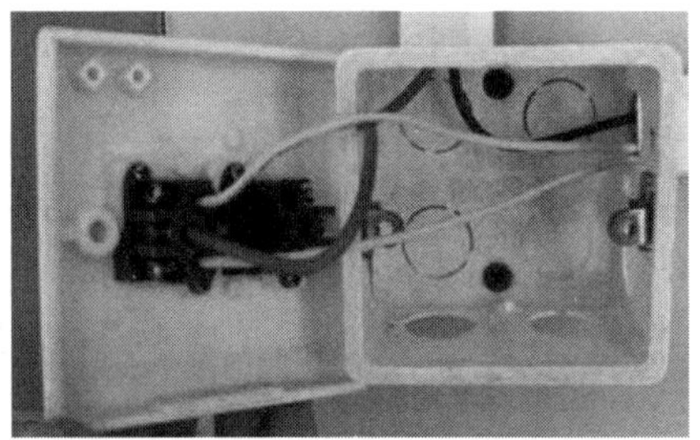

图 5-3-15　开关的安装

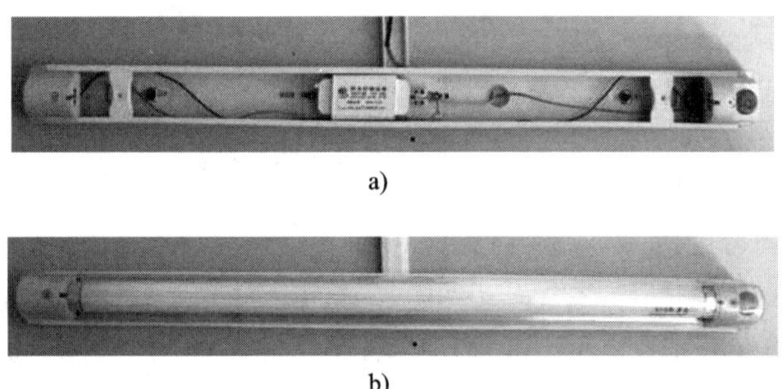

a)

b)

图 5-3-16　荧光灯的安装
a）固定荧光灯底座、镇流器　b）安装灯管

操作提示

安装时，开关控制荧光灯相线，并且应接在镇流器一端，零线直接进入荧光灯一端，启辉器并联在灯管两端。

4. 漏电保护断路器的安装

安装漏电保护断路器，将线路中相线、零线与漏电保护断路器正确连接，如图 5-3-17 所示。双控荧光灯照明线路安装完成的效果图如图 5-3-18 所示。

5. 通电试验

通电之前根据原理图和接线图检查各元器件接线，并利用万用表电阻挡进行短路检查。

接通电源，拨动任一开关都能控制荧光灯的亮灭。用验电笔测试插座的右孔应发光，也可用万用表测量插座电压，应指示 220 V 电压，如图 5-3-19a、b 所示。

图 5-3-17　漏电保护断路器的安装

图 5-3-18　双控荧光灯照明线路安装完成的效果图

a)

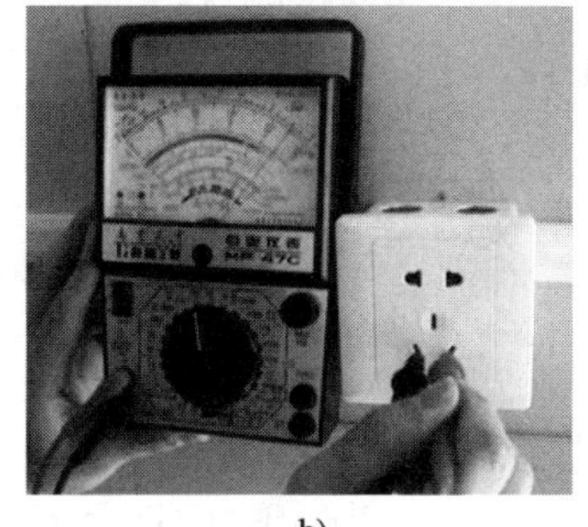

b)

图 5-3-19　双控荧光灯照明线路通电试验

a）用验电笔测试插座　b）用万用表测量插座电压

三、荧光灯照明线路的故障检修

1. 荧光灯照明线路的常见故障和检修方法（见表 5-3-2）

表 5-3-2　荧光灯照明线路的常见故障和检修方法

故障现象	产生原因	检修方法
灯管不能发光	（1）灯座或启辉器底座接触不良 （2）灯管漏气或灯丝断开 （3）镇流器线圈断路 （4）电源电压过低 （5）新装荧光灯接线错误	（1）转动灯管或启辉器，使其接触良好 （2）用万用表检查或观察荧光粉是否变色，若确认灯管损坏，可更换新灯管 （3）更换镇流器 （4）排除电源故障 （5）检查线路，正确接线
灯管抖动或两端发光	（1）接线错误或灯座灯脚松动 （2）启辉器氖泡内动、静触片不能分开或电容器击穿 （3）镇流器规格不合适或接头松动 （4）灯管陈旧，灯丝发射物质放电作用减弱 （5）电源电压过低或线路电压降过大	（1）检查线路或修理灯座 （2）将启辉器取下，用两个螺钉旋具的金属头分别触及启辉器底座两块铜片，然后将两个金属杆相碰，并立即分开，如灯管能跳亮，则说明启辉器损坏，应更换启辉器 （3）更换适当镇流器或加固接头 （4）更换灯管 （5）如有条件升高电压或加粗导线

续表

故障现象	产生原因	检修方法
灯管两端发黑或产生黑斑	（1）灯管陈旧，寿命将终 （2）如果是新灯管，可能因启辉器损坏导致灯丝发射物质加速挥发 （3）灯管内汞凝结（细灯管的常见现象） （4）电源电压太高或镇流器配用不当	（1）更换灯管 （2）更换启辉器 （3）灯管工作后汞即能蒸发或将灯管旋转 180° （4）调整电源电压或更换适当的镇流器
灯管闪烁或光在管内滚动	（1）新灯管的暂时现象 （2）灯管质量不好 （3）镇流器规格不合适或接线松动 （4）启辉器损坏或接触不良 （5）电压不稳定	（1）使用几次或对调灯管两端 （2）换一根灯管试一试有无闪烁现象 （3）更换合适的镇流器或加固接线 （4）更换或加固启辉器 （5）安装电源稳压器
灯管亮度降低或色彩转差	（1）灯管陈旧的必然现象 （2）灯管上积垢太多 （3）电源电压太低或线路电压降太大 （4）气温过低或冷风直吹灯管	（1）更换灯管 （2）清理灯管积垢 （3）调整电压或加粗导线 （4）加防护罩或避开冷风
灯管寿命短或发光后立即熄灭	（1）镇流器规格不合适或质量较差，或镇流器内部线圈短路致使灯管电压过高 （2）受到剧振，灯丝断裂 （3）新装灯管因接线错误而将灯管烧坏 （4）开关接在零线上，灯管寿命短	（1）更换镇流器 （2）更换灯管 （3）检修线路，正确接线 （4）检修线路，正确接线
镇流器有杂音	（1）镇流器质量较差或其铁芯的硅钢片未夹紧 （2）镇流器过载或其内部短路 （3）镇流器受热过度 （4）电源电压过高 （5）启辉器质量不好 （6）微弱声音是正常现象	（1）更换镇流器 （2）更换镇流器 （3）检查受热原因并排除故障 （4）如有条件设法降压 （5）更换启辉器 （6）可用橡皮垫减小振动
镇流器过热或冒烟	（1）电源电压过高或镇流器容量过低 （2）镇流器内线圈短路	（1）有条件可调低电压或换用容量较大的镇流器 （2）更换镇流器

2. 荧光灯照明线路的故障检修示例

（1）故障现象——荧光灯不能发光

荧光灯不能发光的原因通常是灯脚接触不良，电路处于断路状态。可用手转动灯管或推紧两端灯脚，如图 5-3-20 所示。

如果仍无法发光，应检查启辉器。采用比较法检查：将该荧光灯的启辉器装入能正常发光的荧光灯中，重新接入电源，观察荧光灯能否点亮。若荧光灯点亮，证明该启辉器正常，反之应更换启辉器。

如果启辉器功能完好，应检查荧光灯管：将荧光灯管拆下，用万用表电阻挡分别测量灯管两端的引脚，如图 5-3-21 所示。若测出电阻无穷大，说明灯丝已烧断，应更换灯管。

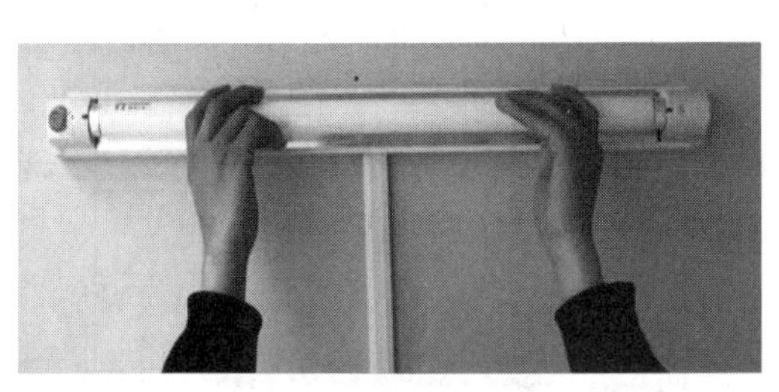

图 5-3-20　转动灯管或推紧两端灯脚

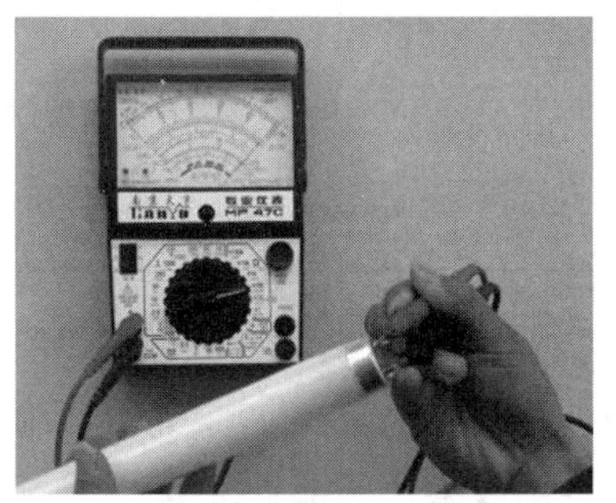

图 5-3-21　检查灯管

如果启辉器、灯管都正常应检测镇流器，利用万用表电阻挡进行检测，如图 5-3-22 所示，若测出的电阻为无穷大，说明镇流器内部断路，应更换镇流器。

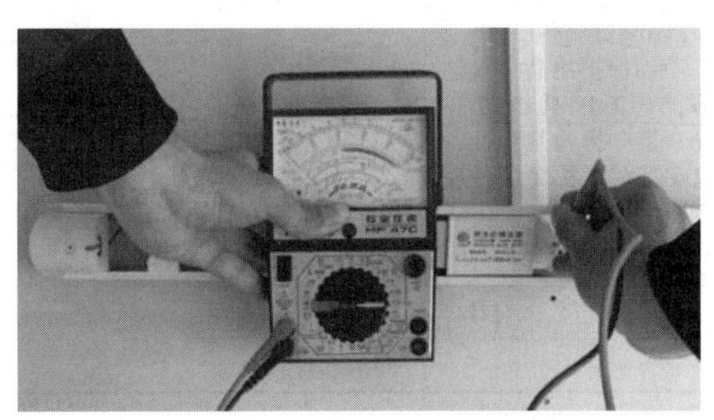

图 5-3-22　检查镇流器

（2）故障现象——灯管一直闪烁

灯管一直闪烁的主要原因是启辉器损坏，如启辉器中氖管老化，应更换启辉器。另外，线路接触不良，如灯脚、启辉器等接触不良也会造成上述现象，应检查线路的各个接点，方法是用万用表按原理图逐点测量，找出故障点并重新连接该接点。

如果本地区电压不稳定，应用万用表测量荧光灯电源电压，方法是将万用表转换开关置于交流 250 V 挡进行测量。采用电源稳压器即可解决电压不稳定的问题，但应考虑电路的功率。

（3）故障现象——荧光灯工作时有杂音

荧光灯工作时有杂音的主要原因是镇流器铁芯松动，应更换镇流器，更换时要注意选择功率适当的镇流器。

任务测评

对任务实施的完成情况进行检查，并将检查结果填入表 5-3-3。

表 5-3-3　评分标准

序号	主要内容	考核要求	评分标准	配分	扣分	得分
1	固定元器件	位置正确，元器件不松动	（1）划线定位不符合要求，扣 10 分 （2）元器件松动，每处扣 2 分 （3）扣完为止	20		
2	双控荧光灯照明线路的安装	正确安装双控荧光灯照明线路	（1）线槽配线不符合要求，每处扣 2 分 （2）接线柱露铜，每处扣 2 分 （3）开关、灯头、插座接线错误，每处扣 10 分 （4）扣完为止	40		
3	通电调试	正确通电调试、排故	通电不成功，每次扣 10 分，扣完为止	30		
4	安全文明生产	劳动保护用品穿戴整齐；电工工具携带齐全；遵守操作规程；讲文明礼貌；按要求清理现场	（1）操作中违反安全文明生产考核要求的任何一项扣 2 分，扣完为止 （2）当考评员发现考生操作过程中有重大事故隐患时，要立即予以制止，并每次扣安全文明生产总分 5 分，扣完为止	10		
合计				100		
开始时间：			结束时间：			

任务 4　综合照明线路的安装

学习目标

1. 掌握线管配线的技术要求及方法。
2. 掌握进户装置的安装要求。
3. 能正确完成综合照明线路的安装与调试。

任务引入

前面两个任务中的对象都是由单一灯具组成的照明线路，但在实际生产生活中，照明线路往往由多个、多种灯具组成。某单位宿舍的照明线路平面图如图 5-4-1 所示，其中包含了白炽灯和荧光灯两种灯具，以及单控、双控两种控制方式，并且还应安装量配电装置。

本任务的内容是完成该线路的安装练习。

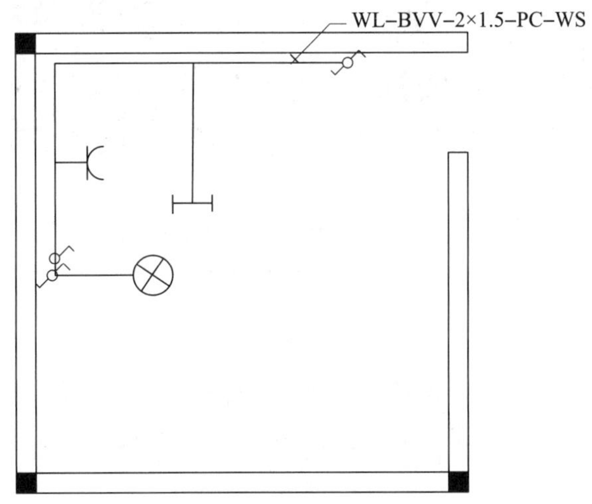

图 5-4-1　某单位宿舍的照明线路平面图

相关知识

一、线管配线

把绝缘导线穿在钢质或塑料线管内敷设，称为线管配线。这种布线方式比较安全可靠，可使导线避免遭受腐蚀性气体侵蚀和机械损伤，适用于公共建筑和工业厂房中。

1. PVC 线管

PVC 线管是近年来应用较多的布线管，是一种白色塑料管，能阻止燃烧且不自燃，适合用于电气布线。PVC 线管截面为圆形，常见规格有 ϕ16 mm、ϕ20 mm、ϕ25 mm、ϕ32 mm、ϕ40 mm、ϕ50 mm、ϕ63 mm 等。还有多种与这些管径配套的接头与管卡，如图 5-4-2 所示。

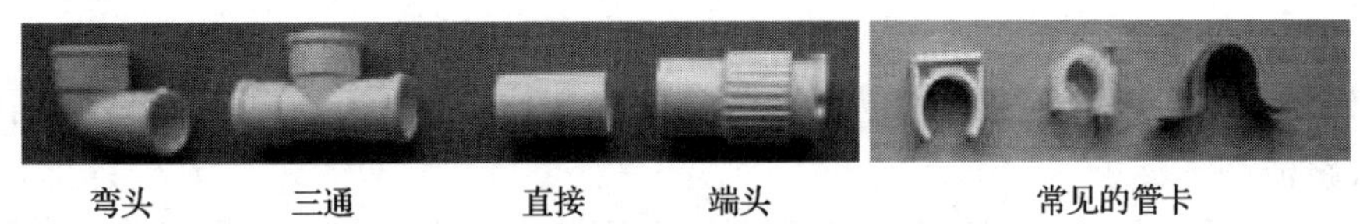

图 5-4-2　PVC 线管接头与管卡

在安装过程中，PVC 线管需要进行加工处理，如切割、弯曲等。切割 PVC 线管时宜用专用剪刀，也可用钢锯锯断，如图 5-4-3a 所示，锯割后管口处应进行光滑处理；PVC 线管需要弯曲时应直接冷弯，为了防止弯瘪，弯曲时可在管内插入弯管弹簧，如图 5-4-3b 所示，弯曲半径不宜过小。

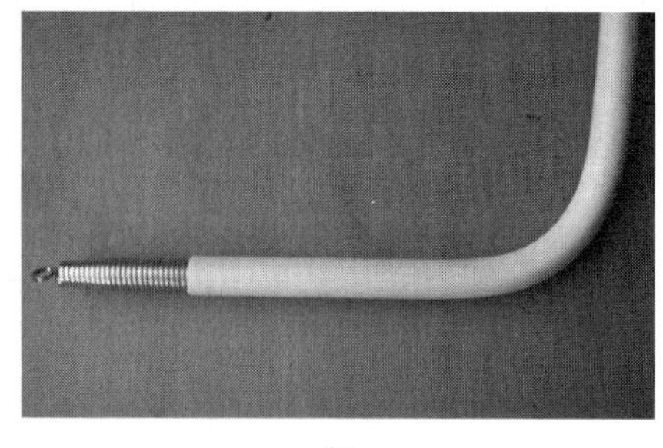

a)　　　　b)

图 5-4-3　PVC 线管的加工
a）切割　b）弯曲

2. PVC 线管的配线

PVC 线管配线分为明配线和暗配线两种。明配线是将线管敷设于墙壁、支架等的表面；暗配线是将线管敷设于建筑结构内部，如墙壁、地坪或楼板内，要求管路短、弯曲少，便于穿线。

（1）PVC 线管的配线要求

1）管内导线一般不应超过 8 根，多根导线穿管时，导线截面积（包括绝缘层面积）总和不应超过管内截面积的 40%。铜芯导线截面积不得小于 1 mm^2，铝芯导线截面积不得小于 2.5 mm^2，导线绝缘强度不应低于交流 500 V。

2）管内导线不得有接头，所有接头和分支均应在接线盒中进行。

3）不同变压器的电源线、电流不平衡的几根导线、不同电压等级的线路不得装入同一根管内。

4）管内布线应尽可能减少转角和弯曲，转角越多，穿线越困难。为便于穿线，转角或弯曲过多时，必须加装接线盒。

5）明管敷设且管径为 20 mm 及以下时，管卡间距应为约 1 m；管径为 25~40 mm 时，管卡间距应为 1.2~1.5 m；管径为 50 mm 及以上时，管卡间距应为约 2 m。

6）在混凝土内暗敷时，必须使用壁厚为 3 mm 及以上的线管。

7）塑料管穿过墙壁或楼板时应加装金属套管，套管两端要伸出墙壁或楼板各 10 mm。

（2）PVC 线管明配线的方法

1）定位、划线。按施工图确定的电气设备安装位置做好记号，划出线管明敷路径，要保证线路横平竖直。

2）PVC 管卡的固定。PVC 线管的明敷需要用管卡来支持，选用的管卡应与线管规格相匹配。可以先用冲击钻在混凝土结构墙面的固定位置处打孔，安装木榫或塑料膨胀管后固定管卡。距始端、终端、转角中点、接线盒或电气设备边缘 150~500 mm 处均需固定管卡；直线部分的管卡间距应均匀，一般为 1~2 m，如图 5-4-4 所示。

3）固定接线盒和敷设线管。一般先固定接线盒，再敷设线管。根据线路对线管进行落料、加工、敷设，若敷设过程中线管需要转弯、分支、加长可根据表 5-4-1 进行处理。

明配管在经过建筑物伸缩缝和沉降缝时，应加补偿装置。在易受机械损伤的地方应加钢管保护。

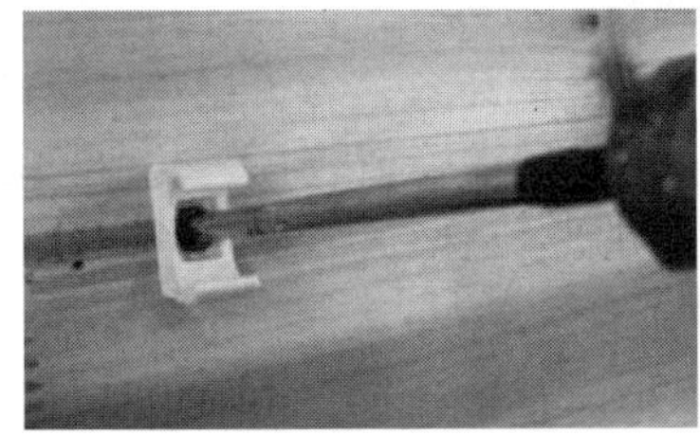

图 5-4-4　PVC 线管明敷管卡的固定

表 5-4-1　线管敷设过程中的处理

处理内容	具体方法	图示
转弯	当管路较短时，转角可利用弯头转弯，转角处需用两个管卡固定	
分支	当管路较短需要分支时，用三通接头分接	
加长	当线管需要加长时，用束节连接	
与接线盒连接	应用专用连接件进行线管与接线盒的连接，连接处应涂专用胶合剂	

4）线管穿线。穿线前应清理线管，可将 0.25 MPa 的压缩空气吹入已敷设好的线管，把残留的灰沙和水分吹走。再一次检查管口是否有倒角和毛刺，以免穿线时割伤导线。然后向管内穿入 ϕ1.2~ϕ1.6 mm 的引线钢丝，用它将导线拉入管内。

如果管径较大，转弯较小，可将引线钢丝从管口一端直接穿入，为了避免壁上凸凹部分挂住钢丝，要求将钢丝头部做成图 5-4-5a 所示的弯钩。如果管道较长、转弯较多或管径较小，一根钢丝无法直接穿过，可将两根钢丝分别从两端管口穿入，但应将引线钢丝端头弯成钩状，如图 5-4-5b 所示，使两根钢丝穿入线管并能互相钩住，如图 5-4-5c 所示。然后将要留在管内的钢丝一端拉出管口，使管内保留一根完整钢丝；两头伸出管外，并绕成一个大圈，使其不得缩入管内，以备穿线之用。

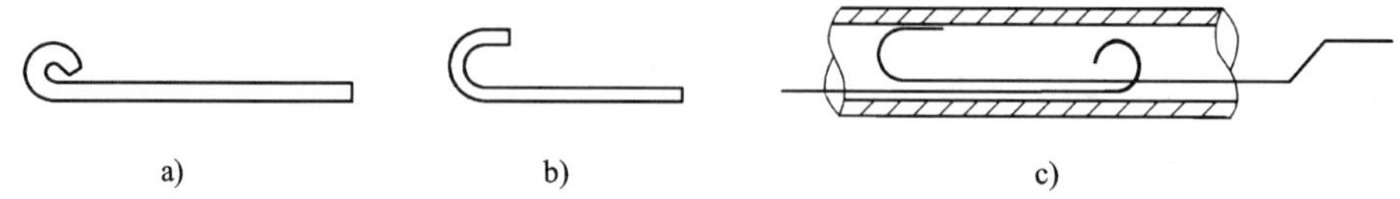

图 5-4-5　线管穿引线钢丝

a）、b）钢丝弯钩　c）两根钢丝弯钩相互钩住

根据线管的长度（加上线头及余量）和线管内需要穿入导线的根数放出导线，然后将这些线头剥去绝缘层，扭绞后紧扎在引线钢丝头部，如图 5-4-6 所示。

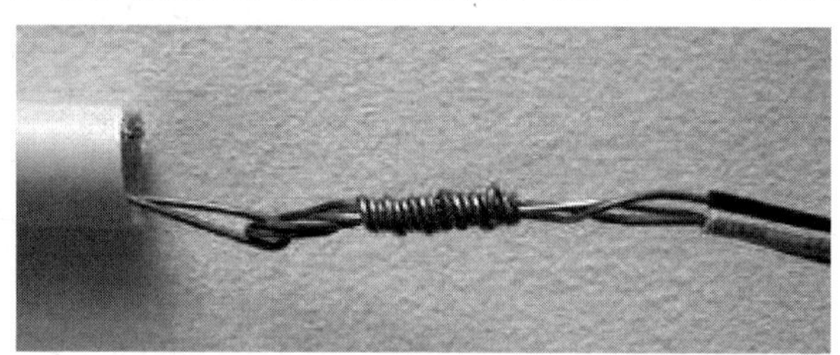

图 5-4-6　引线钢丝与线头绑扎

穿线前，可在管口套上橡胶或塑料护圈，避免穿线时管口内侧割伤导线绝缘层。然后由两人在线管两端配合穿线入管，线管左端的人慢慢拉引线钢丝，线管右端的人慢慢将线束送入管内，如图 5-4-7 所示。如果线管较长、转弯太多或管径较小造成穿线困难，可在管内加入适量滑石粉以减小摩擦，但不能用油脂或石墨粉，以免损伤导线绝缘层或将导电粉尘带入线管内。

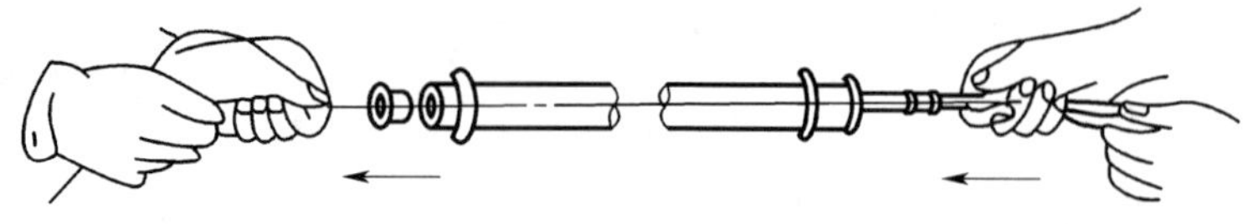

图 5-4-7　导线穿管

（3）PVC 线管暗配线的方法

线管暗敷方法与明敷基本相同，但需要将线管、开关盒等埋入墙体内。

二、进户装置的安装

进户装置是户内、户外线路的衔接装置，是低压用户内部线路的电源引接点。进户装置通常由进户杆或角钢支架、进户线、进户管等部分组成。

进户线必须采用绝缘良好的铜芯或铝芯绝缘导线，铜芯导线截面积不得小于 1.5 mm^2，铝芯导线截面积不得小于 2.5 mm^2，进户线中间不准有接头，进户线穿墙时，应套上瓷管、钢管或塑料管。进户管的管径应根据进户线的根数和截面积确定，管内线（包括绝缘层）的总截面积应不大于进户管有效截面积的 40%，管内径应不小于 15 mm。进户线应有足够的长度，户内一端一般接于总开关盒，户外一端与接户线连接，连接长度应为约 200 mm。进户线、进户管的安装示意图如图 5-4-8 所示。

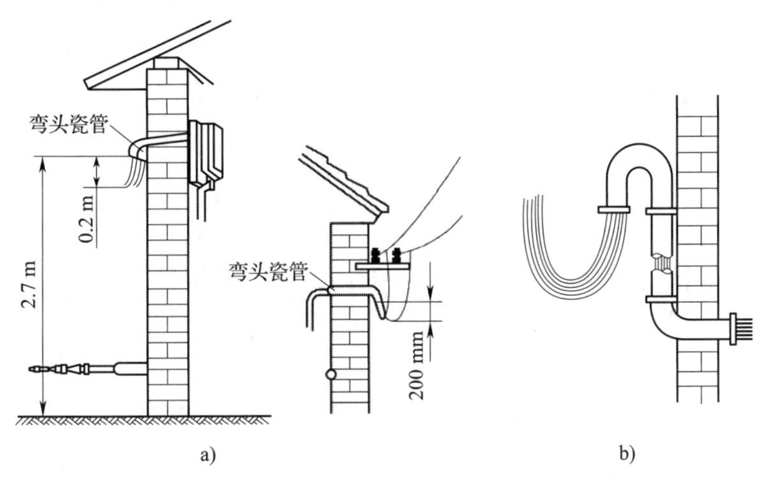

图 5-4-8　进户线、进户管的安装示意图

a）进户线的安装　b）进户管的安装

进户线入户后经过量电和配电装置输送至各用电设备，量电装置一般为电度表，配电装置一般为漏电保护装置和断路器，起过载、短路保护及通断控制的作用。在农村家庭中，通常将电度表、漏电保护开关以及控制开关安装在同一块配电板上。

任务实施

一、任务准备

实施本任务所需要的实训设备及工具材料见表 5-4-2。

表 5-4-2　实训设备及工具材料

序号	名称	数量	单位	备注
1	万用表	1	个	
2	常用电工工具	1	套	不同类型、规格

续表

序号	名称	数量	单位	备注
3	配电装置 （漏电保护装置、断路器）	1	套	配导轨
4	单相电度表	1	个	
5	单联双控开关	1	个	
6	双联双控开关	1	个	
7	接线盒	3	个	
8	荧光灯组件	1	套	
9	三孔插座	1	个	
10	螺口平灯座	1	个	
11	螺口白炽灯	1	个	
12	塑料圆木	1	个	
13	线管	8	m	配管卡
14	绝缘胶布	0.5	m	

二、综合照明线路电气原理图（见图 5-4-9）的识读

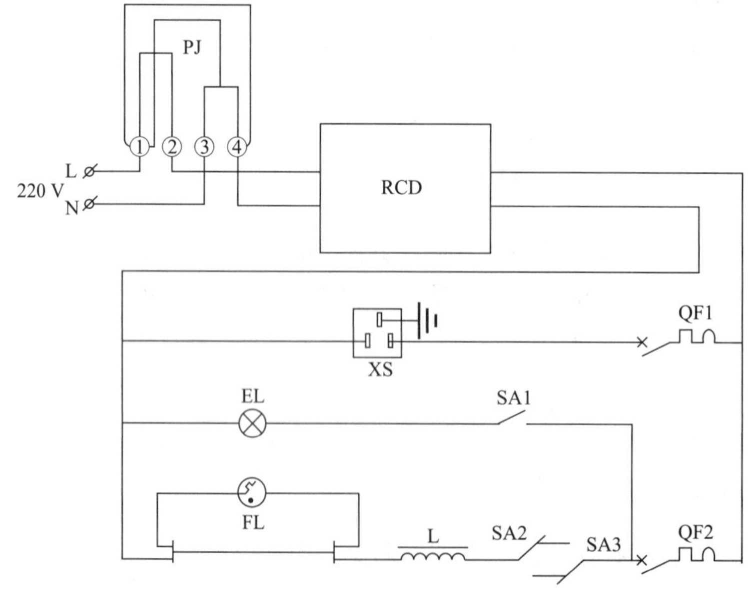

图 5-4-9　综合照明线路电气原理图

三、综合照明线路的安装

1. 划线定位

根据控制要求和灯具位置，划出线管明敷走线路径和元器件、开关、插座位置，并在线管固定位置打好固定孔，安装塑料膨胀管，划线定位示意图如图 5-4-10 所示。

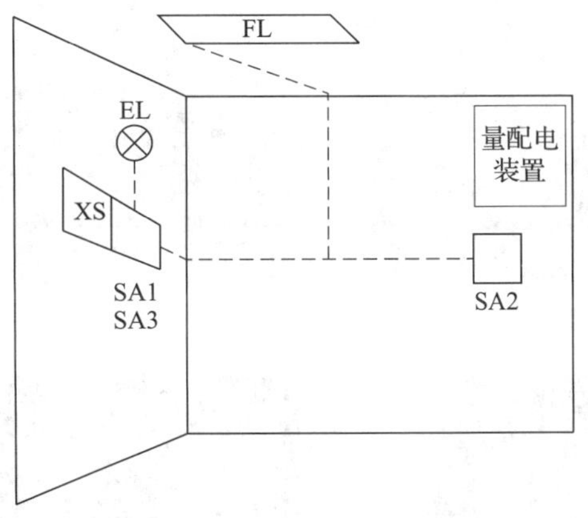

图 5-4-10　划线定位示意图

2. 线管的固定与穿线

穿线时需要注意区分颜色，做好记号，方便线路的连接，线管的固定与穿线如图 5-4-11 所示。

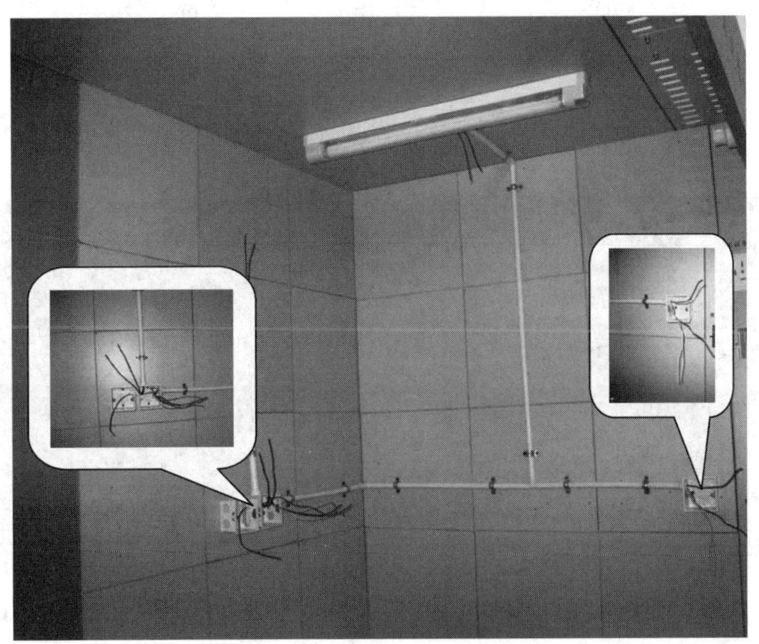

图 5-4-11　线管的固定与穿线

3. 元器件的安装与连接

开关、插座、灯座、荧光灯的安装与连接如图 5-4-12 所示，量配电装置的安装与连接如图 5-4-13 所示，安装完成后的效果如图 5-4-14 所示。

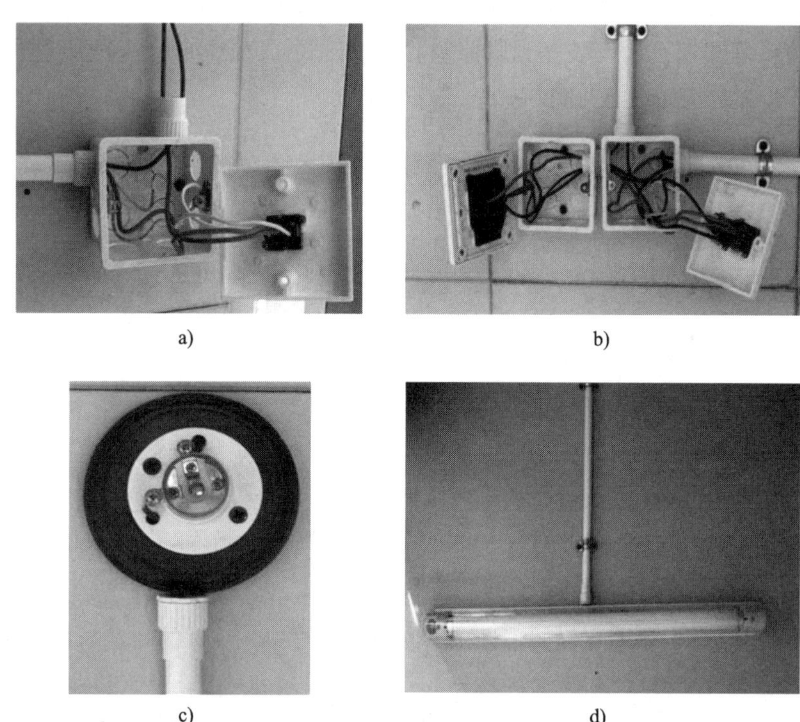

图 5-4-12　开关、插座、灯座和荧光灯的安装与连接
a）SA2 的安装与连接　b）SA1、SA3 以及插座的安装与连接　c）灯座的安装与连接
d）荧光灯的安装与连接

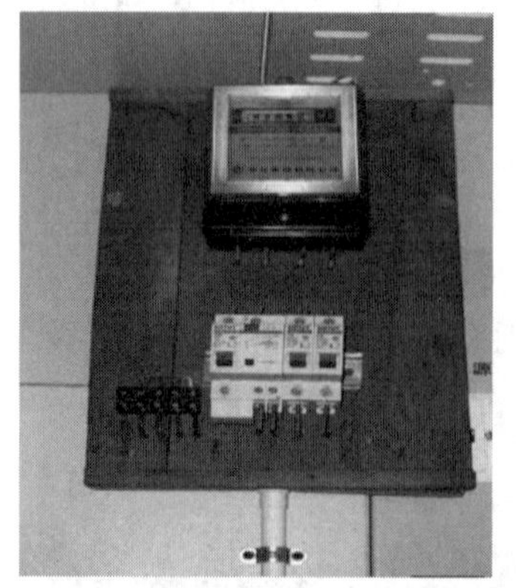

图 5-4-13　量配电装置的安装与连接

图 5-4-14　安装完成后的效果

4. 通电试验（见图 5-4-15）

图 5-4-15　通电试验

任务测评

对任务实施的完成情况进行检查，并将检查结果填入表 5-4-3。

表 5-4-3　评分标准

序号	主要内容	考核要求	评分标准	配分	扣分	得分
1	固定元器件	位置正确，元器件不松动	（1）划线定位不符合要求，扣 10 分 （2）元器件松动，每处扣 2 分 （3）扣完为止	20		
2	综合照明线路安装	正确安装综合照明线路	（1）线管配线不符合要求，每处扣 2 分 （2）接线柱露铜，每处扣 2 分 （3）开关、灯头、插座、配电装置接线错误，每处扣 10 分 （4）扣完为止	40		
3	通电调试	正确通电调试、排故	通电不成功，每次扣 10 分，扣完为止	30		
4	安全文明生产	劳动保护用品穿戴整齐；电工工具携带齐全；遵守操作规程；讲文明礼貌；按要求清理现场	（1）操作中违反安全文明生产考核要求的任何一项扣 2 分，扣完为止 （2）当考评员发现考生操作过程中有重大事故隐患时，要立即予以制止，并每次扣安全文明生产总分 5 分，扣完为止	10		
合计				100		
开始时间：			结束时间：			

课题六　外线基本作业

任务1　架空线路施工

学习目标

1. 了解常用的登高工具及其使用方法。
2. 掌握低压架空线路的特点、组成、拉线类型和结构形式。
3. 能正确完成踏板登杆、水泥杆脚扣登杆作业。
4. 能正确完成导线与绝缘子的绑扎。

任务引入

架空线路施工是维修电工从事户外工作的一项基本技能，如对新建厂区及附属生活区内外线路和用电装置的线路进行安装、检修等工作时，常需要高空作业，并要对架设线路的导线进行绑扎固定。要完成线路架设、检修等工作，需要安全、规范、熟练地使用电工登高工具进行登高作业，并熟练掌握导线与绝缘子的多种绑扎方法。

本任务的内容是完成户外架空线路施工基本技能的训练。

相关知识

一、常用的登高工具

国家标准《高处作业分级》中规定：凡是在距坠落高度基准面 2 m 及以上有可能坠落的高处进行的作业均称为高处作业。高处作业要用到登高工具，电工内外线作业时常用的登高工具有梯子、踏板、脚扣以及确保杆上安全作业的保险绳、腰带等。

1. 梯子

电工常用的梯子有单梯（直梯）和人字梯，如图 6-1-1a、b 所示。单梯常用于室外作业，人字梯通常用于室内登高作业。

安全登梯重点应做好以下几点：

（1）使用前应检查单梯是否有虫蛀及折裂现象，梯脚应绑扎防滑材料。

（2）应检查绑扎在人字梯中间的两道防自动滑开的安全绳是否结实牢固。

（3）单梯的放置角度为60°~75°，不准将单梯放在箱子或桶类等易活动物体上使用。

（4）扶梯人应戴好安全帽。

（5）在单梯上作业时，为了保证不因用力过度而站立不稳，应按图6-1-2所示的姿势站立。在人字梯上作业时，不可采用骑马的方式站立，以防人字梯侧翻，造成严重的工伤事故。

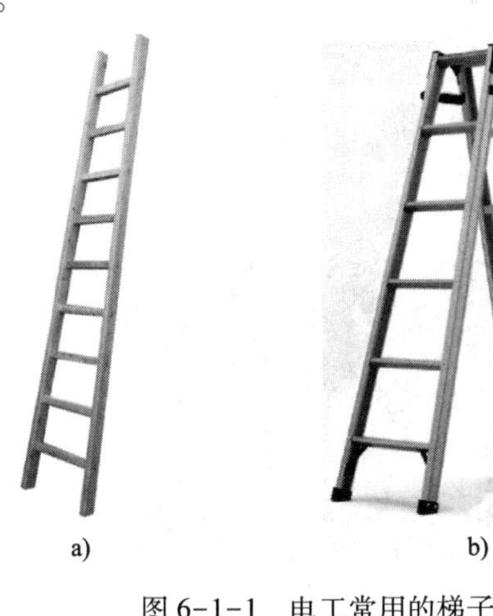

a)　　b)

图6-1-1　电工常用的梯子

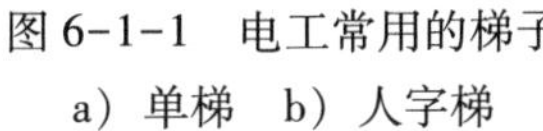

a）单梯　b）人字梯

图6-1-2　单梯站立

2. 踏板

踏板又称为登高板，用来攀登圆柱电杆。踏板由板、绳索、挂钩等组成，如图6-1-3a所示。板采用质地坚韧的木材制作。绳索应采用ϕ16 mm三股棕绳，绳索两端结在踏板两头的扎结槽内，顶端装上铁制挂钩。系结后绳长应保持操作者一人一手长，如图6-1-3b所示。踏板挂钩时，必须将钩尖朝外并朝上，即挂正钩，如图6-1-3c所示。踏板和棕绳均能承重300 kg，每半年应进行一次载荷检查。

3. 脚扣

脚扣又称为铁脚，也是攀登电杆的工具。脚扣分为木杆脚扣和水泥杆脚扣两种，如图6-1-4所示。木杆脚扣的扣环上有铁齿，水泥杆脚扣扣环上裹有橡胶，以防打滑。

用脚扣攀登的速度较快，容易掌握登杆方法，但在杆上作业时不如踏板灵活舒适，易于疲劳，故适用于杆上短时间作业。为了保证作业的平稳，两只脚扣应按图6-1-5a所示方法定位。登高前先进行检查，确保脚扣完好后方可登高。登高时左脚向上跨扣，左手应同时向上扶住电杆，接着右脚向上跨扣，右手应同时向上扶住电杆，重复进行至所需高度，如图6-1-5b所示。下杆时要手脚配合向下移动身体，动作与登杆时相反。

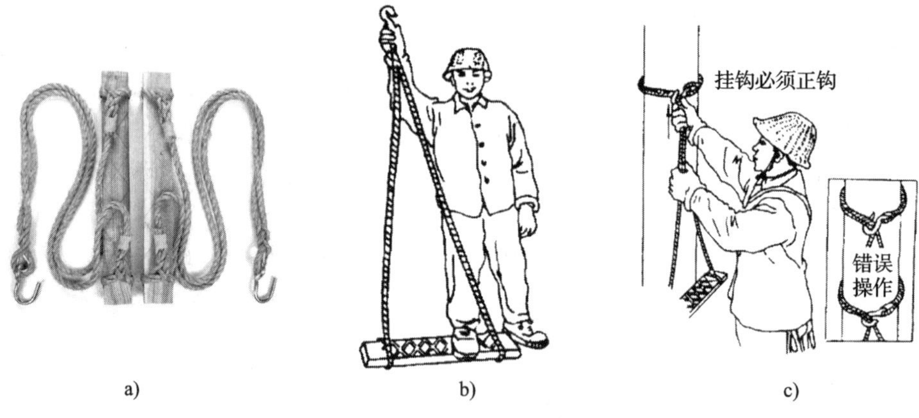

a)　　b)　　c)

图 6-1-3　踏板及其使用方法

a）踏板　b）踏板棕绳的长度要求　c）挂钩方法

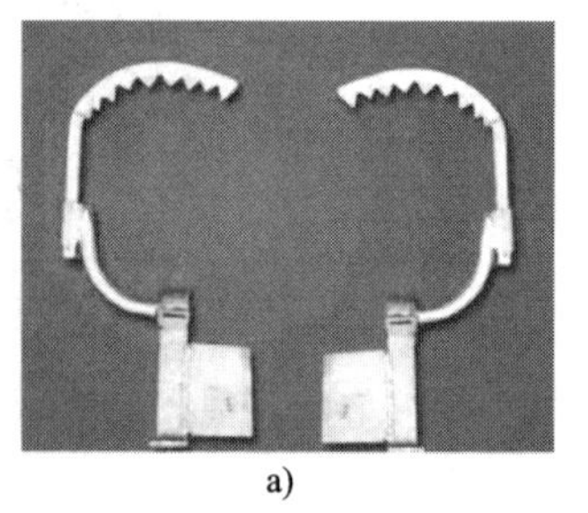

a)

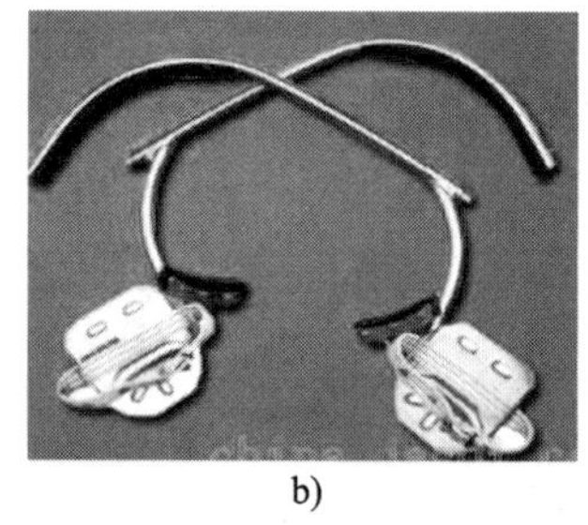

b)

图 6-1-4　脚扣

a）木杆脚扣　b）水泥杆脚扣

a)

b)

图 6-1-5　脚扣定位与登高

a）脚扣定位　b）脚扣登高

4. 腰带、保险绳和腰绳

腰带、保险绳及腰绳的使用方法如图 6-1-6 所示，腰带用来系挂保险绳、腰绳、吊物绳等，使用时应系在臀部，不应系在腰间。保险绳用来避免失足下落时坠地摔伤的情况，一端要可靠地系结在腰带上，另一端钩在横担或抱箍上。腰绳用来固定人体腰下部，以增大上身的活动幅度，使用时将腰绳系在电杆横担或抱箍下方，防止腰绳窜出电杆顶端，造成工伤。

二、低压架空线路

低压架空线路通常采用多股裸绞线来架设。低压架空线路的电压等级规定为 380 V/220 V 三相四线制供电。低压架空线路的范围为自配电变压器二次侧或低压侧端至每个用户的接户点。

1. 低压架空线路的特点

（1）裸导线的散热条件好，所以导线的载流量要比相同截面积的绝缘导线高 30%～40%。

（2）低压架空线路结构简单、成本低、安装与维修方便。

（3）低压架空线路易受洪水、飓风、大雪等自然灾害的影响，若维护管理不善，容易发生人畜触电事故。

2. 低压架空线路的组成

低压架空线路的组成如图 6-1-7 所示，主要由导线、电杆、绝缘子、横担和线路金具组成。

（1）导线

导线是线路的主体，功能是输送电能。导线分为绝缘导线与裸导线，低压架空线路一般采用裸导线。低压供电系统中一般采用多股绞线，绞线又分为铜绞线、铝绞线和钢芯铝绞线。

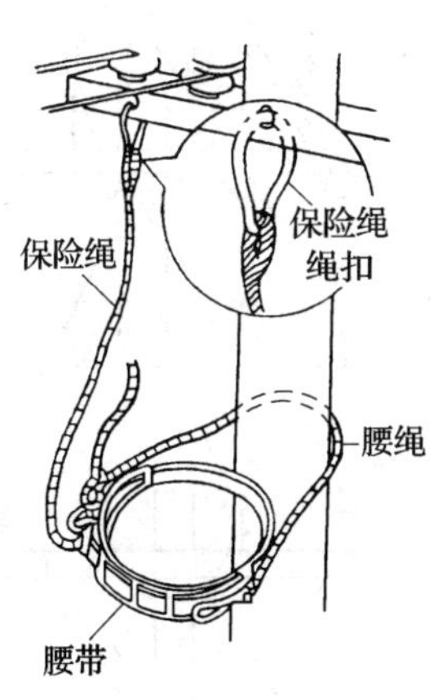

图 6-1-6　腰带、保险绳及腰绳的使用方法

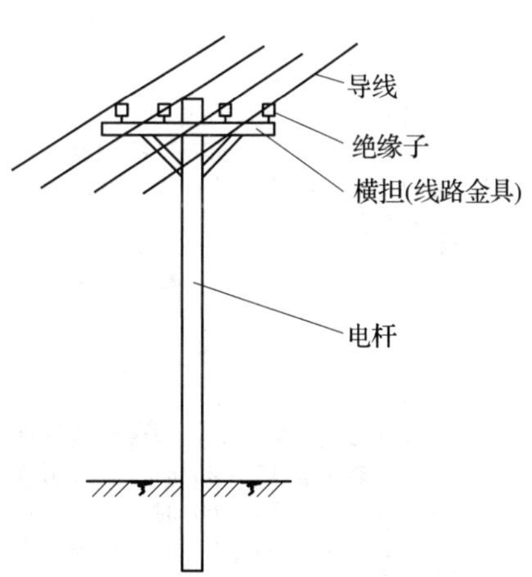

图 6-1-7　低压架空线路的组成

（2）电杆

电杆是支持导线的支柱，使导线与导线之间，导线与大地、公路、铁路、水面等被跨物之间保持一定的安全距离，是架空线路的重要组成部分。电杆要求有足够的机械强度，同时尽可能经久耐用、价廉、便于搬运和安装。电杆按其材质分为木杆、钢筋混凝土杆、铁塔（一般用于高压）三种。电杆的分类、特点及用途见表 6-1-1。

表 6-1-1　电杆的分类、特点及用途（按材质分类）

分类	特点	用途
木杆	质量轻、价廉、制造和安装方便、耐雷击，但机械强度低、易腐烂	目前较少使用
钢筋混凝土杆	挺直、耐用、价廉、不易腐烂，但沉重、运输和组装困难	广泛用于 10 kV 以下架空线路
铁塔	机械强度高、使用年限长，但钢材耗量大、价格高、易生锈	常用于 110 kV 和 220 kV 的架空线路

根据电杆在线路中所起作用的不同，电杆又可分为直线杆、耐张杆、转角杆、终端杆、分支杆、跨越杆六种形式，其用途见表 6-1-2。

表 6-1-2　电杆的用途（按作用分类）

分类	用途	图示
直线杆（中间杆）	能承受导线、绝缘子及凝结在导线上的冰雪的质量，同时能承受侧面的风力。应用广泛，约占全部电杆数的 80%	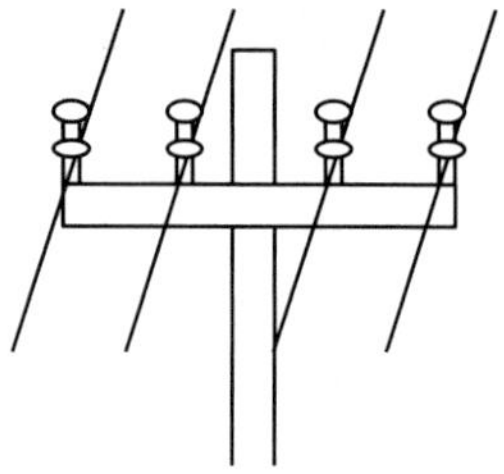
耐张杆（分段杆）	能承受一侧导线的拉力，当线路出现倒杆、断杆事故时，能将事故限制在两根耐张杆之间，防止事故扩大。在施工时还能分段紧线	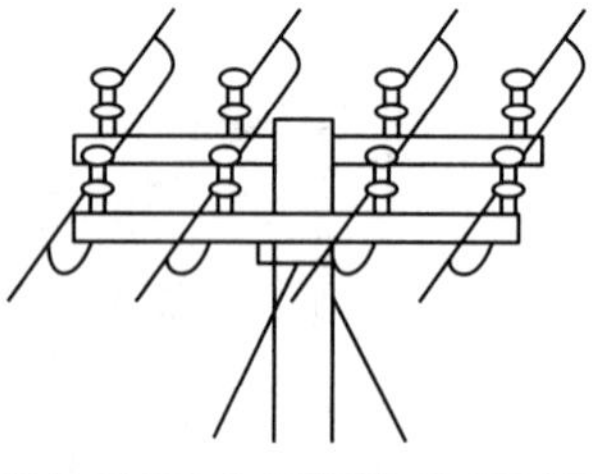
转角杆	用于线路的转角处，能承受两侧导线的合力。转角为 15°～30°时，宜采用直线转角杆；转角为 30°～60°时，应采用转角耐张杆；转角为 60°～90°时，应采用十字转角耐张杆	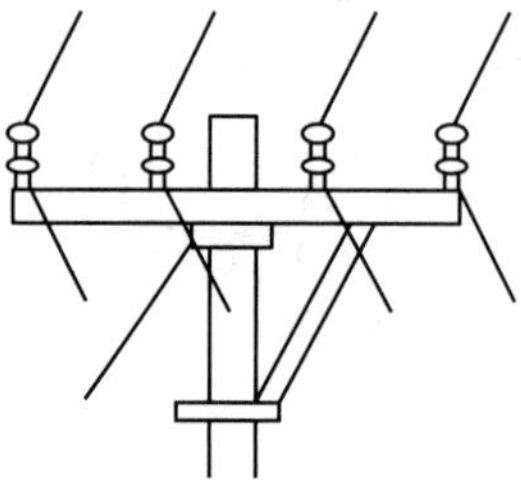

续表

分类	用途	图示
终端杆	用于线路的始端和终端，承受一侧导线的拉力	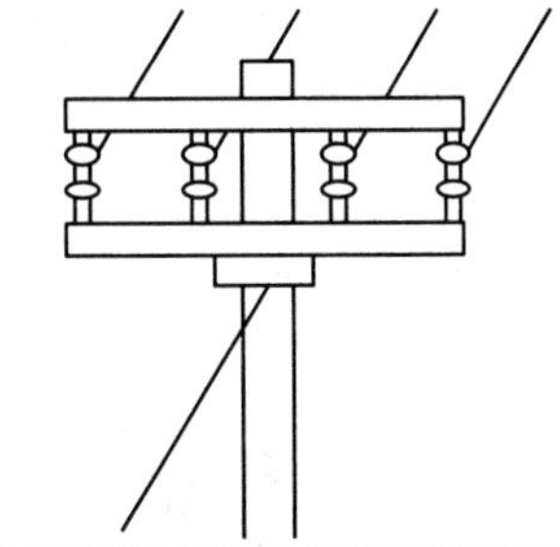
分支杆	用于线路分接支线时的支持点，向一侧分支的为T字形分支杆，向两侧分支的为十字形分支杆	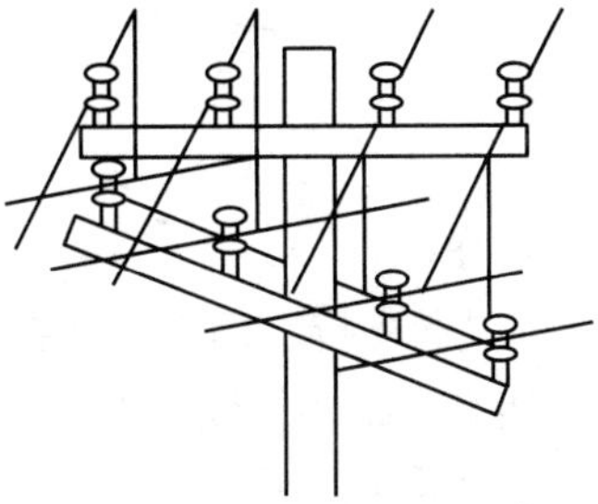
跨越杆	用于跨越河道、公路、铁路、工厂、居民点等地的线路的支持点	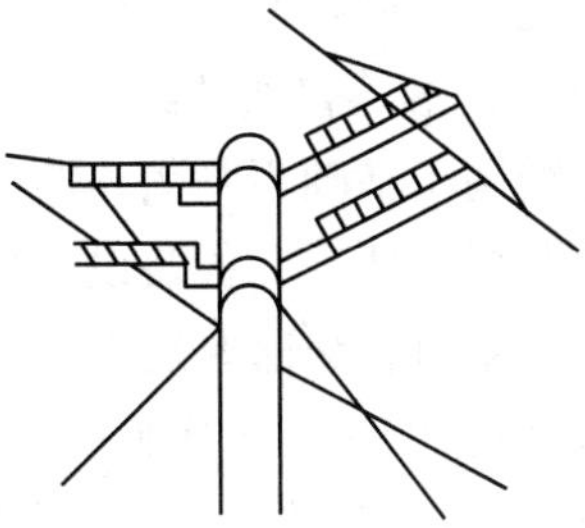

(3) 绝缘子

绝缘子又称为瓷瓶，用来固定导线，并使导线与电杆绝缘。因此，绝缘子既要求具有一定的电气绝缘强度，又要求具有足够的机械强度，对化学杂质的侵蚀具有足够的抵御能力。常用的绝缘子有针式、碟式、悬式等，外形如图6-1-8所示。

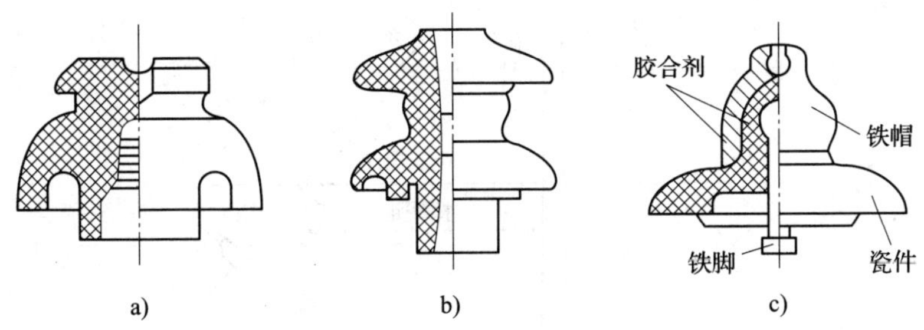

图6-1-8　常用的绝缘子

a）针式　b）碟式　c）悬式

（4）横担

横担安装在电杆的上部，用来支持绝缘子和导线，并使导线间满足规定的距离。常用的横担有木横担、瓷横担和铁横担，低压线路普遍使用铁横担，其结构如图 6-1-9 所示。

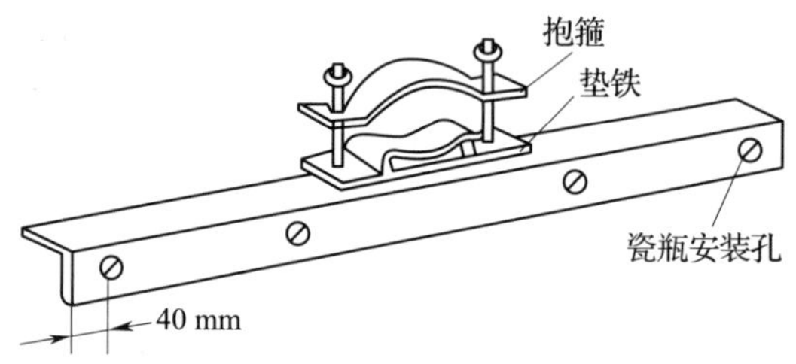

图 6-1-9　铁横担的结构

（5）线路金具

线路金具是起支持、固定、连接、调节及保护作用的金属附件。

3. 低压架空线路的拉线类型

拉线又称为扳线，用来平衡电杆，避免电杆受导线的拉力或风力的影响而倾斜。

常用的拉线类型有普通拉线（尽头拉线）、转角拉线、人字拉线、Y 形拉线、高桩拉线（水平拉线）等。普通拉线用于直线杆、终端杆、耐张杆和分支杆；转角拉线用于转角杆；人字拉线用于基础不坚固、跨越加高杆或较长的耐张段中间的直线杆；Y 形拉线用于门形电杆的两根电杆上，各装设一根普通拉线，两条拉线合用一个拉线下把；高桩拉线用于跨越公路、渠道和交通要道处。

拉线的组成如图 6-1-10 所示。地面以上部分，其截面积不应小于 25 mm^2，可用 2 股直径为 4 mm 的镀锌绞合铁丝制成；在地下与地锚连接的拉线，其截面积不应小于 35 mm^2，可用 3 股直径为 4 mm 的镀锌绞合铁丝或直径为 12～19 mm 的镀锌圆钢制成。当线路拉力较

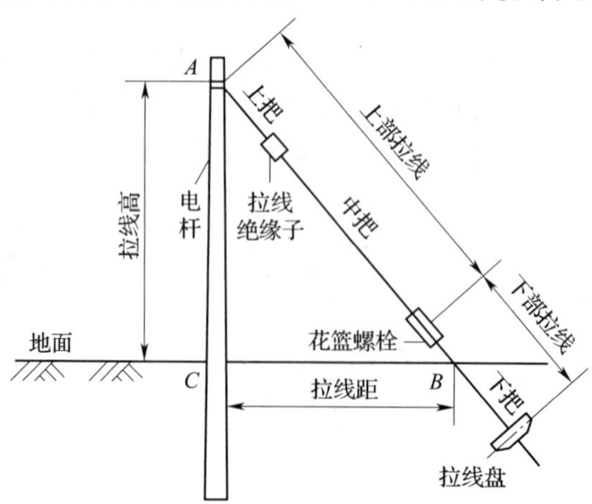

图 6-1-10　拉线的组成

大时，拉线与地平面的夹角不得超出 30°～45°范围；当线路拉力较小，又受地形限制时，拉线与地平面的夹角可加大，但不得大于 60°。

4. 低压架空线路的结构形式

低压架空线路常用的结构形式及应用范围见表 6-1-3。

表 6-1-3　低压架空线路常用的结构形式及应用范围

结构形式	应用范围	图示
三相四线线路	城镇中负荷密度不大的区域的低压配电；工矿企业内部的低压配电；农村及田间的低压配电	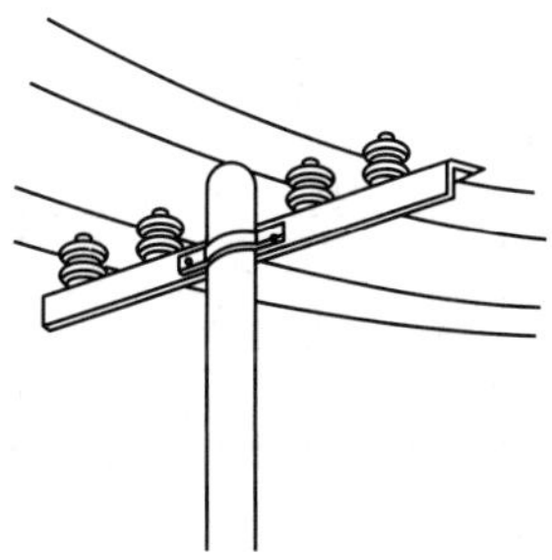
单相两线线路	城镇、农村居民区的低压配电；工矿企业内部生活区的低压配电	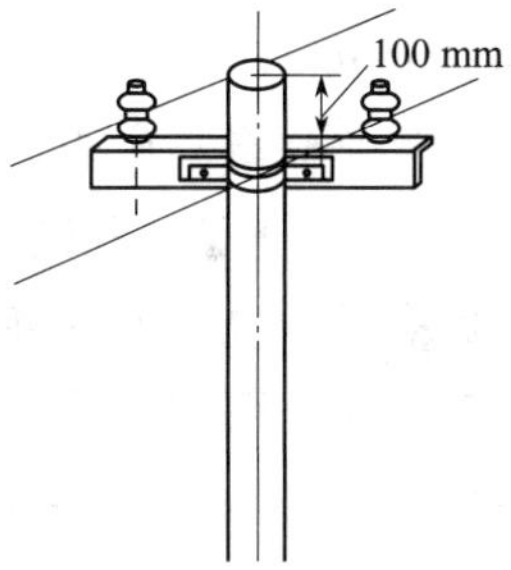 100 mm
高低压同杆架空线路	城镇中负荷密度较大的区域的低压配电；用电量较大，设有高压用电设备或分设车间变电室的工矿企业的高低压配电	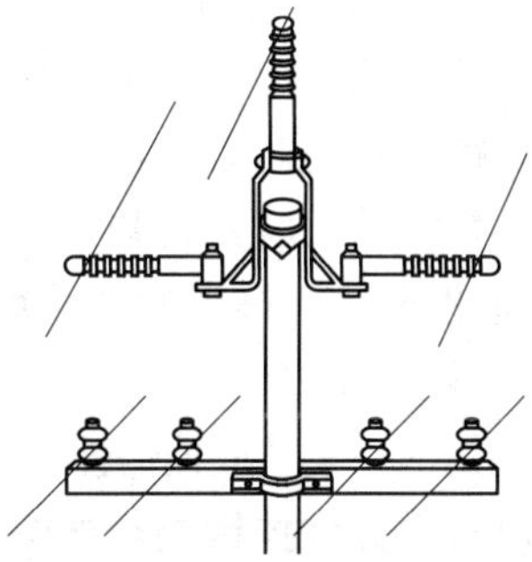

任务实施

一、任务准备

实施本任务所需要的实训设备及工具材料见表 6-1-4。

表 6-1-4　实训设备及工具材料

序号	名称	型号规格	数量	单位	备注
1	埋设混凝土电杆		1	根	
2	踏板		1	副	
3	脚扣		1	副	
4	安全防护用品	安全帽、绝缘服、绝缘手套、绝缘鞋	1	套	
5	安全保护用品	腰带、保险绳、腰绳	1	套	
6	碟式绝缘子		1	个	
7	针式绝缘子		1	个	
8	导线		若干	根	
9	绑扎带		若干	根	
10	钳子		1	把	

二、踏板登杆

1. 基本要求

进行电气维修登高作业时要特别注意人身安全，未经现场训练者或患有精神病、严重高血压、心脏病、癫痫等疾病者，均不能参加登高作业，要做到不符合条件者坚决不能上杆操作。做好踏板登杆前的准备工作，在指导老师的监护和指导下反复进行踏板上杆和下杆基本功的训练。初学者进行登杆操作时，电杆下面必须放置海绵垫子等保护层，以免发生意外事故。

2. 基本操作

（1）踏板登杆前的准备

1）踏板使用前，一定要检查踏板有无开裂和腐朽，绳索有无断股。

2）踏板挂钩时必须正钩，切勿反钩，以免造成脱钩事故。

3）登杆前，应先将踏板挂好，用人体做冲击载荷试验，检查踏板是否合格可靠，对安全腰带也要用人体做冲击载荷试验。

（2）踏板上杆

1）先把一只踏板挂钩挂在电杆上，高度以操作者能跨上为准，另一只踏板反挂在肩上。

2）右手握住挂钩端双根棕绳，并用拇指顶住挂钩，左手握住左边贴近木板的单根棕绳，右脚跨上踏板。然后用力使人体上升，待人体重心转移到右脚，左手即向上扶住电杆，如图 6-1-11a、b 所示。

3）当人体上升到一定的高度时，松开右手并向上扶住电杆，使人体直立，将左脚绕过左边单根棕绳踏入木板内侧，如图 6-1-11c 所示。

4）待人体站稳后，在电杆上方挂上另一只踏板，然后右手紧握上一只踏板的双根棕绳，并用拇指顶住挂钩，左手握住左边贴近木板的单根棕绳，将左脚从下踏板左边的单根棕绳内退出，踏在正面的下踏板上。然后将右脚跨上上踏板，手脚同时用力，使人体上升，如图 6-1-11d 所示。

5）当人体离开下面一只踏板时，需把下面一只踏板解下，此时左脚必须抵住电杆，以免人体摇晃不稳，如图 6-1-11e 所示。

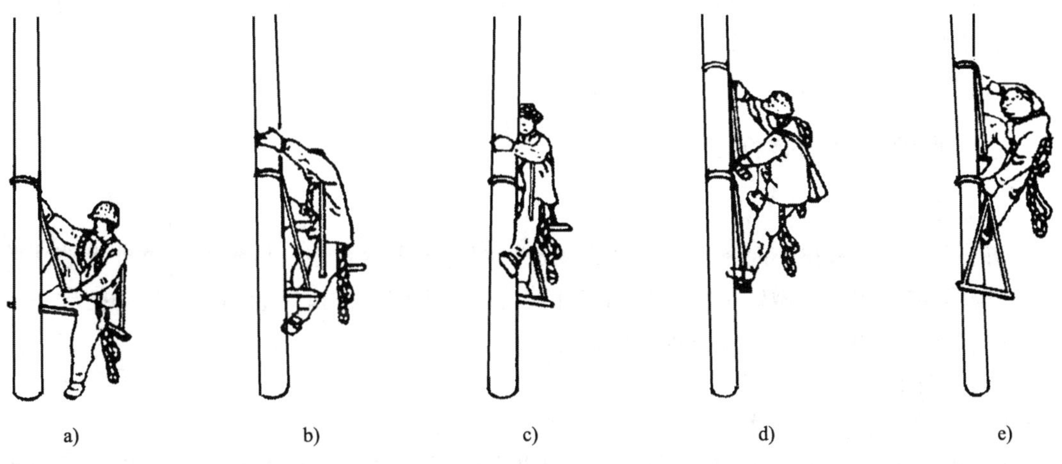

图 6-1-11　踏板登杆的步骤

重复上述各步骤进行攀登，直至到达所需高度。

（3）踏板下杆

1）人体站稳在一只踏板上（左脚绕过左边棕绳踏入木板内），把另一只踏板钩挂在下方电杆上。

2）右手紧握踏板挂钩处双根棕绳，并用拇指抵住挂钩，左脚抵住电杆下端，随即用左手握住下踏板的挂钩处，人体也随着左脚的下降而下降，同时把下踏板下降到适当位置，将左脚插入下踏板两根棕绳间并抵住电杆，如图 6-1-12a 所示。

3）左手握住上踏板的左端棕绳，同时左脚用力抵住电杆，以防踏板下滑和人体摇晃，如图 6-1-12b 所示。

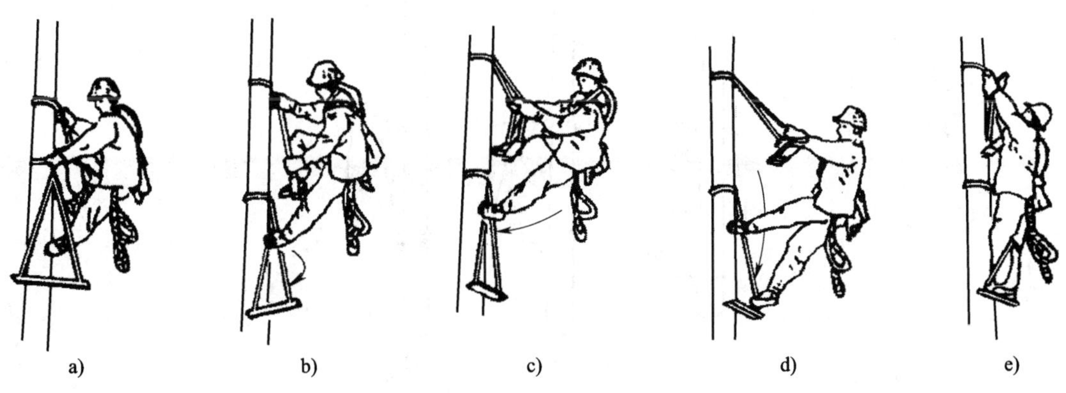

图 6-1-12　踏板下杆的步骤

4）双手紧握上踏板的两端棕绳，左脚抵住电杆不动，人体逐渐下降，双手也随着人体下降而下移紧握棕绳的位置，直至贴近两端木板。此时，人体向后仰开，同时右脚从上踏板退下，使人体不断下降，直至右脚踏到下踏板，如图 6-1-12c、图 6-1-12d 所示。

5）把左脚从下踏板两根棕绳内抽出，人体贴近电杆站稳，左脚下移并绕过左边棕绳踏到下踏板上，如图 6-1-12e 所示。

以上步骤重复进行，直至操作者着地。

三、水泥杆脚扣登杆

1. 基本要求

初学者进行登杆操作时，电杆下面必须放海绵垫子等保护层，以免发生意外事故。监护人员不得擅离职守。做好水泥杆脚扣登杆前的准备工作，在指导老师的监护和指导下反复进行水泥杆脚扣上杆和下杆基本功的训练。

2. 基本操作

（1）水泥杆脚扣登杆前的准备

1）使用前，必须仔细检查脚扣部分有无断裂、腐蚀现象。仔细检查脚扣皮带是否牢固可靠，若脚扣皮带损坏，不得用绳子或电线代替。

2）一定要根据电杆的规格选择大小合适的脚扣。水泥杆脚扣可用于木杆，但木杆脚扣不可用于水泥杆。

3）在登杆前，应对脚扣进行人体载荷冲击试验。

（2）水泥杆脚扣登杆与下杆

1）登杆前对脚扣进行人体载荷冲击试验。试验时先在低位置登一步电杆，然后将整个人体质量以冲击的速度加在一只脚扣上，如图 6-1-13a 所示。若无问题再换另一只脚扣做冲击试验。当试验证明两只脚扣都完好时，才能进行登杆作业。

2）左脚向上跨扣，左手应同时向上扶住电杆，如图 6-1-13b 所示。

3）接着右脚向上跨扣，右手应同时向上扶住电杆，如图 6-1-13c 所示。

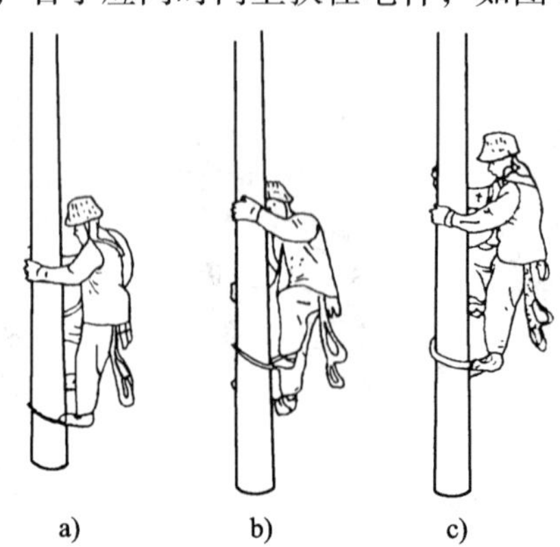

图 6-1-13　水泥杆脚扣登杆与下杆

a）人体载荷冲击试验　b）左脚向上跨扣　c）右脚向上跨扣

4）以上步骤重复进行，直至到达所需高度。

5）下杆时，同样使手脚协调配合向下即可。

1. 雨天或冰雪天不宜用脚扣登水泥杆。

2. 上、下杆的每一步都必须使脚扣完全套入并可靠地扣住电杆后，才能移动身体，否则会造成安全事故。

四、导线与绝缘子的绑扎

1. 碟式绝缘子终端导线的绑扎（见表 6–1–5）

表 6–1–5　碟式绝缘子终端导线的绑扎方法

步骤	方法	图示
1	把导线末端先在绝缘子线槽内围绕 1 圈	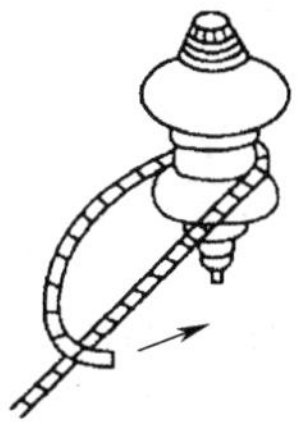
2	把导线末端压住第 1 圈后再绕第 2 圈	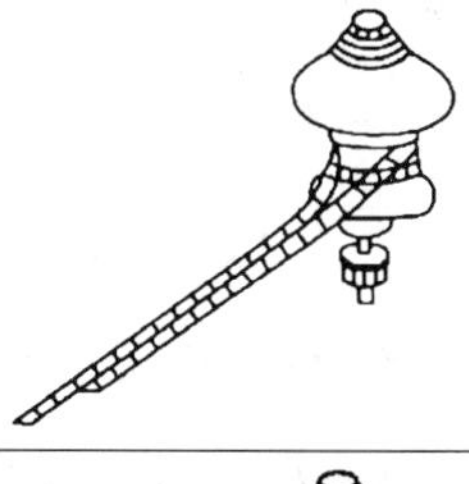
3	把扎线短端嵌入两导线末端合并处的凹缝中，扎线长端在贴近绝缘子处按顺时针方向把两导线紧紧地缠扎在一起	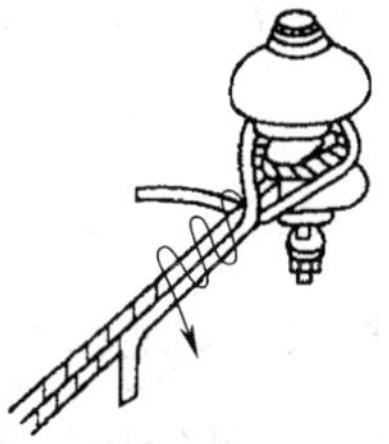
4	缠绕约 100 mm 长后即可与扎线短端用钢丝钳紧绞 6 圈，然后剪去余端，并使它紧贴在两导线的夹缝中	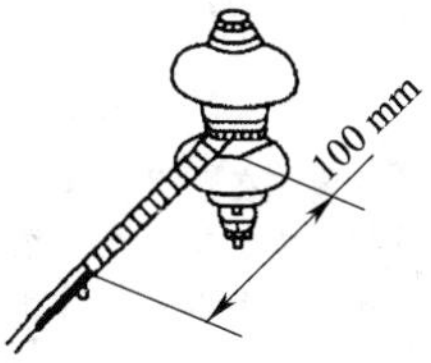

2. 直线段导线与碟式绝缘子的绑扎

直线段导线在碟式绝缘子上的绑扎多采用双绑法，具体方法见表 6-1-6。

表 6-1-6 直线段导线与碟式绝缘子的双绑法

步骤	方法	图示
1	把导线紧贴在绝缘子颈部嵌线槽内，扎线一端留出足够在嵌线槽中绕 1 圈和在导线上绕 10 圈的长度，扎线与导线 X 状相交	
2	把扎线从导线右下侧绕嵌线槽背后至导线左下侧，按逆时针方向围绕正面嵌线槽，从导线右边上侧绕出	
3	将扎线贴紧并围绕绝缘子嵌线槽背后至导线左下侧，在贴近绝缘子处开始，将扎线在导线上紧缠 10 圈后剪除余端	
4	把扎线的另一端围绕嵌线槽背后至导线右下侧，也在贴近绝缘子处开始，将扎线在导线上紧缠 10 圈后剪除余端	

3. 直线段导线与针式绝缘子颈部的绑扎（见表 6-1-7）

表 6-1-7 直线段导线与针式绝缘子颈部的绑扎方法

步骤	方法	图示
1	把扎线短端先在贴近绝缘子处的导线右边缠绕 3 圈，接着与扎线长端互绞 6 圈，并把导线嵌入绝缘子颈部的嵌线槽内	

续表

步骤	方法	图示
2	一只手把导线绑紧在嵌线槽中，另一只手把扎线长端从绝缘子背后紧紧地围绕到导线左下方	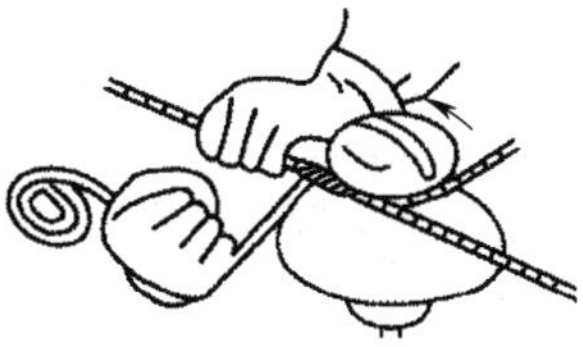
3	把扎线长端从导线的左下方围绕到导线的右上方，再将扎线长端绕绝缘子一圈	
4	把扎线长端围绕到导线左上方，并继续绕到导线右下方，使扎线在导线上成 X 形交叉状	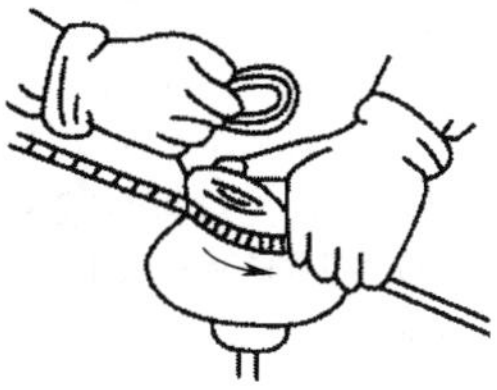
5	把扎线绑扎围绕到导线左上方	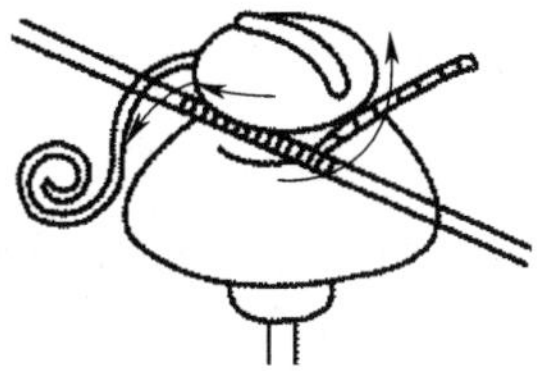
6	将扎线长端在贴近绝缘子处紧缠导线 3 圈后，向绝缘子背部绕去，与扎线短端紧绞 6 圈后，剪去余端	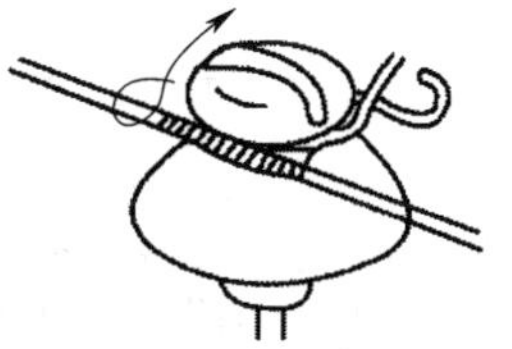

4. 直线段导线与针式绝缘子顶部的绑扎（见表 6-1-8）

表 6-1-8　直线段导线与针式绝缘子顶部的绑扎方法

步骤	方法	图示
1	把导线嵌入绝缘子顶部嵌线槽内，并在导线右边绝缘子处加上扎线，在导线上绕 3 圈	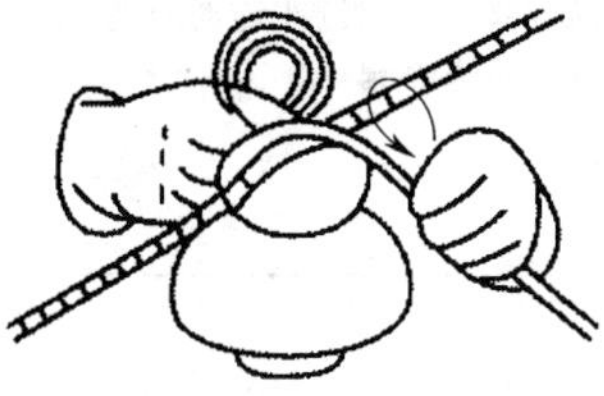

续表

步骤	方法	图示
2	把扎线长端按顺时针方向从绝缘子颈槽中围绕到导线左边内侧	
3	将扎线长端在贴近绝缘子处缠绕导线 3 圈	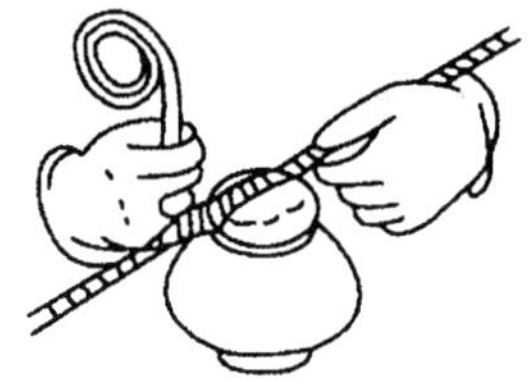
4	按顺时针方向围绕到导线右边外侧，并在导线上再缠绕 3 圈（排列在原 3 圈外侧）	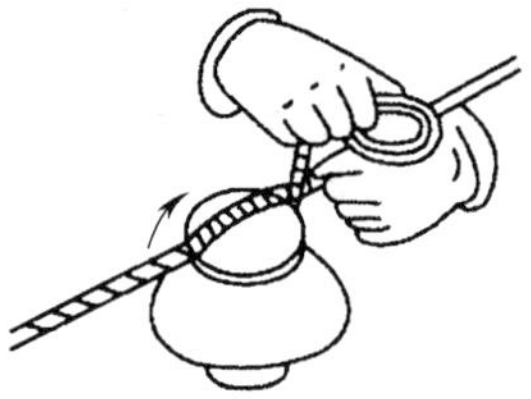
5	围绕到导线左边，继续缠绕 3 圈（也排列在原 3 圈外侧）	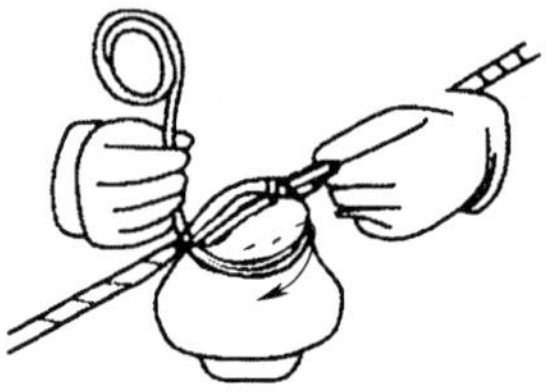
6	重复第 4 步的方法，把扎线围绕到导线右边外侧，并斜压住顶槽中的导线，继续扎到导线左边内侧	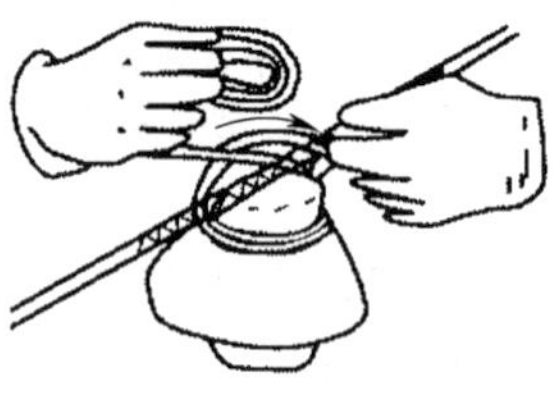
7	从导线左边内侧按逆时针方向围绕到导线右边内侧	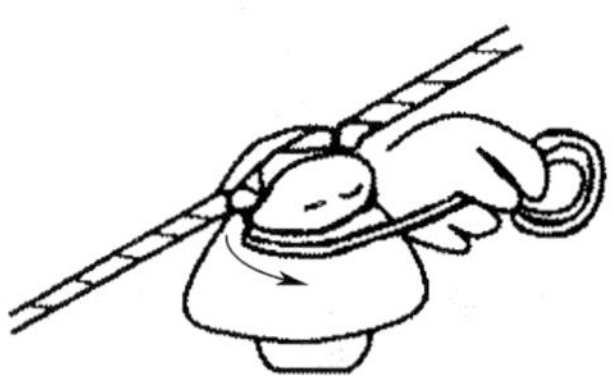

续表

步骤	方法	图示
8	把扎线从导线右边内侧斜压住顶槽中导线，并绕到导线左边外侧，使扎线在顶槽两侧围绕导线扎成 X 状，压住顶槽中导线	
9	扎线从导线右边外侧按顺时针方向围绕到扎线短端处，并相交于绝缘子中间，互绞 6 圈后剪去余端	

任务测评

对任务实施的完成情况进行检查，并将检查结果填入表 6-1-9。

表 6-1-9　评分标准

序号	主要内容	考核要求	评分标准	配分	扣分	得分
1	踏板登杆	熟练完成踏板上杆和下杆训练	（1）踏板登杆前应检查踏板，不检查扣 8 分 （2）踏板挂钩必须正钩，不正确扣 8 分 （3）应做人体冲击载荷试验，未做扣 7 分 （4）踏板上、下杆的姿势要正确，不正确扣 7 分	30		
2	脚扣登杆	熟练完成水泥杆脚扣上杆和下杆训练	（1）脚扣登杆前应检查脚扣，不检查扣 8 分 （2）选择合适规格的脚扣，选择不正确扣 8 分 （3）应做人体冲击载荷试验，未做扣 7 分 （4）脚扣上、下杆的姿势要正确，不正确扣 7 分	30		

续表

序号	主要内容	考核要求	评分标准	配分	扣分	得分
3	导线与绝缘子的绑扎	熟练完成碟式绝缘子终端导线的绑扎、直线段导线与碟式绝缘子的绑扎、直线段导线与针式绝缘子颈部的绑扎和直线段导线与针式绝缘子顶部的绑扎	（1）碟式绝缘子终端导线的绑扎应正确，不正确扣 8 分 （2）直线段导线与碟式绝缘子的绑扎应正确，不正确扣 8 分 （3）直线段导线与针式绝缘子颈部的绑扎应正确，不正确扣 7 分 （4）直线段导线与针式绝缘子顶部的绑扎应正确，不正确扣 7 分	30		
4	安全文明生产	劳动保护用品穿戴整齐；电工工具携带齐全；遵守操作规程；讲文明礼貌；按要求清理现场	（1）操作中违反安全文明生产考核要求的任何一项扣 2 分，扣完为止 （2）当考评员发现考生操作过程中有重大事故隐患时，要立即予以制止，并每次扣安全文明生产总分 5 分，扣完为止	10		
合计				100		
开始时间：			结束时间：			

任务 2　接地装置的安装

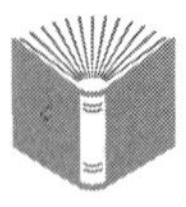

学习目标

1. 了解接地技术和接地装置的分类。
2. 掌握接地装置的技术要求和维护维修方法。
3. 能正确制作、安装接地体，并完成接地体与接地线的连接。
4. 能正确测量接地装置的接地电阻，并判断是否符合技术要求。

任务引入

生产企业的厂区一般分布着变配电设备及各类型的生产设备，附属生活区同样也密布着各种家用电器等。为了防止触电、雷击等事故的发生，根据安全及消防的规定和要求，要在厂区变电所、高压线杆、机床设备及生活区楼群等位置安装必备的接地装置。

本任务的内容是完成接地体、接地线的安装，利用接地电阻测试仪检测接地装置的性能。

相关知识

一、接地技术

接地分为工作接地和保护接地两类。工作接地的目的是保证电力系统和电气设备达到正常工作要求，保护接地的目的是防止电气设备和电气装置的金属外壳因意外带电而危及人身和设备安全。

保护接地的方法是将电气设备的金属外壳及与金属外壳相连的金属构架利用接地装置直接接地。接地保护能够降低人体触及带电体后的接触电压，减小通过人体的电流，从而减小触电对人体的危害。典型接地装置如图 6-2-1 所示，其中接地体是指埋入地中并直接与大地接触的金属导体，接地线是指电气设备、杆塔的接地端子与接地体或零线连接用的在正常情况下不载流的金属导体。

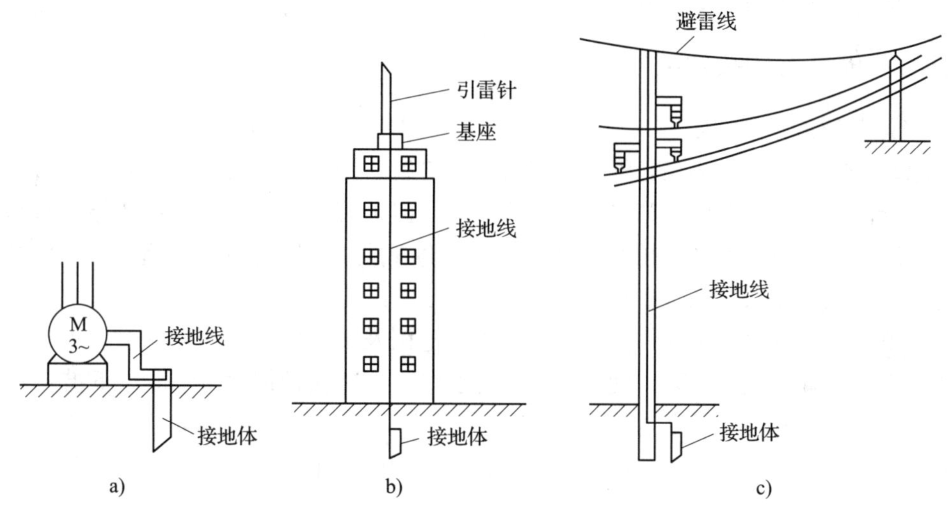

图 6-2-1　典型接地装置
a）电动机保护接地　b）避雷针工作接地　c）避雷线工作接地

二、接地装置的分类

根据接地体数量的不同，接地装置分为单极接地装置、多极接地装置和接地网络。

单极接地装置由一支接地体构成，接地线一端与接地体连接，另一端与设备的接地点连接，如图 6-2-2 所示，它适用于接地要求不太高和设备接地点较少的场所。

多极接地装置由两支及以上的接地体构成，各接地体之间连成一体，使各接地体形成并联状态，如图 6-2-3 所示。用于连接各接地体的连接线，或一端连接接地体、另一端连接各接地线的连接线称为接地干线，连接设备接地点与接地干线的连接线称为接地支线。多极接地装置可靠性强，适用于接地要求较高且设备接地点较多的场所。

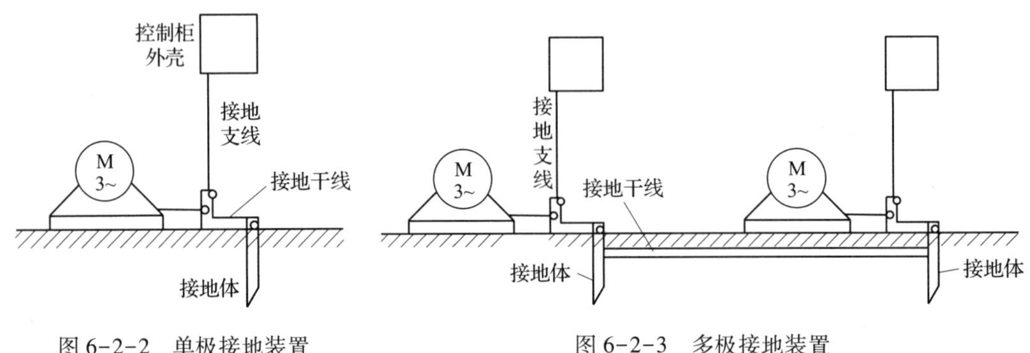

图 6-2-2　单极接地装置　　图 6-2-3　多极接地装置

接地网络是由多支接地体按一定的方式排列、相互连接所形成的网络。接地网络既方便群体设备的接地需要，又加强了接地装置的可靠性，同时减小了接地电阻，适用于配电所以及接地点多的车间、工厂或露天作业场所等。

三、接地装置的技术要求

1. 接地装置的一般要求

接地装置的安装一般都在电气设备安装之前进行，因此，在设计设备安装位置时应统一考虑，全面布局，敷设接地和接零、防雷系统。接地装置的技术要求主要指对接地电阻的要求，原则上接地电阻越小越好，考虑到经济合理性，接地电阻以不超过规定的数值为宜，对接地电阻的要求参照表 3-5-1。

接地电阻主要取决于接地体与土壤接触面的电阻及土壤电阻。不同性质土壤的接地电阻相差较大，为减小接地电阻，使其达到规定要求，安装接地体时可采取以下措施：

（1）最基本的措施是增加接地体的个数，或者适当增加接地体的长度。两者中，增加接地体个数的效果较为显著。这种方法既有效又方便，在土壤电阻率不太高的地层中应用较多。

（2）在土壤电阻率较高的地层中，当接地电阻达不到要求时，可在每一支接地体周围堆填化学填料，以改善接地体的散流条件，从而降低散流电阻。应将化学填料放置在离地面 0.5 m 以下、1.2 m 以上的地层中，并把底层和面层的泥土夯实。

每份化学填料的组成成分是：粉状木炭 30 kg、食盐 8 kg、水适量。配制方法是：先将食盐溶解于水中，然后渐渐浇入炭粉中，同时不断地进行搅拌，搅拌均匀后即填入接地体四周。

（3）在土壤电阻率很高的砂石地层装接接地体时，要降低接地电阻可采用土壤置换法。把电阻率较低的土壤或具有较好导电性的工业废料（如电石渣、冶炼废渣或化工废渣）填入坑中。

（4）有些区域接地处的土壤电阻率极高，而离之不远处的土壤电阻率较低。这时可采用接地体外引的方法，用较长的接地线把设备接地点引出土壤电阻率较高的范围，让接地体安装在电阻率较低的土壤中。

2. 接地体的要求

根据《电气装置安装工程 接地装置施工及验收规范》（GB 50169—2016）规定，除临时接地装置外，接地装置采用钢材时均应热镀锌，水平敷设的应采用热镀锌的圆钢和扁钢，垂直敷设的应采用热镀锌的角钢、钢管或圆钢；当采用扁铜带、铜绞线、铜棒、铜覆钢（圆线、绞线）、锌覆钢等材料作为接地装置时，其选择应符合设计要求；不得采用铝导体作为接地体或接地线。

接地体可分为自然接地体和人工接地体，自然接地体是兼作接地体用而埋入地下的金属管道、金属结构、钢筋混凝土地基等。人工接地体应尽量选用钢材（一般用角钢、钢管），导体截面应符合热稳定、均压、机械强度及耐腐蚀的要求，水平接地体的截面不应小于连接至该接地装置接地线截面的 75%，且一般不小于表 6-2-1 和表 6-2-2 所列的规格。

表 6-2-1 钢接地体和接地线的最小规格

种类、规格及单位		地上	地下
圆钢直径（mm）		8	8/10
扁钢	截面积（mm^2）	48	48
	厚度（mm）	4	4
角钢厚度（mm）		2. 5	4
钢管管壁厚度（mm）		2. 5	3. 5/2. 5

注：地下部分圆钢的直径，其分子、分母数据分别对应于架空线路和发电厂、变电站的接地网；地下部分钢管的壁厚，其分子、分母数据分别对应于埋于土壤和埋于室内混凝土地坪中。

表 6-2-2 铜及铜覆钢接地体的最小规格

种类、规格及单位	地上	地下
铜棒直径（mm）	8	水平接地极 8
		垂直接地极 15
铜排截面积（mm^2）/厚度（mm）	50/2	50/2
铜管管壁厚度（mm）	2	3
铜绞线截面积（mm^2）	50	50
铜覆圆钢直径（mm）	8	10
铜覆钢绞线直径（mm）	8	10
铜覆扁钢截面积（mm^2）/厚度（mm）	48/4	48/4

注：裸铜绞线不宜作为小型接地装置的接地体用，当作为接地网的接地体时，截面积应满足设计要求；铜绞线单股直径不应小于 1. 7 mm；铜覆钢规格为钢材的尺寸，其铜层厚度不应小于 0. 25 mm。

3. 接地线的要求

接地线是接地支线和接地干线的总称。电力设备的接地线宜采用多股导线，可选用铜芯或铝芯的绝缘电线或裸线，也可选用圆钢、扁钢或镀锌铁绞线。保护接地线所用材料的最小和最大截面积见表 6-2-3。

表 6-2-3 保护接地线所用材料的最小和最大截面积

接地线材料		最小截面积（mm^2）	最大截面积（mm^2）
铜	绝缘铜线	1.5	25
	裸铜线	4	
铝	绝缘铝线	2.5	35
	裸铝线	6	
扁钢	户内：厚度不小于 3 mm	24	100
	户外：厚度不小于 4 mm	48	
圆钢	户内：厚度不小于 5 mm	19	100
	户外：厚度不小于 6 mm	28	

注：在地下不得采用铝质导体作为接地线，移动电具的接地支线必须用铜芯绝缘软线，并以黄绿双色的绝缘线作为接地线。

四、接地装置的维护与维修

1. 定期检查和维护保养

（1）工作接地装置应每隔半年或一年复测一次，保护接地装置应每隔一年或两年复测一次。当接地电阻增大时，应及时修复，切不可勉强使用。

（2）接地装置的每一个连接点，尤其是采用螺钉压接的连接点，应每隔半年或一年检查一次。若连接点出现松动，必须及时拧紧。采用电焊焊接的连接点，也应定期检查焊接点是否完好。

（3）接地线的每个支点应进行定期检查，若发现有松动或脱落，应及时固定。

（4）定期检查接地体和接地干线是否出现严重锈蚀，若有严重锈蚀，应及时修复或更换，不可勉强使用。

（5）对于移动电气设备的接地线，每次使用电气设备前应检查其接地情况，观察接地线有无断股等现象。如果发现接地线存在缺陷，必须消除缺陷，才可使用该设备。

（6）在设备增容后，应按规定相应地更换接地线。

2. 常见故障的排除方法

（1）连接点松动或脱落

容易出现松脱的位置包括移动电具的接地支线与外壳（或插头）之间的连接处、铝芯接地线的连接处、有振动情况的设备的接地连接处。若发现连接点有松动或脱落，应及时重新接妥。

（2）遗漏接地或接错位置

设备进行维修或更换时，一般要拆卸电源线头和接地线头。待重新安装设备时，可能会因疏忽而把接地线头漏接或接错位置。当发现有漏接或接错位置时，应及时纠正。

（3）接地线局部电阻增大

接地线局部电阻增大的常见原因有连接点存在轻度松散、连接点的接触面存在氧化层或其他污垢、跨接过渡线松散等。一旦发现应及时重新拧紧压接螺钉或清除氧化层等污垢后再接妥。

（4）接地线的截面积过小

接地线截面积过小的原因通常是设备容量增加而接地线没有相应更换，接地线应按规定做相应更换。

（5）接地体的散流电阻增大

接地体散流电阻增大的常见原因是接地体被严重腐蚀，也可能是接地体与接地线之间接触不良。发现后应重新更换接地体或重新把连接处接妥。

任务实施

一、任务准备

实施本任务所需要的实训设备及工具材料见表 6-2-4。

表 6-2-4 实训设备及工具材料

序号	名称	型号规格	数量	单位	备注
1	角钢	4 mm×50 mm×50 mm×2 200 mm	1	根	
2	铁锹		1	个	
3	锤子		1	个	
4	台钻		1	台	
5	活扳手		1	把	
6	手锯		1	把	
7	螺钉	M12	1	个	
8	接线耳		1	个	
9	绝缘铜线	4 mm^2	若干	根	
10	数字式接地电阻表	UT522	1	个	

二、接地体的安装

1. 安装垂直接地体

以室外接地体的安装为例，学习垂直接地体的安装过程和工艺要求。室外接地体安装示意图如图 6-2-4 所示。

（1）制作垂直接地体。垂直安装的接地体通常由角钢或钢管制成。根据设计要求的数量、材料规格进行加工，加工长度一般为 2.5~3 m，下端加工成尖形。用角钢制作的，尖点应在角钢的角脊上，且两个斜边要对称。用钢管制作的，要单边斜削保持一个尖点，如图 6-2-5a 所示。凡用螺钉连接的接地体，应先钻好螺钉孔。为便于连接，要把接地体的上端做成图 6-2-5b 所示的结构。

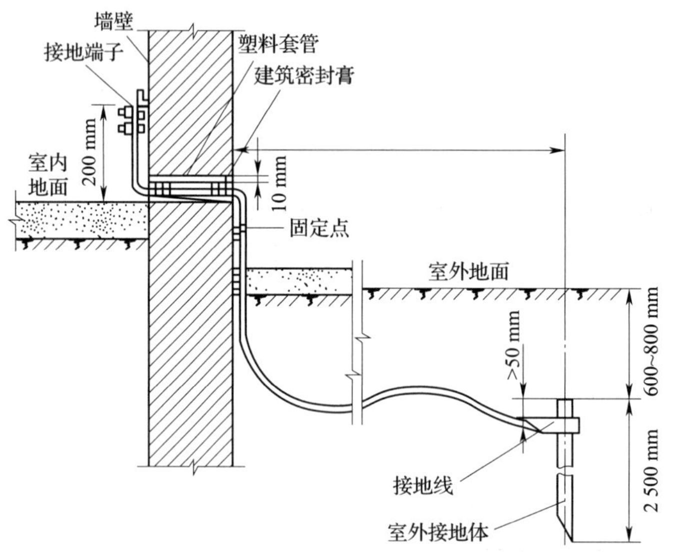

图 6-2-4　室外接地体安装示意图

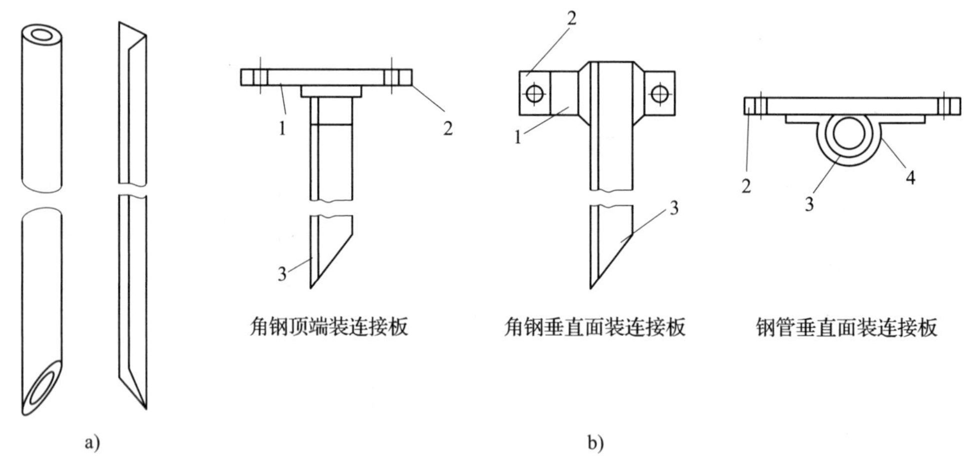

图 6-2-5　垂直接地体的加工

a）垂直接地体的加工形状　b）接地体加连接板

1—加固镶块　2—接地干线连接板　3—接地体　4—骑马镶块

（2）根据设计图样要求对接地装置的线路进行测量、弹线。

（3）在确定的线路上挖掘深度为 0.8 m、宽度为 0.5 m 的沟。为防止沙石下落，确保施工安全，所挖沟槽上部应略宽些。

（4）采用打桩法将接地体打入地下，接地体应与地面垂直，不可歪斜，如图 6-2-6 所示。打入地面的有效深度应不小于 2 m。多极接地装置或接地网络的各接地体之间在地下应保持 2.5 m 以上的直线距离。

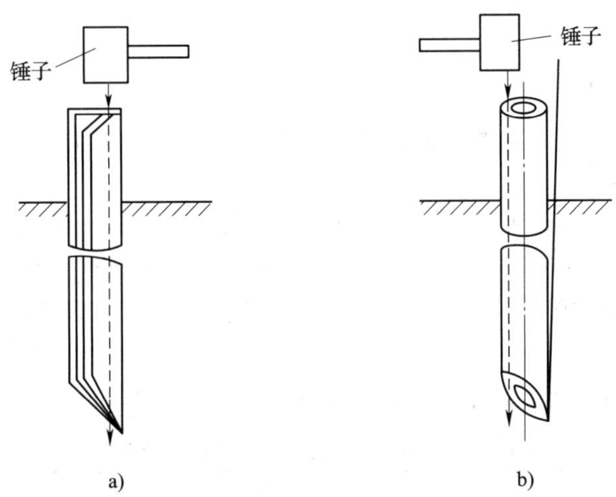

图 6-2-6　垂直接地体的安装

a）角钢制成的接地体　b）钢管制成的接地体

（5）接地体打入地下后，应将其四周填土夯实，以减小接触电阻。若接地体与接地干线在地下连接，应将其焊接后再填土夯实。

（1）制作垂直接地体的角钢，如果有弯曲，一定要矫直，否则不易打入地面。

（2）用锤子敲打角钢时，应敲打角钢的角脊处；若是钢管，则锤击力应集中在尖端的切点位置。否则不但打入困难，且不易打直，使接地体与土壤之间产生缝隙，增大接触电阻。

（3）安装时，要注意操作安全。

2. 安装水平接地体

接地体一端应弯成直角向上，便于连接接地线，如果接地线采用螺钉压接，应先钻好螺钉孔。接地体的长度根据安装条件和接地装置的构成形式而定。安装采用挖沟填埋法，接地体应埋入地面 0.6 m 以下的土壤中。如果是多极接地装置或接地网络，接地体之间应保持 2.5 m 以上的直线距离。水平接地体的安装方法如图 6-2-7 所示。

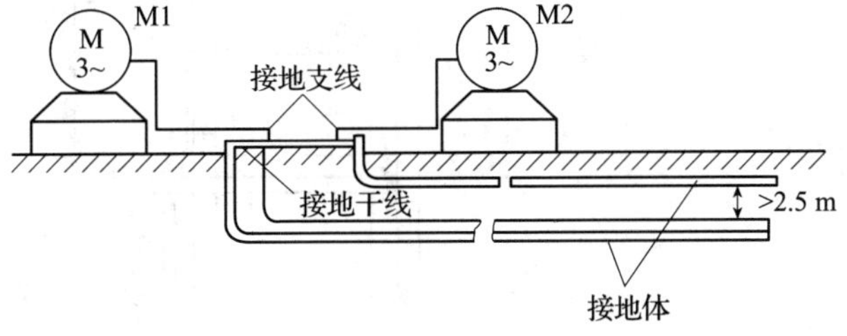

图 6-2-7　水平接地体的安装方法

三、接地线的安装

1. 合理选用接地线

根据接地线使用场合，按照表 6-2-3 选择接地线材料与截面积。

2. 安装接地干线

（1）接地干线与接地体的连接处需要使用加固镶块，尽可能采用电焊焊接，也允许用螺钉压接，但接触面必须经过镀锌或镀锡的防锈处理，压接螺钉一般采用 M12～M16 的镀锌螺钉。安装时接触面要保持平整、严密，不可有缝隙；螺钉要拧紧，在有振动的场所，螺钉上应加弹簧垫圈。

（2）暗设、明设的接地干线连接方法见表 6-2-5。

表 6-2-5　暗设、明设的接地干线连接方法

设置方式	分类	操作方法及图示
接地干线暗设	多极接地装置或接地网络中接地干线的连接	若需提供接地线，接地干线安装在地沟中，沟上应覆有沟盖且应与地面平齐。接地干线采用扁钢宽面垂直安装时，应预先钻好接线用的通孔，并在连接处镀锡。若不需要提供接地线，接地干线则应埋入地下 300 mm 左右，并在地面标出干线的走向和连接点的位置，便于检查和维修。埋入地下的连接点，尽量采用电焊焊接 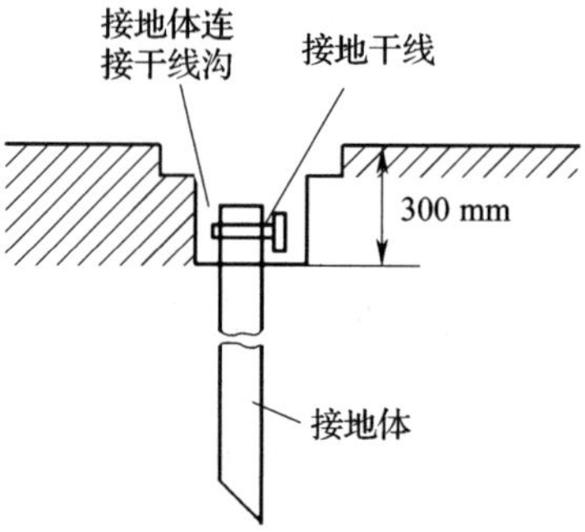
	公用配电变压器的接地干线与接地体的连接	连接点如下图所示，埋入地下 100～200 mm。在接地线引出地面 2～2.5 m 处断开，再用螺钉重新压接牢固 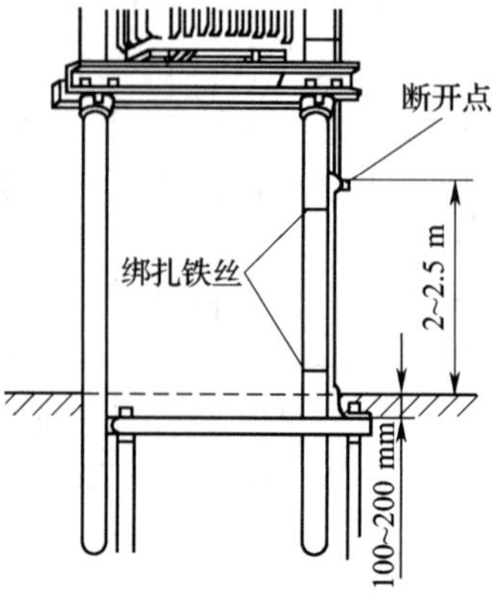

续表

设置方式	分类	操作方法及图示
接地干线明设（除连接处外均应涂黑色标明）	穿越墙壁或楼板敷设	应穿管加以保护。在可能受到机械损伤的位置，应加防护罩保护
	室内敷设	采用扁钢时，可按下图所示用支持卡子沿墙敷设，它与地面的距离约 200 mm，与墙的距离约 15 mm。采用多股电线连接时，应采用下图所示的接线耳，不许把线头直接弯圈压接在螺钉上 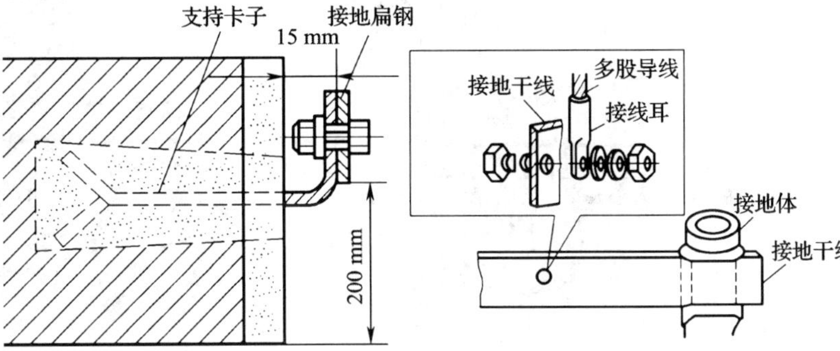
	在有振动的位置敷设	应加弹簧垫圈

（3）不同类型的接地干线的处理方法见表 6-2-6。

表 6-2-6　不同类型接地干线的处理方法

类型	处理方法及图示
接地干线接长	用扁钢或圆钢做接地干线需要接长时，必须采用电焊焊接，焊接处扁钢搭头长度为其宽度的 2 倍，圆钢搭头长度为其直径的 6 倍
利用环境中已有的金属构件和设施作为接地干线	可以利用环境中已有的金属构件和设施作为接地干线，如吊车、行车轨道、大型机床床身、金属屋架、电梯竖井架、电缆的金属外皮和各种无可燃、可爆物质的金属管道（不包括明线管道）等。利用这些金属体作为接地干线时，应注意它们必须具有良好的导电连续性。因此，必须在管道或金属构件的连接处做过渡性的电气连接，连接方法如下图所示。夹头适用于管径较小的管道；抱箍适用于管径较大的管道。夹头、抱箍需经镀锌、镀铝或镀铜的防锈处理；管道表面不应有漆层、铁锈或其他污垢；条件允许时，可在连接处用喷灯镀锡 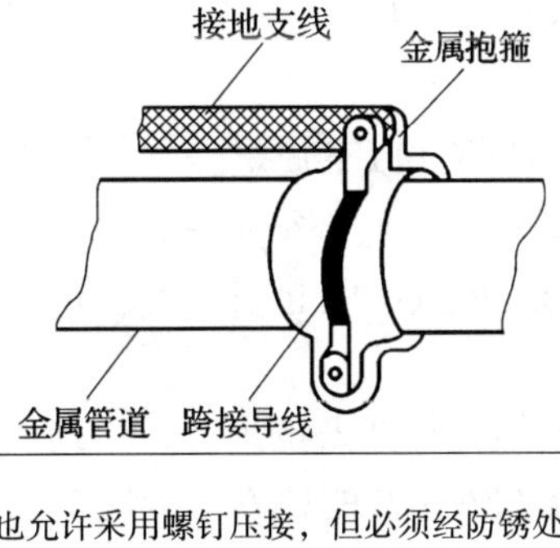
在钢筋、桩柱、金属套管或地下金属箱壁上引接地干线	一般采用电焊焊接，也允许采用螺钉压接，但必须经防锈处理

其中，镀锡所使用的喷灯是一种利用喷射火焰对工件进行加热的工具，常用来完成铅包电缆铅包层的焊接、大截面铜导线连接处的搪锡以及其他电气连接表面的防氧化镀锡等。按所用燃料的不同，可分为煤油喷灯和汽油喷灯两种，如图 6-2-8 所示。

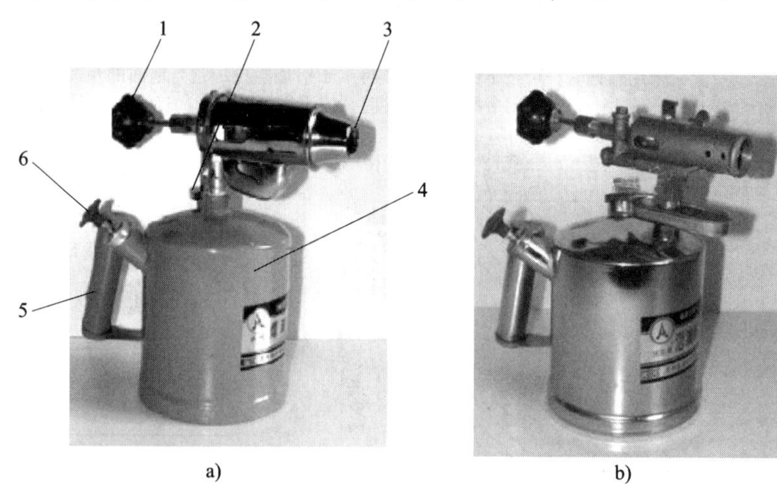

图 6-2-8　喷灯

a）煤油喷灯　b）汽油喷灯

1—放油调节阀　2—加油阀　3—火焰喷头　4—筒体　5—手柄　6—打气筒

喷灯的基本使用方法如下：

1）加油。旋下加油阀上面的螺栓，倒入适量的油，一般以不超过筒体体积的 3/4 为宜，保留一部分空间储存压缩空气以维持必要的空气压力。加油完毕后应旋紧加油口的螺栓，关闭放油调节阀的阀杆，擦净喷灯外部的汽油，并检查喷灯各处是否有渗漏现象。

2）预热。在预热燃烧盘（杯）中倒入汽油，用火柴点燃，预热火焰喷头。

3）喷火。待火焰喷头烧热后，盘中汽油燃烧完之前，打气 3~5 次，将放油调节阀旋松，使阀杆开启，喷出油雾，喷灯即点燃喷火。然后继续打气，至火力正常时为止。

4）熄火。如需熄灭喷灯，应先关闭放油调节阀，直到火焰熄灭，再慢慢旋松加油口螺栓，放出筒体内的压缩空气。

3. 安装接地支线

接地支线的安装应遵守以下规定：

（1）每一台设备的接地点必须用一根接地支线与接地干线单独连接。不允许用一根接地支线把几台设备的接地点串联起来，也不允许将几根接地支线并接在接地干线上的一个连接点上。

（2）在室内容易被人体触及的地方，接地支线要采用多股绝缘线，连接处必须恢复绝缘层。在室外不易被人体触及的地方，接地支线要采用多股裸绞线；移动电具从插头至外壳处的接地支线，应采用铜芯绝缘软线，中间不得有接头，并且和绝缘线一同套入绝缘护套内。常用三芯或四芯橡胶护套电缆内的黑色或黄绿色绝缘层的导线作为接地支线。

（3）接地支线与接地干线或与设备接地点的连接，其线头要用接线耳，并使用螺钉压接。在有振动的场所，螺钉上要加弹簧垫圈。

（4）当固定敷设的接地支线需接长时，连接处必须正规，铜芯线连接处要锡焊加固。

（5）在电动机保护接地中，可利用电动机与控制开关之间的导线保护钢管作为控制开关外壳的接地支线，其安装方法如图 6-2-9 所示。

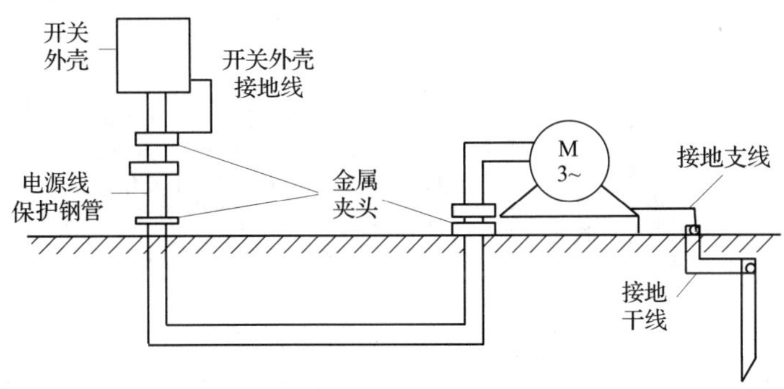

图 6-2-9　利用自然金属体作为接地支线

（6）接地支线的每个连接处，都应置于明显位置，便于检修。

四、接地电阻的测量

使用数字式接地电阻表测量安装后的接地装置的电阻。接地电阻为：________。是否符合接地装置技术要求：__________。

任务测评

对任务实施的完成情况进行检查，并将结果填入表 6-2-7。

表 6-2-7　评分标准

序号	主要内容	考核要求	评分标准	配分	扣分	得分
1	接地体的安装	按标准制作接地体，并正确安装	（1）接地体加工不符合要求，扣 15 分 （2）挖坑、埋设接地体方法不正确，扣 15 分	30		
2	接地线的安装	按标准选择接地线并正确安装连接	（1）接地线选择不符合要求，扣 15 分 （2）接地线安装连接工艺不符合要求，扣 15 分	30		

续表

序号	主要内容	考核要求	评分标准	配分	扣分	得分
3	接地电阻的测量	正确利用数字式接地电阻表完成接地装置接地电阻的测量	（1）正确使用数字式接地电阻表，不符合要求扣10分 （2）接地电阻测量错误，扣10分 （3）不能正确判断接地装置是否符合要求，扣10分	30		
4	安全文明生产	劳动保护用品穿戴整齐；电工工具携带齐全；遵守操作规程；讲文明礼貌；按要求清理现场	（1）操作中违反安全文明生产考核要求的任何一项扣2分，扣完为止 （2）当考评员发现考生操作过程中有重大事故隐患时，要立即予以制止，并每次扣安全文明生产总分5分，扣完为止	10		
合计				100		
开始时间：			结束时间：